本书编委会

主　编

何兴金

副主编

顾海军　谭进波　谢登峰　周颂东　唐荣华　陈　槐　余　岩

参编人员

何兴金　马祥光　谭进波　杨利琴　周颂东　谢登峰　胡灏禹　陈　槐

余　岩　李敏洁　顾海军　唐荣华

策　划

四川大学生命科学学院

四川省林业和草原局

中国科学院成都生物研究所

◆ 四川省2021—2022年度重点出版规划项目 ◆

四川湿地植物彩色图谱

Atlas of Wetland Plants in Sichuan

主编◎何兴金

四川大学出版社
SICHUAN UNIVERSITY PRESS

图书在版编目（CIP）数据

四川湿地植物彩色图谱 / 何兴金主编 . — 成都 .
四川大学出版社，2022.6
　ISBN 978-7-5690-5483-5

　Ⅰ . ①四… Ⅱ . ①何… Ⅲ . ①沼泽化地－植物－四川
－图谱 Ⅳ . ① Q948.527.1-64

中国版本图书馆 CIP 数据核字 (2022) 第 097266 号

书　　　名：四川湿地植物彩色图谱
　　　　　　Sichuan Shidi Zhiwu Caise Tupu
主　　　编：何兴金

出 版 人：侯宏虹
总 策 划：张宏辉
选题策划：蒋　玙
责任编辑：蒋　玙
责任校对：肖忠琴
装帧设计：墨创文化
责任印制：王　炜

出版发行：四川大学出版社有限责任公司
　　　　　地址：成都市一环路南一段 24 号（610065）
　　　　　电话：（028）85408311（发行部）、85400276（总编室）
　　　　　电子邮箱：scupress@vip.163.com
　　　　　网址：https://press.scu.edu.cn
印前制作：成都墨之创文化传播有限公司
印刷装订：成都新恒川印务有限公司

成品尺寸：185mm×260mm
印　　张：27.75
字　　数：436 千字

版　　次：2022 年 9 月 第 1 版
印　　次：2022 年 9 月 第 1 次印刷
定　　价：298.00 元

本社图书如有印装质量问题，请联系发行部调换

四川大学出版社
微信公众号

前 言

  湿地被誉为"地球之肾"，是生态系统的重要组成部分，对维持生态环境的有机、持续、循环发展起着举足轻重的作用。"绿水青山就是金山银山"，作为构建湿地生态系统的主要载体和初级生产者，湿地植物的光合、吸收、分解作用，让山更青、水更绿，其重要性不言而喻。四川省地处青藏高原和长江中下游平原的过渡地带，更是长江和黄河干流同时流经的省级行政区。这里山脉重峦叠嶂、河流密布如网、湖泊星罗棋布，孕育了具有世界意义的湿地生态系统，更诞生出包括高寒湿地、湖泊湿地、河流湿地以及沼泽湿地在内的多种湿地类型，充分体现了四川湿地生态系统的多样性。

  目前我国各地出版的湿地植物名录中，对湿地植物的界定标准不一，各地的湿地植物数量相差很大。界定湿地植物，既要考虑生态上的适应性，又要考虑其繁殖习性。湿地植物的繁殖方式包括种子萌发和无性繁殖（营养繁殖）两种，如果一种植物不能在湿地环境中自行繁殖，只是偶见其生长于湿地环境，这类植物就不应列入湿地植物。另有一类植物，生长于河流两岸或湖泊、水库等地的消涨带，一年中只有发洪水的几天才被水淹，其余绝大部分时间属于较干旱的状态，如四川盆地河流两岸的柏木、青杨、胡桃等，本书未算作湿地植物。与陆生植物相比，湿地植物虽然数量较少，但它们在维持湿地生态系统完整、改善水体环境、净化被污染水体、监测与控制水环境、改善和提高人类生活环

境以及促进人类的身体健康等方面起着十分重要的作用。近年来，随着人们对湿地植物资源的关注，湿地植被恢复和湿地保护得到加强，普及有关湿地植物的识别、特征、习性、栽培等相关知识成为迫切需要。本书在四川省第二次湿地资源调查与本团队多年野外考察的基础上编著而成，不仅方便读者通过"看图识字"认识湿地植物，也能帮助读者进一步了解湿地生态系统的多样性组成，对于湿地知识尤其是湿地植物的科普具有重要价值，对于湿地生态系统的保护和可持续发展也具有重要意义。

本书的湿地植物按照"在生态上能适应湿地环境，并能在湿地环境自行繁殖的植物，繁殖方式可以是种子繁殖或无性繁殖"的表述进行界定。同时，参考《中国湿地植物名录》《中国植物志》《中国高等植物图鉴》《四川植被》《云南湿地植物名录》等全国性或周边省份的湿地植物名录，结合四川省的实际情况，根据野外调查的结果整理而成。《四川湿地植物彩色图谱》根据编者在湿地调查中，经常在湿地见到或湿地植物标本记载分布于各处湿地的湿地植物整理成册。据全国第二次湿地资源调查与文献，四川省现有湿地高等植物 114 科 376 属 1008 种（含种下等级），其中苔藓植物 20 科 26 属 37 种，蕨类植物 15 科 17 属 24 种，裸子植物 1 科 2 属 2 种，被子植物 78 科 331 属 945 种。湿地植物的概念众说不一，本书收录过程中经过反复征求同行和专家意见，再根据全国第二次湿地资源调查四川省野外实际调查情况，从全省划分的 205 个湿地区域和调查完成的 6518 个湿地斑块（实地验证调查重点湿地斑块 930 个，一般调查湿地实地验证斑块 5588 个）中，筛选湿地斑块的植被建群种和优势种，以及在实地调查中出现概率超过 60% 的湿地植物进行统计和收录。考虑到代表性，个别物种在比较特殊的湿地出现，因其特殊性，本书也将其收录。最终，本书共记载四川常见湿地植物 409 种，其中苔藓植物 4 种，石松类植物 2 种，蕨类植物 17 种，被子植物 386 种。野外拍摄彩色照片 8900 余张，从中精选出 611 余幅具有代表性的彩色图片。在科的系统排列上，本书主要参考国际最新的分子系统（如 PPG Ⅰ、APG Ⅳ 等）。

本书中凡未说明照片出处的均为编者拍摄，部分图片来自教学标本资源平台（http://mnh.scu.edu.cn）或其他学者（均标注照片出处），在此对平台参建单位和照片拍摄者致以诚挚的谢意！本书中的莎草科、禾本科、菊科等资料分别得到中国科学院专科分类专家张树仁、彭华、陈又生等的帮助，在此一并致以诚挚的谢意！

本书从最初的野外调查、植物图片拍摄、标本采集到最终出版，得到国家标本平台教学标本子平台运行服务项目（2005DKA21403-JK）、四川省第二次湿地资源调查项目（12H1206）及第二次青藏高原综合考察研究项目（E0L1080001）的资助。

本书可供湿地保护、湿地植物分类、湿地植物研究和保护及植物学专业工作者、相关学科和行业人员使用及研究参考，并为公众认知、保护和利用植物多样性提供科学的物种信息，为湿地生态系统保护、生态文明和美丽中国建设做出应有贡献。

《四川湿地植物彩色图谱》编委会

2021 年 11 月 2 日于成都

目 录
contents

1 苔藓植物 Bryophytes　*001*

地钱科 Marchantiaceae　*002*
　地钱 *Marchantia polymorpha* L.　002
泥炭藓科 Sphagnaceae　*003*
　泥炭藓 *Sphagnum palustre* L.　003
金发藓科 Polytrichaceae　*004*
　金发藓 *Polytrichum commune* Hedw.　004
葫芦藓科 Funariaceae　*005*
　葫芦藓 *Funaria hygrometrica* Hedw.　005

2 石松类植物 Lycophytes　*007*

卷柏科 Selaginellaceae　*008*
　小翠云 *Selaginella kraussiana* A. Braun　008
　翠云草 *Selaginella uncinata* (Desv.) Spring　009

3 蕨类植物 Ferns　*011*

木贼科 Equisetaceae　*012*
　问荆 *Equisetum arvense* L.　012
　木贼 *Equisetum hyemale* L.　013
　犬问荆 *Equisetum palustre* L.　014
　节节草 *Equisetum ramosissimum* Desf.　015

笔管草 *Equisetum ramosissimum* subsp. *debile* (Roxb. ex Vaucher) Hauke　016
瓶尔小草科 Ophioglossaceae　*017*
　瓶尔小草 *Ophioglossum vulgatum* L.　017
蘋科 Marsileaceae　*018*
　蘋 *Marsilea quadrifolia* L.　018
槐叶蘋科 Salviniaceae　*019*
　满江红 *Azolla pinnata* subsp. *asiatica* R.M.K. Saunders & K. Fowler　019
　槐叶蘋 *alvinia natans* (L.) All.　020
桫椤科 Cyatheaceae　*021*
　桫椤 *Alsophila spinulosa* (Wall. ex Hook.) R. M. Tryon　021
凤尾蕨科 Pteridaceae　*022*
　铁线蕨 *Adiantum capillus-veneris* L.　022
　水蕨 *Ceratopteris thalictroides* (L.) Brongn.　023
　井栏边草 *Pteris multifida* Poir.　024
　溪边凤尾蕨 *Pteris terminalis* Wall. ex J. Agardh　025
　西南凤尾蕨 *Pteris wallichiana* C. Agardh　026
球子蕨科 Onocleaceae　*027*
　荚果蕨 *Matteuccia struthiopteris* (L.) Todaro　027
金星蕨科 Thelypteridaceae　*028*
　渐尖毛蕨 *Cyclosorus acuminatus* (Houtt.) Nakai　028

4 被子植物 Angiospermae 029

莼菜科 Cabombaceae 030

莼菜 *Brasenia schreberi* J.F.Gmelin 030

睡莲科 Nymphaeaceae 031

萍蓬草 *Nuphar pumila* (Timm.) de Candolle 031

白睡莲 *Nymphaea alba* L. 032

红睡莲 *Nymphaea alba* var. *rubra* Lönnr. 033

黄睡莲 *Nymphaea mexicana* Zucc. 034

三白草科 Saururaceae 035

白苞裸蒴 *Gymnotheca involucrata* S. J. Pei 035

蕺菜 *Houttuynia cordata* Thunb. 036

三白草 *Saururus chinensis* (Lour.) Baill. 037

菖蒲科 Acoraceae 038

金钱蒲 *Acorus gramineus* Soland. 038

天南星科 Araceae 039

象南星 *Arisaema elephas* Buchet 039

一把伞南星 *Arisaema erubescens* (Wall.) Schott 040

芋 *Colocasia esculenta* (L.) Schott 041

大薸 *Pistia stratiotes* L. 042

马蹄莲 *Zantedeschia aethiopica* (L.) Spreng. 043

浮萍科 Lemnaceae 044

浮萍 *Lemna minor* L. 044

紫萍 *Spirodela polyrhiza* (L.) Schleid. 045

泽泻科 Alismataceae 046

东方泽泻 *Alisma orientale* (Samuel.) Juz. 046

矮慈姑 *Sagittaria pygmaea* Miq. 047

野慈姑 *Sagittaria trifolia* L. 048

慈姑 *Sagittaria trifolia* L. subsp. *leucopetala* (Miq.) Q. F. Wang 049

水鳖科 Hydrocharitaceae 050

黑藻 *Hydrilla verticillata* (L. f.) Royle 050

水鳖 *Hydrocharis dubia* (Blume) Backer 051

海菜花 *Ottelia acuminata* (Gagnep.) Dandy 052

苦草 *Vallisneria natans* (Lour.) Hara 053

水麦冬科 Juncaginaceae 054

海韭菜 *Triglochin maritima* L. 054

水麦冬 *Triglochin palustris* L. 055

眼子菜科 Potamogetonaceae 056

菹草 *Potamogeton crispus* L. 056

眼子菜 *Potamogeton distinctus* A. Benn. 057

微齿眼子菜 *Potamogeton maackianus* A. Benn. 058

浮叶眼子菜 *Potamogeton natans* L. 059

小眼子菜 *Potamogeton pusillus* L. 060

竹叶眼子菜 *Potamogeton wrightii* Morong 061

篦齿眼子菜 *Stuckenia pectinate* (L.) Börner 062

兰科 Orchidaceae 063

手参 *Gymnadenia conopsea* (L.) R. Br. 063

绶草 *Spiranthes sinensis* (Pers.) Ames 064

线柱兰 *Zeuxine strateumatica* (L.) Schltr. 065

鸢尾科 Iridaceae 066

长葶鸢尾 *Iris delavayi* Mich. 066

路易斯安那鸢尾 *Iris fulva* 'Louisiana Hybrids' Ker Gawl. 067

德国鸢尾 *Iris germanica* L. 068

蝴蝶花 *Iris japonica* Thunb. 069

黄菖蒲 *Iris pseudacorus* L. 070

庭菖蒲 *Sisyrinchium rosulatum* Bickn. 071

石蒜科 Amaryllidaceae 072

大花韭 *Allium macranthum* Baker 072

薤白 *Allium macrostemon* Bunge 073

多星韭 *Allium wallichii* Kunth 074

忽地笑 *Lycoris aurea* (L' Hér.) Herb. 075

石蒜 *Lycoris radiata* (L' Hér.) Herb. 076

鸭跖草科 Commelinaceae 077

饭包草 *Commelina benghalensis* L. 077

鸭跖草 *Commelina communis* L. 078

裸花水竹叶 *Murdannia nudiflora* (L.) Brenan 079

白花紫露草 *Tradescantia fluminensis* Vell. *080*

紫竹梅 *Tradescantia pallida* (Rose) D.R.
Hunt *001*

雨久花科 Pontederiaceae *082*

风眼蓝 *Eichhornia crassipes* (Mart.) Solme *082*

鸭舌草 *Monochoria vaginalis* (Burm. F.) Presl
ex Kunth *083*

梭鱼草 *Pontederia cordata* L. *084*

竹芋科 Marantaceae *085*

再力花 *Thalia dealbata* Fraser *085*

姜科 Zingiberaceae *086*

姜花 *Hedychium coronarium* Koen. *086*

黄姜花 *Hedychium flavum* Roxb. *087*

香蒲科 Typhaceae *088*

黑三棱 *Sparganium stoloniferum* (Buch. -Ham.
ex Graebn.) Buch. -Ham. ex Juz. *088*

水烛 *Typha angustifolia* L. *089*

宽叶香蒲 *Typha latifolia* L. *090*

小香蒲 *Typha minima* Funk ex Hoppe *091*

香蒲 *Typha orientalis* Presl *092*

谷精草科 Eriocaulaceae *093*

谷精草 *Eriocaulon buergerianum* Koern. *093*

灯心草科 Juncaceae *094*

葱状灯心草 *Juncus allioides* Franch. *094*

小灯心草 *Juncus bufonius* L. *095*

灯心草 *Juncus effusus* L. *096*

喜马灯心草 *Juncus himalensis* Klotzsch *097*

笄石菖 *Juncus prismatocarpus* R. Brown *098*

野灯心草 *Juncus setchuensis* Buchen. ex
Diels *099*

枯灯心草 *Juncus sphacelatus* Decne. *100*

莎草科 Cyperaceae *101*

华扁穗草 *Blysmus sinocompressus* Tang et
Wang *101*

浆果薹草 *Carex baccans* Nees *102*

木里薹草 *Carex muliensis* Hand. -Mazz. *103*

日本薹草 *Carex japonica* Thunb. *104*

膨囊薹草 *Carex lehmannii* Drejer *105*

青藏薹草 *Carex moorcroftii* Falc. ex Boott *106*

小薹草 *Carex parva* Nees *107*

大穗薹草 *Carex rhynchophysa* C. A. Mey. *108*

风车草 *Cyperus involucratus* Rottboll *109*

扁穗莎草 *Cyperus compressus* L. *110*

砖子苗 *Cyperus cyperoides* (L.) Kuntze *111*

异型莎草 *Cyperus difformis* L. *112*

碎米莎草 *Cyperus iria* L. *113*

具芒碎米莎草 *Cyperus microiria* Steud. *114*

香附子 *Cyperus rotundus* L. *115*

夏飘拂草 *Fimbristylis aestivalis* (Retz.) Vahl *116*

复序飘拂草 *Fimbristylis bisumbellata*
(Forsk.) Bubani *117*

水虱草 *Fimbristylis littoralis* Gaudich *118*

水莎草 *Cyperus serotinus* Rottb. *119*

荸荠 *Eleocharis dulcis* (N. L. Burman) Trinius
ex Henschel *120*

具刚毛荸荠 *Eleocharis valleculosa* var. *setosa*
Ohwi *121*

牛毛毡 *Eleocharis yokoscensis* (Franchet &
Savatier) Tang & F. T. Wang *122*

喜马拉雅嵩草 *Kobresia royleana* (Nees)
Bocklr. *123*

西藏嵩草 *Kobresia tibetica* Maximowicz *124*

短轴嵩草 *Kobresia vidua* (Boott ex C. B.
Clarke) Kükenth. *125*

短叶水蜈蚣 *Kyllinga brevifolia* Rottb. *126*

矮球穗扁莎 *Pycreus flavidus* var. *minimus*
(Kukenthal) L. K. Dai *127*

刺子莞 *Rhynchospora rubra* (Lour.) Makino *128*

萤蔺 *Schoenoplectus juncoides* (Roxburgh)
Palla *129*

水毛花 *Schoenoplectiella mucronata* (L.) J. Jung & H. K. Choi *130*

三棱水葱 *Schoenoplectus triqueter* (L.) Palla *131*

水葱 *Schoenoplectus tabernaemontani* (C. C. Gmelin) Palla *132*

双柱头针蔺 *Trichophorum distigmaticum* (Kük.) T. V. Egorova *133*

禾本科 Poaceae *134*

看麦娘 *Alopecurus aequalis* Sobol. *134*

荩草 *Arthraxon hispidus* (Thunb.) Makino *135*

芦竹 *Arundo donax* L. *136*

菵草 *Beckmannia syzigachne* (Steud.) Fern. *137*

水生薏苡 *Coix aquatica* Roxb. *138*

薏苡 *Coix lacryma-jobi* L. *139*

蒲苇 *Cortaderia selloana* (Schult.) Aschers. et Graebn. *140*

狗牙根 *Cynodon dactylon* (L.) Pers. *141*

长芒稗 *Echinochloa caudata* Roshev. *142*

光头稗 *Echinochloa colona* (L.) Link *143*

稗 *Echinochloa crus-galli* (L.) P. Beauv. *144*

无芒稗 *Echinochloa crus-galli* var. *mitis* (Pursh) Petermann *145*

牛筋草 *Eleusine indica* (L.) Gaertn. *146*

卵花甜茅 *Glyceria tonglensis* C. B. Clarke *147*

大牛鞭草 *Hemarthria altissima* (Poir.) Stapf et C. E. Hubb. *148*

白茅 *Imperata cylindrica* (L.) Beauv. *149*

稻 *Oryza sativa* L. *150*

双穗雀稗 *Paspalum distichum* L. *151*

圆果雀稗 *Paspalum scrobiculatum* var. *orbiculare* (G. Forster) Hackel *152*

虉草 *Phalaris arundinacea* L. *153*

芦苇 *Phragmites australis* (Cav.) Trin. ex Steud. *154*

早熟禾 *Poa annua* L. *155*

棒头草 *Polypogon fugax* Nees ex Steud. *156*

斑茅 *Saccharum arundinaceum* Retz. *157*

甜根子草 *Saccharum spontaneum* L. *158*

西南莩草 *Setaria forbesiana* (Nees) Hook. f. *159*

菰 *Zizania latifolia* (Griseb.) Turcz. ex Stapf *160*

金鱼藻科 Ceratophyllaceae *161*

金鱼藻 *Ceratophyllum demersum* L. *161*

罂粟科 Papaveraceae *162*

紫堇 *Corydalis edulis* Maxim. *162*

地锦苗 *Corydalis sheareri* S. Moore *163*

大叶紫堇 *Corydalis temulifolia* Franch. *164*

细果角茴香 *Hypecoum leptocarpum* Hook. f. et Thoms. *165*

毛茛科 Ranunculaceae *166*

露蕊乌头 *Gymnaconitum gymnandrum* (Maxim.) Wei Wang et Z. D. Chen *166*

打破碗花花 *Anemone hupehensis* Lem. *167*

匙叶银莲花 *Anemone trullifolia* Hook. f. et Thoms. *168*

水毛茛 *Batrachium bungei* (Steud.) L. Liou *169*

驴蹄草 *Caltha palustris* L. *170*

空茎驴蹄草 *Caltha palustris* var. *barthei* Hance *171*

花葶驴蹄草 *Caltha scaposa* Hook. f. et Thoms. *172*

三裂碱毛茛 *Halerpestes tricuspis* (Maxim.) Hand.-Mazz. *173*

鸦趾花 *Oxygraphis glacialis* (Fisch. ex DC.) Bunge *174*

茴茴蒜 *Ranunculus chinensis* Bunge *175*

西南毛茛 *Ranunculus ficariifolius* Lévl. et Vant. *176*

云生毛茛 *Ranunculus nephelogenes* Edgeworth *177*

石龙芮 *Ranunculus sceleratus* L. *178*

高原毛茛 *Ranunculus tanguticus* (Maxim.) Ovcz. 179

毛茛状金莲花 *Trollius ranunculoides* Hemsl. 180

莲科 Nelumbonaceae 181

莲 *Nelumbo nucifera* Gaertn. 181

虎耳草科 Saxifragaceae 182

锈毛金腰 *Chrysosplenium davidianum* Decne. ex Maxim. 182

肾叶金腰 *Chrysosplenium griffithii* Hook. f. et Thoms. 183

山溪金腰 *Chrysosplenium nepalense* D. Don 184

叉枝虎耳草 *Saxifraga divaricata* Engl. et Irmsch. 185

道孚虎耳草 *Saxifraga lumpuensis* Engl. 186

黑蕊虎耳草 *Saxifraga melanocentra* Franch. 187

垂头虎耳草 *Saxifraga nigroglandulifera* Balakr. 188

小二仙草科 Haloragaceae 189

穗状狐尾藻 *Myriophyllum spicatum* L. 189

狐尾藻 *Myriophyllum verticillatum* L. 190

豆科 Fabaceae 191

紫云英 *Astragalus sinicus* L. 191

野大豆 *Glycine soja* Siebold & Zucc. 192

唐古特岩黄芪 *Hedysarum tanguticum* B. Fedtsch. 193

鸡眼草 *Kummerowia striata* (Thunb.) Schindl. 194

百脉根 *Lotus corniculatus* L. 195

天蓝苜蓿 *Medicago lupulina* L. 196

紫苜蓿 *Medicago sativa* L. 197

白花草木樨 *Melilotus albus* Medik. 198

草木樨 *Melilotus officinalis* (L.) Pall. 199

甘肃棘豆 *Oxytropis kansuensis* Bunge 200

白车轴草 *Trifolium repens* L. 201

蔷薇科 Rosaceae 202

龙牙草 *Agrimonia pilosa* Ldb. 202

羽衣草 *Alchemilla japonica* Nakai et Hara 203

蛇莓 *Duchesnea indica* (Andr.) Focke 204

路边青 *Geum aleppicum* Jacq. 205

蕨麻 *Potentilla anserina* L. 206

蛇含委陵菜 *Potentilla kleiniana* Wight et Arn. 207

脱毛银叶委陵菜 *Potentilla leuconota* var. *brachyphyllaria* Card. 208

矮地榆 *Sanguisorba filiformis* (Hook. f.) Hand. -Mazz. 209

胡颓子科 Elaeagnaceae 210

沙棘 *Hippophae rhamnoides* L. 210

大麻科 Cannabaceae 211

葎草 *Humulus scandens* (Lour.) Merr. 211

荨麻科 Urticaceae 212

序叶苎麻 *Boehmeria clidemioides* var. *diffusa* (Wedd.) Hand.-Mazz. 212

赤麻 *Boehmeria silvestrii* (Pampanini.) W. T. Wang 213

长叶水麻 *Debregeasia longifolia* (Burm. f.) Wedd. 214

水麻 *Debregeasia orientalis* C. J. Chen 215

钝叶楼梯草 *Elatostema obtusum* Wedd. 216

糯米团 *Gonostegia hirta* (Bl.) Miq. 217

花点草 *Nanocnide japonica* Bl. 218

冷水花 *Pilea notata* C. H. Wright 219

透茎冷水花 *Pilea pumila* (L.) A. Gray 220

麻叶荨麻 *Urtica cannabina* L. 221

宽叶荨麻 *Urtica laetevirens* Maxim. 222

胡桃科 Juglandaceae 223

枫杨 *Pterocarya stenoptera* C. DC. 223

葫芦科 Cucurbitaceae 224

盒子草 *Actinostemma tenerum* Griff. 224

假贝母 *Bolbostemma paniculatum* (Maxim.) Franquet 225

湖北裂瓜 *Schizopepon dioicus* Cogn. ex Oliv. 226

纽子瓜 *Zehneria bodinieri* (H. Léveillé) W. J. de Wilde & Duyfjes 227

卫矛科 Celastraceae 228

短柱梅花草 *Parnassia brevistyla* (Brieg.) Hand.-Mazz. 228

三脉梅花草 *Parnassia trinervis* Drude 229

绿花梅花草 *Parnassia viridiflora* Batalin 230

鸡肫梅花草 *Parnassia wightiana* Wall. ex Wight et Arn. 231

酢浆草科 Oxalidaceae 232

酢浆草 *Oxalis corniculata* L. 232

红花酢浆草 *Oxalis corymbosa* DC. 233

金丝桃科 Hypericaceae 234

地耳草 *Hypericum japonicum* Thunb. ex Murray 234

堇菜科 Violaceae 235

鸡腿堇菜 *Viola acuminata* Ledeb. 235

七星莲 *Viola diffusa* Ging. 236

长萼堇菜 *Viola inconspicua* Blume 237

杨柳科 Salicaceae 238

垂柳 *Salix babylonica* L. 238

硬叶柳 *Salix sclerophylla* Anderss. 239

秋华柳 *Salix variegata* Franch. 240

大戟科 Euphorbiaceae 241

铁苋菜 *Acalypha australis* L. 241

裂苞铁苋菜 *Acalypha supera* Forsskal 242

蓖麻 *Ricinus communis* L. 243

叶下珠科 Phyllanthaceae 244

叶下珠 *Phyllanthus urinaria* L. 244

千屈菜科 Lythraceae 245

耳基水苋 *Ammannia auriculata* Willd. 245

水苋菜 *Ammannia baccifera* L. 246

千屈菜 *Lythrum salicaria* L. 247

圆叶节节菜 *Rotala rotundifolia* (Buch.-Ham. ex Roxb.) Koehne 248

欧菱 *Trapa natans* L. 249

柳叶菜科 Onagraceae 250

长柱柳叶菜 *Epilobium blinii* Lévl. 250

沼生柳叶菜 *Epilobium palustre* L. 251

假柳叶菜 *Ludwigia epilobioides* Maxim. 252

台湾水龙 *Ludwigia×taiwanensis* C. I. Peng 253

锦葵科 Malvaceae 254

苘麻 *Abutilon theophrasti* Medicus 254

十字花科 Brassicaceae 255

荠 *Capsella bursa-pastoris* (L.) Medic. 255

弹裂碎米荠 *Cardamine impatiens* L. 256

紫花碎米荠 *Cardamine tangutorum* O. E. Schulz 257

播娘蒿 *Descurainia sophia* (L.) Webb ex Prantl 258

豆瓣菜 *Nasturtium officinale* R. Br. 259

单花荠 *Pegaeophyton scapiflorum* (Hook. f. & Thoms.) Marq. et Shaw 260

高蔊菜 *Rorippa elata* (Hook. f. et Thoms.) Hand.-Mazz. 261

沼生蔊菜 *Rorippa palustris* (L.) Besser 262

柽柳科 Tamaricaceae 263

疏花水柏枝 *Myricaria laxiflora* (Franch.) P. Y. Zhang et Y. J. Zhang 263

柽柳 *Tamarix chinensis* Lour. 264

蓼科 Polygonaceae 265

金荞麦 *Fagopyrum dibotrys* (D. Don) Hara 265

荞麦 *Fagopyrum esculentum* Moench 266

冰岛蓼 *Koenigia islandica* L. Mant. 267

愉悦蓼 *Polygonum jucundum* Meisn. 268

两栖蓼 *Polygonum amphibium* L. 269

萹蓄 *Polygonum aviculare* L. 270

头花蓼 *Polygonum capitatum* Buch.-Ham. ex D. Don 271

火炭母 *Polygonum chinense* L. 272

水蓼 *Polygonum hydropiper* L. 273

酸模叶蓼 *Polygonum lapathifolium* L. 274

圆穗蓼 *Polygonum macrophyllum* D. Don 275

红蓼 *Polygonum orientale* L. 276

扛板归 *Polygonum perfoliatum* L. 277

习见蓼 *Polygonum plebeium* R. Br. 278

西伯利亚蓼 *Polygonum sibiricum* Laxm. 279

柔毛蓼 *Polygonum sparsipilosum* A. J. Li 280

戟叶蓼 *Polygonum thunbergii* Sieb. et Zucc. 281

珠芽蓼 *Polygonum viviparum* L. 282

虎杖 *Reynoutria japonica* Houtt. 283

苞叶大黄 *Rheum alexandrae* Batal. 284

药用大黄 *Rheum officinale* Baill. 285

酸模 *Rumex acetosa* L. 286

水生酸模 *Rumex aquaticus* L. 287

皱叶酸模 *Rumex crispus* L. 288

齿果酸模 *Rumex dentatus* L. 289

羊蹄 *Rumex japonicus* Houtt. 290

石竹科 Caryophyllaceae 291

鹅肠菜 *Myosoton aquaticum* (L.) Moench 291

无毛漆姑草 *Sagina saginoides* (L.) H. Karsten 292

雀舌草 *Stellaria alsine* Grimm 293

中国繁缕 *Stellaria chinensis* Regel 294

繁缕 *Stellaria media* (L.) Vill. 295

箐姑草 *Stellaria vestita* Kurz 296

湿地繁缕 *Stellaria uda* Williams 297

苋科 Amaranthaceae 298

喜旱莲子草 *Alternanthera philoxeroides* (Mart.) Griseb. 298

莲子草 *Alternanthera sessilis* (L.) DC. 299

反枝苋 *Amaranthus retroflexus* L. 300

青葙 *Celosia argentea* L. 301

藜 *Chenopodium album* L. 302

灰绿藜 *Chenopodium glaucum* L. 303

土荆芥 *Dysphania ambrosioides* (L.) Mosyakin & Clemants 304

菊叶香藜 *Dysphania schraderiana* (Roem. & Schult.) Mosyakin & Clemants 305

粟米草科 Molluginaceae 306

粟米草 *Trigastrotheca stricta* (L.) Thulin 306

马齿苋科 Portulacaceae 307

马齿苋 *Portulaca oleracea* L. 307

凤仙花科 Balsaminaceae 308

菱叶凤仙花 *Impatiens rhombifolia* Y. Q. Lu et Y. L. Chen 308

报春花科 Primulaceae 309

海乳草 *Lysimachia maritima* (L.) Galasso, Banfi & Soldano 309

泽珍珠菜 *Lysimachia candida* Lindl. 310

过路黄 *Lysimachia christinae* Hance 311

临时救 *Lysimachia congestiflora* Hemsl. 312

束花报春 *Primula fasciculata* Balf. f. et Ward 313

偏花报春 *Primula secundiflora* Franch. 314

钟花报春 *Primula sikkimensis* Hook. 315

茜草科 Rubiaceae 316

拉拉藤 *Galium apurium* L. 316

龙胆科 Gentianaceae 317

刺芒龙胆 *Gentiana aristata* Maxim. 317

反折花龙胆 *Gentiana choanantha* Marq. 318

麻花艽 *Gentiana straminea* Maxim. 319

湿生扁蕾 *Gentianopsis paludosa* (Hook.f.) Ma 320

卵萼花锚 *Halenia elliptica* D.Don 321

肋柱花 *Lomatogonium carinthiacum* (Wulf.) Reichb. 322

大钟花 *Megacodon stylophorus* (C.B.Clarke) H.Smith 323

华北獐牙菜 *Swertia wolfangiana* Gruning 324

紫草科 Boraginaceae *325*

　湿地勿忘草 *Myosotis caespitosa* Schultz *325*

　附地菜 *Trigonotis peduncularis* (Trev.) Benth.
　　ex Baker et Moore *326*

旋花科 Convolvulaceae *327*

　打碗花 *Calystegia hederacea* Wall. *327*

　菟丝子 *Cuscuta chinensis* Lam. *328*

　蕹菜 *Ipomoea aquatica* Forsskal *329*

　牵牛 *Ipomoea nil* (Linnaeus) Roth *330*

　圆叶牵牛 *Ipomoea purpurea* Lam. *331*

茄科 Solanaceae *332*

　龙葵 *Solanum nigrum* L. *332*

车前科 Plantaginaceae *333*

　水马齿 *Callitriche palustris* L. *333*

　杉叶藻 *Hippuris vulgaris* L. *334*

　车前 *Plantago asiatica* L. *335*

　平车前 *Plantago depressa* Willd. *336*

　大车前 *Plantago major* L. *337*

　北水苦荬 *Veronica anagallis-aquatica* L. *338*

　水苦荬 *Veronica undulata* Wall. *339*

玄参科 Scrophulariaceae *340*

　醉鱼草 *Buddleja lindleyana* Fortune *340*

　密蒙花 *Buddleja officinalis* Maxim. *341*

狸藻科 Lentibulariaceae *342*

　黄花狸藻 *Utricularia aurea* Lour. *342*

　狸藻 *Utricularia vulgaris* L. *343*

马鞭草科 Verbenaceae *344*

　过江藤 *Phyla nodiflora* (L.) E. L. Greene *344*

　马鞭草 *Verbena officinalis* L. *345*

唇形科 Lamiaceae (Labiatae) *346*

　白苞筋骨草 *Ajuga lupulina* Maxim. *346*

　美花圆叶筋骨草 *Ajuga ovalifolia var. calantha*
　　(Diels ex Limpricht) C. Y. Wu & C. Chen *347*

　水棘针 *Amethystea caerulea* L. *348*

　密花香薷 *Elsholtzia densa* Benth. *349*

鼬瓣花 *Galeopsis bifida* Boenn. *350*

活血丹 *Glechoma longituba* (Nakai) Kupr. *351*

独一味 *Lamiophlomis rotate* (Benth. ex Hook.
　f.) Kudo *352*

宝盖草 *Lamium amplexicaule* L. *353*

夏枯草 *Prunella vulgaris* L. *354*

荔枝草 *Salvia plebeia* R. Br. *355*

半枝莲 *Scutellaria barbata* D. Don *356*

韩信草 *Scutellaria indica* L. *357*

通泉草科 Mazaceae *358*

　匍茎通泉草 *Mazus miquelii* Makino *358*

透骨草科 Phrymaceae *359*

　沟酸浆 *Mimulus tenellus* Bunge *359*

列当科 Orobanchaceae *360*

　短腺小米草 *Euphrasia regelii* Wettst. *360*

　管状长花马先蒿 *Pedicularis longiflora*
　　Rudolph var. *tulaiformis* (Klotz.) Tsoong *361*

　管花马先蒿台氏变种 *Pedicularis siphonantha*
　　Ikon var. *delavayi* (Franch.) Tsoong *362*

桔梗科 Campanulaceae *363*

　半边莲 *Lobelia chinensis* Lour. *363*

睡菜科 Menyanthaceae *364*

　荇菜 *Nymphoides peltata* (S. G. Gmelin)
　　Kuntze *364*

菊科 Asteraceae *365*

　藿香蓟 *Ageratum conyzoides* L. *365*

　甘青蒿 *Artemisia tangutica* Pamp. *366*

　柳叶鬼针草 *Bidens cernua* L. *367*

　狼耙草 *Bidens tripartita* L. *368*

　节毛飞廉 *Carduus acanthoides* L. *369*

　天名精 *Carpesium abrotanoides* L. *370*

　小蓬草 *Erigeron canadensis* L. *371*

　野茼蒿 *Crassocephalum crepidioides* (Benth.)
　　S. Moore *372*

　褐毛垂头菊 *Cremanthodium brunneopiloesum*

S. W. Liu　*373*

条叶垂头菊 *Cremanthodium lineare* Maxim.*374*

鳢肠 *Eclipta prostrata* (L.) L.　*375*

白头婆 *Eupatorium japonicum* Thunb.　*376*

泥胡菜 *Hemisteptia lyrata* (Bunge) Fischer &

C. A. Meyer　*377*

东俄洛紫菀 *Aster tongolensis* Franch.　*378*

马兰 *Aster indicus* L.　*379*

美头火绒草 *Leontopodium calocephalum*

(Franch.) Beauv.　*380*

大黄橐吾 *Ligularia duciformis* (C. Winkl.)

Hand.-Mazz.　*381*

侧茎橐吾 *Ligularia pleurocaulis* (Franch.)

Hand.-Mazz**.**　*382*

褐毛橐吾 *Ligularia purdomii* (Turrill)

Chittenden　*383*

箭叶橐吾 *Ligularia sagitta* (Maxim.) Mattf.　*384*

黄帚橐吾 *Ligularia virgaurea* (Maxim.)

Mattf.　*385*

褐花雪莲 *Saussurea phaeantha* Maxim**.**　*386*

杨叶风毛菊 *Saussurea populifolia* Hemsl.　*387*

星状雪兔子 *Saussurea stella* Maxim.　*388*

千里光 *Senecio scandens* Buch.-Ham. ex D.

Don　*389*

腺梗豨莶 *Sigesbeckia pubescens* (Makino)

Makino　*390*

蒲儿根 *Sinosenecio oldhamianus* (Maxim.) B.

Nord.　*391*

钻叶紫菀 *Symphyotrichum subulatum*

(Michx.) G. L. Nesom　*392*

毛柄蒲公英 *Taraxacum eriopodum* (D. Don)

DC.　*393*

川甘蒲公英 *Taraxacum lugubre* Dahlst.　*394*

蒲公英 *Taraxacum mongolicum* Hand.-Mazz. *395*

藏蒲公英 *Taraxacum tibetanum* Hand.-Mazz.*396*

苍耳 *Xanthium sirumarium* L.　*397*

五福花科　Adoxaceae　*398*

接骨草 *Sambucus javanica* Reinw. ex Blume*398*

忍冬科　Caprifoliaceae　*399*

白花刺续断 *Acanthocalyx alba* (Hand.-

Mazz.) M. Connon　*399*

岩生忍冬 *Lonicera rupicola* Hook. f. et

Thoms.　*400*

甘松 *Nardostachys jatamansi* (D. Don) DC. *401*

五加科　Araliaceae　*402*

红马蹄草 *Hydrocotyle nepalensis* Hook.　*402*

天胡荽 *Hydrocotyle sibthorpioides* Lam.　*403*

破铜钱 *Hydrocotyle sibthorpioides* var.

batrachium (Hance) Hand.-Mazz.　*404*

伞形科　Apiaceae　*405*

葛缕子 *Carum carvi* L.　*405*

积雪草 *Centella asiatica* (L.) Urban　*406*

矮泽芹 *Chamaesium paradoxum* Wolff　*407*

毒芹 *Cicuta virosa* L.　*408*

鸭儿芹 *Cryptotaenia japonica* Hassk.　*409*

野胡萝卜 *Daucus carota* L.　*410*

线叶水芹 *Oenanthe linearis* Wall. ex DC.　*411*

高山水芹 *Oenanthe hookeri* C.B.Clarke　*412*

水芹 *Oenanthe javanica* (Bl.) DC.　*413*

滇西泽芹 *Sium frigidum* Hand.-Mazz.　*414*

泽芹 *Sium suave* Walt.　*415*

索引 Index　417

中文索引　*418*

英文索引　*423*

苔藓植物

1

Bryophytes

◢ 地钱科 Marchantiaceae

地钱

Marchantia polymorpha L.

地钱科 Marchantiaceae / 地钱属 *Marchantia*

　　*形态描述：配子体为扁平的绿色叶状体。多次二叉状分枝，每个分枝前端凹入。叶状体背面可见很多菱形网纹；叶状体腹面有紫色鳞片和单细胞假根，假根有平滑假根和舌状假根两种类型。地钱具有营养繁殖，在叶状体背面有杯状结构，称为胞芽杯，其内产生很多胞芽。胞芽脱落后能够萌发，产生叶状体。地钱具有性生殖，雌雄异株。雄株背面产生雄生殖托，雄托圆盘状，波状浅裂成7~8瓣，其托盘中生有很多近球形的精子器；雌株背面生出雌生殖托，雌托扁平，深裂成6~10个指状瓣，其托盘边缘辐射状伸出多条指状芒线，颈卵器中有1个卵。

　　*生境：多生于阴湿土坡草丛或溪边碎石上，有时也生于水稻田埂和乡间房屋附近。湿地常见。

　　*分布：四川广布。

◤ 泥炭藓科 Sphagnaceae

泥炭藓

Sphagnum palustre L.

泥炭藓科 Sphagnaceae / 泥炭藓属 *Sphagnum*

＊形态描述：植物体黄绿色或灰绿色，有时略带棕色或淡红色。茎直立。茎叶阔舌形，上部边缘细胞有时全部无色，形成阔分化边缘；无色细胞具分隔。枝丛 3~5 枝，其中 2~3 强枝，多向倾立。枝叶卵圆形，内凹，先端内卷；绿色细胞在枝叶横切面中呈狭等腰形或狭梯形，偏于叶片腹面，背面完全为无色细胞所包被。雌雄异株，雄枝黄色或淡红色。雌苞叶阔卵形，叶缘具分化边，下部中间为狭形无色细胞；上部具两种细胞，无色细胞密被螺纹及水孔。孢子呈黄色。

＊生境：多生于沼泽地、潮湿林地及草甸湿地。

＊分布：四川西部地区广布。

◢ 金发藓科 Polytrichaceae

金发藓

Polytrichum commune Hedw.

金发藓科 Polytrichaceae / 金发藓属 *Polytrichum*

＊形态描述: 体型大，环境条件不好时仅高3厘米左右，常丛集呈大片群落。茎单一。叶卵状披针形，基部抱茎；叶边具锐齿，上部不强烈内卷；中肋突出；叶尖呈芒状；叶腹面有多数栉片，顶细胞宽阔，内凹。雌雄异株。蒴柄长4~8厘米。孢蒴长2.5~5毫米，具4棱，台部明显，具气孔，呈棕红色。孢子呈球形，直径9~12微米，具细疣。

＊生境: 生于海拔1200~3000米的林地、山野阴湿土坡、森林沼泽、酸性土壤。

＊分布: 四川古蔺、犍为。

◢ 葫芦藓科 Funariaceae

葫芦藓

Funaria hygrometrica Hedw.

葫芦藓科 Funariaceae / 葫芦藓属 *Funaria*

　　＊形态描述：小形，黄绿色，无光泽，丛集或散列群生。茎长 1~3 厘米，单一或稀疏分枝。叶密集簇生茎顶，干燥时皱缩，湿润时倾立，长舌形；全缘，有时内曲；中肋较粗，不到叶尖消失；叶细胞疏松，近于长方形，薄壁。雌雄同株；雄苞顶生，花蕾状；雌苞生于雄苞下的短侧枝上，在雄枝萎缩后即转成主枝。蒴柄细长，紫红色，上部弯曲。孢蒴梨形，不对称，多垂倾，具明显的台部。蒴齿两层。蒴盖微凸。蒴帽兜形，有长喙。

＊生境：主要生于林下、湿地。

＊分布：四川广布。

＊其他信息：除湿止血，主治痨伤吐血、跌打损伤、湿气脚痛。

2

石松类植物
Lycophytes

◢ 卷柏科 Selaginellaceae

小翠云

Selaginella kraussiana A. Braun

卷柏科 Selaginellaceae / 卷柏属 *Selaginella*

　　***形态描述**：土生，匍匐，无横走地下茎。根托沿匍匐茎和枝断续生长，由茎枝的分叉处上面生出。主茎通体呈不太规则的羽状分枝，具关节，禾秆色，茎近四棱柱形或具沟槽，维管束 2 条；侧枝 10~20 对，2~3 回羽状分枝，枝排列稀疏，不规则，分枝无毛，背腹压扁，末回分枝连叶宽 3~6 毫米。叶全部交互排列，二形，草质，表面光滑，边缘非全缘，不具白边。主茎上的腋叶不明显大于分枝上的，长圆状椭圆形，基部钝，分枝上的腋叶对称，长圆状椭圆形，边缘有细齿，基部钝。中叶和侧叶均不对称。孢子叶穗紧密，四棱柱形，端生或侧生，单生；孢子叶一型，卵状披针形，边缘有细齿，不具白边，先端渐尖；有一个大孢子叶位于孢子叶穗基部的下侧，其余均为小孢子叶。

　　***生境**：生于潮湿、微酸性土壤。

　　***分布**：四川乐山、达州、眉山、甘孜、阿坝等。

翠云草

Selaginella uncinata (Desv.) Spring

卷柏科 Selaginellaceae / 卷柏属 *Selaginella*

　　*形态描述：中型伏地蔓生蕨。根托只生于主茎的下部或沿主茎断续着生，自主茎分叉处下方生出，被毛。主茎自近基部羽状分枝，无关节，禾秆色，茎圆柱状，具沟槽，无毛，维管束 1 条，主茎先端鞭形，侧枝 5~8 对，2 回羽状分枝。叶全部交互排列，二型，草质，表面光滑，具虹彩，边缘全缘，明显具白边，主茎上的叶排列较疏，二型，绿色。主茎上的腋叶明显大于分枝上的。孢子叶穗紧密，四棱柱形，单生于小枝末端；孢子叶一型，卵状三角形，边缘全缘，具白边，先端渐尖，龙骨状；大孢子叶分布于孢子叶穗下部。大孢子灰白色或暗褐色；小孢子淡黄色。

　　*生境：生于林下溪边、沟边。

　　*分布：四川安县、都江堰、雅安、高县、南充、广元、合江、江油、临安、南溪、平武、天全、通江、古蔺、筠连等。

3

蕨类植物
Ferns

◤ 木贼科 Equisetaceae

问荆

Equisetum arvense L.

木贼科 Equisetaceae / 木贼属 *Equisetum*

　　＊**形态描述**：中小型植物。根茎斜升、直立或横走，黑棕色，节和根密生黄棕色长毛或光滑无毛。地上枝当年枯萎。枝二型。能育枝春季先萌发，节间长 2~6 厘米，黄棕色，无轮茎分枝，脊不明显，具密纵沟。不育枝后萌发，节间长 2~3 厘米，绿色，轮生分枝多，主枝中部以下有分枝。脊的背部弧形，无棱，有横纹，无小瘤；鞘筒狭长，鞘齿三角形，宿存。侧枝柔软纤细，扁平状，有 3~4 条狭而高的脊，脊的背部有横纹；鞘齿 3~5 个，披针形，绿色，边缘膜质，宿存。孢子囊穗圆柱形，顶端钝，成熟时柄伸长。

　　＊**生境**：生于海拔 0~3700 米的沟边阴湿地、河滩、水田边等。

　　＊**分布**：平武、南充、红原、南江、金川、康定、峨眉山、丹巴、绵阳、内江、马尔康、松潘等。

　　＊**其他信息**：清热利尿、止血、平肝明目、止咳平喘。

　　＊**照片来源**：教学标本共享平台（汪小凡、王长宝）。

木贼

Equisetum hyemale L.

木贼科 Equisetaceae / 木贼属 *Equisetum*

　　*形态描述：根茎横走或直立，黑棕色，节和根有黄棕色长毛。地上枝多年生。枝一型。高达 1 米或更高，节间长 5~8 厘米，绿色，不分枝或仅基部有少数直立的侧枝。地上枝有脊 16~22 条，脊的背部弧形或近方形，有小瘤 2 行；鞘筒 0.7~1.0 厘米，黑棕色，或顶部及基部各有一圈黑棕色，或仅顶部有一圈黑棕色；鞘齿 16~22 个，披针形。顶端淡棕色，膜质，芒状，早落，下部黑棕色，薄革质，基部的背面有 4 条纵棱，宿存或同鞘筒一起早落。孢子囊穗卵状，顶端有小尖突，无柄。

　　*生境：生于海拔 100~3000 米的林下溪边、湿地、河滩、水田边等。
　　*分布：四川广布。
　　*其他信息：疏散风热、明目退翳、止血。

犬问荆

Equisetum palustre L.

木贼科 Equisetaceae / 木贼属 *Equisetum*

＊形态描述：中小型植物。根茎直立或横走，黑棕色，节和根光滑或具黄棕色长毛。地上枝当年枯萎。枝一型。节间长 2~4 厘米，绿色，但下部 1~2 节节间黑棕色，无光泽，常在基部丛生。主枝有脊 4~7 条，脊的背部弧形，光滑或有小横纹；鞘筒狭长，下部灰绿色，上部淡棕色；鞘齿 4~7 个，黑棕色，披针形，先端渐尖，边缘膜质，鞘背上部有一浅纵沟；宿存。侧枝较粗，圆柱状至扁平状，有脊 4~6 条，光滑或有浅色小横纹；鞘齿 4~6 个，披针形，薄革质，灰绿色，宿存。孢子囊穗椭圆形或圆柱状，长 0.6~2.5 厘米，直径 4~6 毫米，顶端钝，成熟时柄伸长。

＊生境：生于海拔 200~4000 米的林下溪边、湿地、河滩、水田边等。

＊分布：四川广布。

＊其他信息：有清热、消炎、止血、利尿的功效。

节节草

Equisetum ramosissimum Desf.

木贼科 Equisetaceae / 木贼属 *Equisetum*

＊形态描述：中小型植物。根茎直立、横走或斜升，黑棕色，节和根疏生黄棕色长毛或光滑无毛。地上枝多年生。枝一型。高 20~60 厘米，中部直径 1~3 毫米，节间长 2~6 厘米，绿色，主枝多在下部分枝，常形成簇生状。主枝有脊 5~14 条，脊的背部弧形，有一行小瘤或浅色小横纹；鞘筒狭长达 1 厘米，下部灰绿色，上部灰棕色；鞘齿 5~12 个，三角形，灰白色或少数中央为黑棕色，边缘（有时上部）为膜质，背部弧形，宿存，齿上气孔带明显。侧枝较硬，圆柱状，有脊 5~8 条，脊上平滑，或有一行小瘤或浅色小横纹；鞘齿 5~8 个，披针形，革质但边缘膜质，上部棕色，宿存。孢子囊穗短棒状或椭圆形，长 0.5~2.5 厘米，中部直径 0.4~0.7 厘米，顶端有小尖突，无柄。

＊生境：生于海拔 100~3300 米的林下溪边、河滩、水田边等。

＊分布：四川巴塘、道孚、木里、茂县、康定、稻城、小金、峨眉山、万源、平武、都江堰、宝兴、汶川等。

笔管草

Equisetum ramosissimum subsp. *debile* (Roxb. ex Vaucher) Hauke

木贼科 Equisetaceae / 木贼属 *Equisetum*

* **形态描述**：大中型植物。根茎直立或横走，黑棕色，节和根密生黄棕色长毛或光滑无毛。地上枝多年生。枝一型。高可达 60 厘米或更高，节间长 3~10 厘米，绿色，成熟主枝有分枝。主枝有脊 10~20 条，脊的背部弧形，有一行小瘤或浅色小横纹；鞘筒短，下部绿色，顶部略为黑棕色；鞘齿 10~22 个，狭三角形，上部淡棕色，下部黑棕色革质。侧枝较硬，圆柱状，有脊 8~12 条，脊上有小瘤或横纹；鞘齿 6~10 个，披针形，较短，膜质，淡棕色，早落或宿存。孢子囊穗短棒状或椭圆形，长 1~2.5 厘米，中部直径 0.4~0.7 厘米，顶端有小尖突，无柄。

* **生境**：生于海拔 0~3200 米的林下溪边、湿地、河滩、水田边等。

* **分布**：四川广布。

* **其他信息**：疏风止泪退翳、清热利尿、祛痰止咳。

* **照片来源**：教学标本共享平台（汪小凡）。

瓶尔小草科 Ophioglossaceae

瓶尔小草

Ophioglossum vulgatum L.

瓶尔小草科 Ophioglossaceae / 瓶尔小草属 *Ophioglossum*

＊形态描述：根状茎短而直立，具一簇肉质粗根，根水平延伸，茎匍匐状。叶通常单生，总叶柄长 6~9 厘米，深埋土中，下半部灰白色，较粗大。营养叶为卵状长圆形或狭卵形，长 4~6 厘米，宽 1.5~2.4 厘米，先端钝圆或急尖，基部急剧变狭并稍下延，无柄，微肉质到草质，全缘，网状脉明显。孢子表面为明显而粗大的网状，孢子叶长 9~18 厘米或更长，较粗健，自营养叶基部生出，孢子穗长 2.5~3.5 厘米，宽约 2 毫米，先端尖，远超出营养叶。

＊生境：生于林下。

＊分布：四川米易、理塘、巴塘、得荣。

◢ 蘋科 Marsileaceae

蘋

Marsilea quadrifolia L.

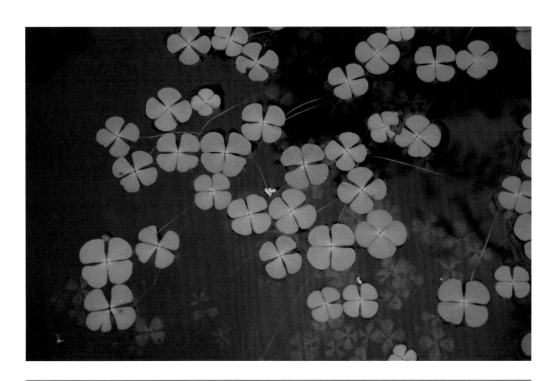

蘋科 Marsileaceae / 蘋属 *Marsilea*

　　*形态描述：植株高 5~20 厘米。根状茎细长横走，分枝，顶端被淡棕色毛，茎节远离，向上发出 1 枚至数枚叶子。叶柄长 5~20 厘米；叶片由 4 片倒三角形的小叶组成，呈十字形，长宽各 1~2.5 厘米，外缘半圆形，基部楔形，全缘，幼时被毛，草质。叶脉从小叶基部向上呈放射状分叉，组成狭长网眼，伸向叶边，无内藏小脉。孢子果双生或单生于短柄上，柄着生于叶柄基部，长椭圆形，幼时被毛，褐色，木质，坚硬。每个孢子果内含多数孢子囊，大、小孢子囊同生于孢子囊托上，一个大孢子囊内只有一个大孢子，而小孢子囊内有多个小孢子。

　　*生境：生于水田或沟塘。

　　*分布：四川广布。

　　*其他信息：有害杂草，可作饲料。全草药用，清热解毒、利水消肿。

▲ 槐叶蘋科 Salviniaceae

满江红

Azolla pinnata subsp. *asiatica* R.M.K. Saunders & K. Fowler

槐叶蘋科 Salviniaceae / 满江红属 *Azolla*

＊**形态描述**：小型漂浮植物。植物体呈卵形或三角形，根状茎细长横走，侧枝腋生，假二歧分枝，向下生须根。叶小如芝麻，互生，无柄，覆瓦状排列成两行，叶片深裂分为背裂片和腹裂片两部分，背裂片长圆形或卵形，肉质，绿色，但在秋后常变为紫红色，边缘无色透明，上表面密被乳状瘤突，下表面中部略凹陷，基部肥厚形成共生腔；腹裂片贝壳状，无色透明，稍饰有淡紫红色，斜沉水中。孢子果双生于分枝处，大孢子果体积小，长卵形，顶部喙状，内藏一个大孢子囊，大孢子囊有 9 个浮膘，分上、下两排附生在孢子囊体上，上部 3 个较大，下部 6 个较小；小孢子果体积较大，圆球形或桃形，顶端有短喙，果壁薄而透明，内含多数具长柄的小孢子囊，每个小孢子囊内有 64 个小孢子，分别埋藏在 5~8 块无色海绵状的泡胶块上，泡胶块上有丝状毛。

＊**生境**：生于水田和静水沟塘。

＊**分布**：四川广布。

槐叶蘋

Salvinia natans (L.) All.

槐叶蘋科 Salviniaceae / 槐叶蘋属 *Salvinia*

　　*形态描述：小型漂浮植物。茎细长而横走，被褐色节状毛。三叶轮生，上面二叶漂浮水面，形如槐叶，长圆形或椭圆形，长 0.8~1.4 厘米，宽 5~8 毫米，顶端钝圆，基部圆形或稍呈心形，全缘；叶柄长 1 毫米或近无柄。叶脉斜出，在主脉两侧有小脉 15~20 对，每条小脉上面有 5~8 束白色刚毛；叶草质，上面深绿色，下面密被棕色茸毛。下面一叶悬垂水中，细裂成线状，被细毛，形如须根，起着根的作用。孢子果 4~8 个簇生于沉水叶的基部，表面疏生成束的短毛，小孢子果表面淡黄色，大孢子果表面淡棕色。

　　*生境：喜生于温暖、无污染的静水水域。

　　*分布：四川广布。

▲ 桫椤科 Cyatheaceae

桫椤

Alsophila spinulosa (Wall. ex Hook.) R. M. Tryon

桫椤科 Cyatheaceae / 桫椤属 *Alsophila*

*形态描述：茎干高达 6 米，直径 10~20 厘米，上部有残存叶柄，向下密被交织不定根。茎段端、拳卷叶和叶柄基部密被鳞片和糠秕状鳞毛，鳞片暗棕色带光泽，狭披针形；叶螺旋状排列于茎顶端；叶柄长 30~50 厘米，棕色，连同叶轴和羽轴有刺状凸起，背面两侧各有 1 条不连续皮孔线，向上延至叶轴；叶片长矩圆形，三回羽状深裂；羽片 17~20 对互生，长矩圆形，二回羽状深裂；小羽片 18~20 对，基部小羽片稍缩短，中部稍长，披针形，先端渐尖而有长尾，基部宽楔形，无柄或短柄，羽状深裂；裂片 18~20 对，镰状披针形，边缘有锯齿；纸质，羽轴、小羽轴和中脉上面被糙硬毛，下面被灰白色小鳞片。孢子囊群孢生于侧脉分叉处，靠近中脉，有隔丝；囊托凸起，囊群盖球形，膜质，外侧开裂。

*生境：生于山地溪旁或疏林中。

*分布：四川东部，峨眉山、荣县、犍为、宜宾、长宁等。

▲ 凤尾蕨科 Pteridaceae

铁线蕨

Adiantum capillus-veneris L.

凤尾蕨科 Pteridaceae / 铁线蕨属 *Adiantum*

*形态描述：多年生草本。根状茎细长横走，密被棕色披针形鳞片。叶片卵状三角形，尖头，基部楔形；羽片 3~5 对，有柄，长圆状卵形，圆钝头，一回（少二回）奇数羽状，侧生末回小羽片 2~4 对，上缘圆形，具 2~4 浅裂或深裂成条状的裂片，不育裂片先端钝圆形，具阔三角形的小锯齿或具啮蚀状的小齿，能育裂片先端截形、直或略下陷，全缘或两侧具有啮蚀状的小齿，两侧全缘，基部渐狭成偏斜的阔楔形，具纤细栗黑色的短柄；向上各对均与基部一对羽片同形而渐变小。叶脉多回二歧分叉，直达边缘，两面均明显。孢子囊群每羽片 3~10 枚，横生于能育的末回小羽片上缘；囊群盖长形、长肾形或圆肾形，上缘平直，淡黄绿色，老时棕色，膜质，全缘，宿存。孢子周壁具粗颗粒状纹饰。

*生境：生于湖泊、水塘、沟渠、沼泽。

*分布：四川平坝地区广布。

水蕨

Ceratopteris thalictroides (L.) Brongn.

凤尾蕨科 Pteridaceae / 水蕨属 *Ceratopteris*

＊**形态描述**：叶簇生，二型。不育叶的柄长 3~40 厘米，粗 10~13 厘米，绿色，圆柱形，肉质，不膨胀，光滑无毛；叶片直立或幼时漂浮，狭长圆形，先端渐尖，基部圆楔形，二至四回羽状深裂，裂片 5~8 对；小裂片 2~5 对，深裂，有短柄，两侧有狭翅，下延至羽轴；末回裂片线形或线状披针形，基部沿末回羽轴下延成阔翅，全缘，彼此疏离。能育叶的柄与不育叶的相同，叶片二至三回羽状深裂；羽片 3~8 对向上逐渐变小，一至二回分裂，裂片狭线形，渐尖头，角果状，边缘薄而透明，无色，反卷达于主脉，似假囊群盖。孢子囊沿能育叶的裂片主脉两侧网眼着生，稀疏，棕色，幼时为连续反卷叶缘覆盖，成熟后稍张开，露出孢子囊。

＊**生境**：生于沟边湿地。

＊**分布**：四川平坝地区。

井栏边草

Pteris multifida Poir.

凤尾蕨科 Pteridaceae / 凤尾蕨属 *Pteris*

＊形态描述：植株高 30~45 厘米。根状茎短而直立，先端被黑褐色鳞片。叶多数，密而簇生，明显二型。不育叶柄长 15~25 厘米，粗 1.5~2 毫米，禾秆色或暗褐色而有禾秆色的边；叶片卵状长圆形，一回羽状，羽片通常 3 对，对生，斜向上，无柄，线状披针形，下部 1~2 对通常分叉，有时近羽状，顶生三叉羽片，上部羽片的基部显著下延，在叶轴两侧形成宽 3~5 毫米的狭翅。能育叶有较长的柄，羽片 4~6 对，狭线形，仅不育部分具锯齿，其余均全缘，基部一对有时近羽状，有长约 1 厘米的柄，其余均无柄，下部 2~3 对通常 2~3 叉，上部几对的基部常下延，在叶轴两侧形成宽 3~4 毫米的翅。主脉两面均隆起，侧脉明显，稀疏。

＊生境：生于海拔 1000 米以下的墙壁、井边及石灰岩缝隙或灌丛。

＊分布：四川盆地及周边地区，四川中部广布。

溪边凤尾蕨

Pteris terminalis Wall. ex J. Agardh

凤尾蕨科 Pteridaceae / 凤尾蕨属 *Pteris*

　　*形态描述：植株高达 180 厘米。根状茎短而直立，木质，粗达 2 厘米，先端被黑褐色鳞片。叶簇生；柄长 70~90 厘米，坚硬，基部粗 6~10 毫米，暗褐色，向上为禾秆色，无毛；叶片阔三角形，长 60 厘米以上，下部宽 40~90 厘米，二回深羽裂；顶生羽片长圆状阔披针形，长 20 厘米以上，下部宽 7~12 厘米，先端渐尖并为尾状，篦齿状深羽裂几乎达羽轴，裂片 20~25 对，互生，几乎平展，镰刀状长披针形，长 3.5~8（10）厘米，宽 6~10 毫米，先端渐尖，基部稍扩大；顶部不育叶缘有浅锯齿；侧生羽片 5~10 对，互生或近对生，其他与顶生羽片相同。羽轴背部隆起，禾秆色，无毛，上面有浅纵沟，沟两旁具粗刺。侧脉仅背部可见，稀疏，斜展，通常二叉。叶干后草质，通常暗绿色，无毛，偶有在羽片背面的下部有稀疏短柔毛；叶轴禾秆色，上面有纵沟。

　　*生境：生于溪边疏林或灌丛。
　　*分布：四川中部广布，乐山、峨眉山。

西南凤尾蕨

Pteris wallichiana C. Agardh

凤尾蕨科 Pteridaceae / 凤尾蕨属 *Pteris*

＊形态描述：植株高约 1.5 米。根状茎直立，粗短，木质，先端被褐色鳞片。叶簇生；柄长 60~80 厘米，基部稍膨大，粗 1~2 厘米，坚硬，栗红色，表面粗糙有阔纵沟；叶片五角状阔卵形，长 70~85 厘米，三回深羽裂，自叶柄顶端分为三大枝，侧生两枝通常再分枝，中央一枝长圆形，长 50~70 厘米，宽 20~25 厘米，柄长 7~10 厘米，侧生枝小于中央枝；小羽片 20 对以上，互生，顶端无柄，基部短柄，披针形，基部羽片稍短，顶生小羽片基部楔形有短柄，其他与上部侧生小羽片相同；裂片 23~30 对，互生，有尖缺刻，长圆状阔披针形，边缘有浅钝锯齿。小羽轴背部隆起，无毛，有浅纵沟和短刺。侧脉两面明显，裂片基部上侧一脉与其上一片裂片的基部下侧一脉连接成 1 条弧形脉，沿小羽轴两侧各形成 1 列狭长且与小羽轴平行的网眼。叶干后坚草质，暗绿色或灰绿色，几乎无毛；羽轴禾秆色至棕禾秆色或红棕色，无毛，具浅纵沟。

＊生境：生于林下沟谷。

＊分布：四川都江堰、峨眉山、汉源、松潘、美姑、雷波等。

▲ 球子蕨科 Onocleaceae

荚果蕨

Matteuccia struthiopteris (L.) Todaro

球子蕨科 Onocleaceae / 荚果蕨属 *Matteuccia*

＊形态描述：植株高 70~110 厘米。根茎短而直立，木质，坚硬，深褐色，叶柄基部密被披针形鳞片。叶簇生，二型。不育叶叶柄褐棕色，长 6~10 厘米，上面有纵沟，基部三角形，具龙骨状凸起，密被鳞片；叶片椭圆状披针形或倒披针形，向基部渐窄，纸质，二回深羽裂；羽片 40~60 对，互生或近对生，下部小耳形，中部披针形或线状披针形，无柄，羽状深裂；裂片 20~25 对，椭圆形或近长方形，近全缘或具波状圆齿，反卷，叶脉明显，在裂片上羽状，单脉。孢子囊群圆形，小脉先端形成囊托，成熟时连成线形，囊群盖膜质。能育叶柄长 12~20 厘米，叶片倒披针形，长 20~40 厘米，中部以上宽 4~8 厘米，一回羽状，羽片线形，两侧反卷成念珠状，深褐色。

＊生境：生于山谷林下或河岸湿地。

＊分布：四川都江堰、天全、丹巴、甘洛、美姑、雷波等。

▲ 金星蕨科 Thelypteridaceae

渐尖毛蕨

Cyclosorus acuminatus (Houtt.) Nakai

金星蕨科 Thelypteridaceae / 毛蕨属 *Cyclosorus*

*形态描述：植株高 70~80 厘米。根状茎长而横走，粗 2~4 毫米，深棕色，老则变褐棕色，先端密被棕色披针形鳞片。叶二裂，先端尾状渐尖并羽裂，基部不变狭，二回羽裂；羽片 13~18 对，有极短柄，斜展或斜上，基部较宽，披针形，渐尖头，基部不等，上侧凸出，平截，下侧圆楔形或近圆形，羽裂达1/2~2/3；裂片 18~24 对，斜上，略弯弓，彼此密接，基部上侧一片最长，第二对以上的裂片长 4~5 毫米，近镰状披针形，尖头或骤尖头，全缘。叶脉下面隆起，清晰，侧脉斜上，每裂片 7~9 对，单一。叶坚纸质，干后灰绿色，除羽轴下面疏被针状毛外，羽片上面被极短的糙毛。孢子囊群圆形，生于侧脉中部以上，每裂片 5~8 对；囊群盖大，深棕色或棕色，密生短柔毛，宿存。

*生境：生于海拔 100~2700 米的灌丛、草地、田边、路边、沟旁湿地及山谷乱石中。

*分布：四川除北部地区外广布。

4

被子植物

Angiospermae

◤ 莼菜科 Cabombaceae

莼菜

Brasenia schreberi J.F.Gmelin

莼菜科 Cabombaceae / **莼属** *Brasenia*

　　＊**形态描述**：多年生水生草本。根状茎具叶及匍匐枝，后者在节部生根，并生具叶枝条及其他匍匐枝。叶椭圆状矩圆形，长 3.5~6 厘米，宽 5~10 厘米，下面蓝绿色，两面无毛，从叶脉处皱缩；叶柄长 25~40 厘米，和花梗均有柔毛。花直径 1~2 厘米，暗紫色；花梗长 6~10 厘米；萼片及花瓣条形，长 1~1.5 厘米，先端圆钝；花药条形，长约 4 毫米；心皮条形，具微柔毛。坚果矩圆卵形，有 3 个或更多成熟心皮；种子 1~2，卵形。花期 6 月，果期 10—11 月。

　　＊**生境**：生于池塘、河湖或沼泽。

　　＊**分布**：四川西昌、雷波。

　　＊**其他信息**：富含胶质，嫩茎叶作蔬菜食用。

▲ 睡莲科 Nymphaeaceae

萍蓬草

Nuphar pumila (Timm.) de Candolle

睡莲科 Nymphaeaceae / 萍蓬草属 *Nuphar*

＊**形态描述**: 多年水生草本。根状茎直径 2~3 厘米。叶纸质，宽卵形或卵形，少数椭圆形，长 6~17 厘米，宽 6~12 厘米，先端圆钝，基部具弯缺，心形，裂片远离，圆钝，上面光亮，无毛，下面密生柔毛，侧脉羽状，几次二歧分枝；叶柄长 20~50 厘米，有柔毛。花直径 3~4 厘米；花梗长 40~50 厘米，有柔毛；萼片黄色，外部中央绿色，矩圆形或椭圆形，长 1~2 厘米；花瓣窄楔形，长 5~7 毫米，先端微凹；柱头盘常 10 浅裂，淡黄色或带红色。浆果卵形，长约 3 厘米；种子矩圆形，长 5 毫米，褐色。花期 5—7 月，果期 7—9 月。

＊**生境**: 生于库塘或湖泊。

＊**分布**: 四川广布。

＊**其他信息**: 根状茎食用，供药用，有强壮和净血的作用；花供观赏。

白睡莲

Nymphaea alba L.

睡莲科 Nymphaeaceae / 睡莲属 *Nymphaea*

＊形态描述：多年水生草本。根状茎匍匐。叶近圆形，直径 10~25 厘米，纸质，基部深心形，裂片尖锐，近平行或开展，全缘或波状，两面无毛；叶柄长达 50 厘米。花直径 10~20 厘米，芳香；花梗略和叶柄等长；萼片披针形，长 3~5 厘米，脱落或花期后腐烂；花瓣 20~25，白色，卵状矩圆形，长 3~5.5 厘米，外轮比萼片稍长；花托圆柱形；花、心皮完全合一，子房室间壁单一。花药先端不延长，花粉粒皱缩，具乳突；柱头具 14~20 条辐射线，扁平。果实扁平至半球形，长 2.5~3 厘米；种子椭圆形，长 2~3 厘米。

＊生境：生于池塘和沼泽中。

＊分布：四川广布。

＊其他信息：根茎可入药，用于做强壮剂、收敛剂。

红睡莲

Nymphaea alba var. *rubra* Lönnr.

睡莲科 Nymphaeaceae / 睡莲属 *Nymphaea*

　　*形态描述：多年水生草本。根状茎匍匐。叶近圆形，直径 10~25 厘米，纸质，基部深心形，裂片尖锐，近平行或开展，全缘或波状，两面无毛；叶柄长达 50 厘米，幼叶紫红色，老时转为墨绿色，有光泽。花直径 30~34 厘米，芳香；花梗略和叶柄等长；萼片披针形，长 3~5 厘米，脱落或花期后腐烂；花瓣 20~25，粉红色或玫红色，卵状矩圆形，长 3~5.5 厘米，外轮比萼片稍长；花托圆柱形；花、心皮完全合一，子房室间壁单一。花药先端不延长，花粉粒皱缩，具乳突；柱头具 14~20 条辐射线，扁平。果实扁平至半球形，长 2.5~3 厘米；种子椭圆形，长 2~3 厘米。

　　*生境：生于池塘和沼泽中。

　　*分布：四川广布。

　　*其他信息：根茎可入药，花粉营养丰富。

黄睡莲

Nymphaea mexicana Zucc.

睡莲科 Nymphaeaceae / 睡莲属 *Nymphaea*

＊**形态描述：**多年水生草本。根茎直立，块状。叶近圆形，直径10~25厘米，纸质，基部深心形，裂片尖锐，近平行或开展，具不明显的波状缘，两面无毛；叶上面具暗褐色斑纹，下面具黑色小斑点。花黄色，直径约10厘米。水面浮生萼片4，外面绿色花瓣28枚，外层大，内层逐层变小，外长内短，雄蕊多数，内层一轮10枚，不育成钩状，颜色与花瓣相似。花谢后沉入水中，不结果。花期6—8月，果期8—10月。

＊**生境：**生于池塘和沼泽中。

＊**分布：**四川广布。

＊**其他信息：**极具观赏价值的睡莲种类，常用作观赏植物。

◤ 三白草科 Saururaceae

白苞裸蒴

Gymnotheca involucrata S. J. Pei

三白草科 Saururaceae / 裸蒴属 *Gymnotheca*

*形态描述：多年生匍匐草本。茎细弱，长 30~50 厘米。叶互生，阔卵状肾形，长 4~8 厘米，宽 4~10 厘米，全缘，基部心形，叶脉明显；叶柄长 2~8 厘米，基部扩大抱茎。总状花序，与叶对生；花下具苞片，在花序上部的苞片很小，短于花，在花序基部的 3~4 枚苞片特大，白色，形似总苞；无花被；雄蕊 6；子房下位，心皮 4，胚珠多数。花果期 2—6 月。

*生境：生于山坡阴处及水沟边。

*分布：四川南部、东部、西部广布。

蕺菜
Houttuynia cordata Thunb.

三白草科 Saururaceae / 蕺菜属 *Houttuynia*

  *形态描述：腥臭草本。高 30~60 厘米。茎下部伏地，节上轮生小根，上部直立，无毛或节上被毛，有时带紫红色。叶薄纸质，有腺点，背面尤甚，卵形或阔卵形，长 4~10 厘米，宽 2.5~6 厘米，顶端短渐尖，基部心形，两面有时除叶脉被毛外其余均无毛，背面常呈紫红色；叶脉 5~7 条，基出，当为 7 条脉时，最外 1 对很纤细或不明显；叶柄长 1~3.5 厘米，无毛；托叶膜质，长 1~2.5 厘米，顶端钝，下部与叶柄合生而成一长 8~20 毫米的鞘，且常有缘毛，基部扩大，略抱茎。花序长约 2 厘米，宽 5~6 毫米；总花梗长 1.5~3 厘米，无毛；总苞片长圆形或倒卵形，顶端钝圆；雄蕊长于子房，花丝长为花药的 3 倍。蒴果长 2~3 毫米，顶端有宿存的花柱。花果期 4—7 月。

  *生境：生于沟边、溪边、林下湿地。

  *分布：四川省南部、东部、西部广布。

三白草

Saururus chinensis (Lour.) Baill.

三白草科 Saururaceae / 三白草属 *Saururus*

　　＊**形态描述**：湿生草本。高约 1 米。茎粗壮，有纵长粗棱和沟槽，下部伏地，常带白色，上部直立，绿色。叶纸质，密生腺点，阔卵形至卵状披针形，长 10~20 厘米，宽 5~10 厘米，顶端短尖或渐尖，基部心形或斜心形，两面均无毛，上部的叶较小，茎顶端的 2~3 片于花期常为白色，呈花瓣状；叶脉 5~7 条，均自基部发出；叶柄长 1~3 厘米，无毛，基部与托叶合生成鞘状，略抱茎。花序白色，长 12~20 厘米；总花梗长 3~4.5 厘米，无毛，但花序轴密被短柔毛；苞片近匙形，上部圆，无毛或有疏缘毛，下部线形，被柔毛，且贴生于花梗上；雄蕊 6 枚，花药长圆形，纵裂，花丝比花药略长。果近球形，直径约 3 毫米，表面多疣状凸起。花果期 4—7 月。

　　＊**生境**：生于沟边、池塘边、溪边。

　　＊**分布**：四川南部、东部、西部广布。

　　＊**其他信息**：清热利尿、解毒消肿。

▲ 菖蒲科 Acoraceae

金钱蒲

Acorus gramineus Soland.

菖蒲科 Acoraceae / 菖蒲属 *Acorus*

*形态描述：多年生草本。高 20~30 厘米。根茎较短，长 5~10 厘米，横走或斜伸，芳香，外皮淡黄色，节间长 1~5 毫米；根肉质，多数，长可达 15 厘米；须根密集；根茎上部多分枝，呈丛生状。叶基对折，两侧膜质叶鞘棕色，下部宽 2~3 毫米，上延至叶片中部以下，渐狭，脱落；叶片质地较厚，线形，绿色，长 20~30 厘米，极狭，宽不足 6 毫米，先端长渐尖，无中肋，平行脉多数。花序柄长 2.5~9（15）厘米；叶状佛焰苞短，长 3~9（14）厘米，为肉穗花序长的 1~2 倍，少数比肉穗花序短，狭，宽 1~2 毫米。肉穗花序黄绿色，圆柱形，长 3~9.5 厘米，粗 3~5 毫米。果序粗达 1 厘米，果黄绿色。花期 5—6 月，果 7—8 月成熟。

*生境：生于水旁湿地或石上。

*分布：四川中低海拔广布。

*其他信息：根状茎入药，作用同中药菖蒲。

◢ 天南星科 Araceae

象南星

Arisaema elephas Buchet

天南星科 Araceae / 天南星属 *Arisaema*

＊形态描述：块茎扁球形，直径达 5 厘米，假茎很短。叶 1 枚，小叶片 3，几乎无小叶柄，边微波状具紫色，中间 1 片倒宽卵形，顶端略平而具短尾尖，或椭圆状菱形而顶端渐尖，侧生者常稍大；叶柄长 15~30 厘米。雌雄异株；总花梗短于叶柄，佛焰苞红紫色，有白色或绿色条纹，全长 12~15 厘米，下部筒长 4~6 厘米，上部舟形前倾，顶端渐尖或骤尖；肉穗花序下部 2.5~3.5 厘米部分具花，附属体具柄，基部膨大，下部粗壮，直径 5~10 毫米，向上渐细呈鼠尾状，长达 20 厘米，或短而直，仅长 4~5 厘米；雄花具 3~5 花药，合生花丝短柄状，花药半月形或马蹄形裂缝开裂。花期 5—6 月，果期 8 月。

＊生境：生于河岸、山坡林下、草地或荒地。

＊分布：四川西部、西北部。

＊其他信息：块茎入药，剧毒，药性同天南星。

一把伞南星

Arisaema erubescens (Wall.) Schott

天南星科 Araceae / 天南星属 *Arisaema*

　　＊形态描述：块茎略呈扁球形，直径达 4 厘米，假茎高 20~40 厘米。叶 1 枚，小叶片 7~23，辐射状排列，条形、披针形至椭圆状倒披针形，长 10~30 厘米，宽（2）5~40（70）毫米，顶端细丝状；叶柄长 15~25 厘米。雌雄异株；总花梗短于叶柄，佛焰苞通常为绿色或上部带紫色，少有紫色而具白色条纹，下部筒长 4~6 厘米，上部约与下部等长，直立或稍弯曲，顶端细丝状；肉穗花序下部 2~3 厘米部分具花，附属体紧接花部分，近棍棒状，稍伸出佛焰苞口外；雄花具 4~6 花药，花药顶孔开裂。果序梗常下垂，浆果鲜红色。花期 5—7 月，果期 9 月。

　　＊生境：生于林下、灌丛、草坡、荒地。

　　＊分布：四川广布。

　　＊其他信息：块茎入药，味苦、辛，性温，有毒，有燥湿化痰、祛风止痉、散结消肿等功效。

芋

Colocasia esculenta (L.) Schott

天南星科 Araceae / 芋属 *Colocasia*

　　*形态描述：块茎通常卵形。叶盾状着生，卵形，长 20~60 厘米，基部 2 裂片合生长度为裂片基部至叶柄着生处的 1/2~2/3，具 4~6 对侧脉；叶柄绿色或淡紫色，长 20~90 厘米。很少开花，总花梗短于叶柄，佛焰苞长达 20 厘米，下部成筒状，长约 4 厘米，绿色，上部披针形，内卷，黄色；肉穗花序下部为雌花，其上有一段不孕部分，上部为雄花，顶端具附属体，附属体甚短，约为雄花部分的一半。

　　*生境：生于水边，多为栽培。
　　*分布：四川广布。
　　*其他信息：块茎可食用，是常见蔬菜。

大藻
Pistia stratiotes L.

天南星科 Araceae / 大藻属 *Pistia*

　　＊形态描述：水生飘浮草本。有长而悬垂的根多数，须根羽状，密集。叶簇生成莲座状，叶片常因发育阶段不同而形异：呈倒三角形、倒卵形、扇形以及倒卵状长楔形，长 1.3~10 厘米，宽 1.5~6 厘米，先端截头状或浑圆，基部厚，两面被毛，基部尤为浓密；叶脉扇状伸展，背面明显隆起成褶皱状。佛焰苞白色，长 0.5~1.2 厘米，外被绒毛。花期 5—11 月。

　　＊生境：生于湖泊、库塘，常为栽培。

　　＊分布：四川西昌、攀枝花等。

　　＊其他信息：叶入药，有祛风发汗、利尿解毒的功效；也可作饲料，营养丰富。

马蹄莲

Zantedeschia aethiopica (L.) Spreng.

天南星科 Araceae / 马蹄莲属 *Zantedeschia*

＊形态描述：多年生粗壮草本。具块茎。叶基生，叶柄长 0.4~1（1.5）米，下部具鞘；叶片较厚，绿色，心状箭形或箭形，先端锐尖、渐尖或具尾状尖头，基部心形或戟形，全缘，长 15~45 厘米，宽 10~25 厘米，无斑块，后裂片长 6~7 厘米。花序柄长 40~50 厘米，光滑。佛焰苞长 10~25 厘米，管部短，黄色；檐部略后仰，具锥状尖头，亮白色，有时带绿色。肉穗花序圆柱形，长 6~9 厘米，直径 4~7 毫米，黄色；雌花序长 1~2.5 厘米；雄花序长 5~6.5 厘米。子房 3~5 室，假雄蕊 3。浆果短卵圆形，淡黄色，直径 1~1.2 厘米，花柱宿存；种子倒卵状球形，直径 3 毫米。花期 2—3 月，果期 8—9 月。

＊生境：生于沼泽、湿地或小溪。

＊分布：四川广布。

＊其他信息：鲜马蹄莲块茎、佛焰苞和肉穗花序有毒，禁内服。

▲ 浮萍科 Lemnaceae

浮萍
Lemna minor L.

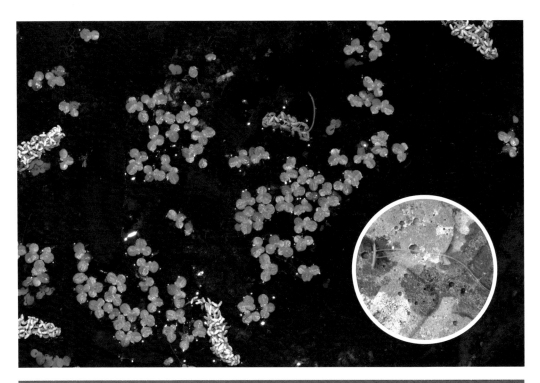

浮萍科 Lemnaceae / 浮萍属 *Lemna*

　　*形态描述：浮水小草本。根 1 条，长 3~4 厘米，纤细，根鞘无附属物，根冠钝圆。叶状体对称，倒卵形、椭圆形或近圆形，长 1.5~6 毫米，两面平滑，绿色，不透明，具不明显的 3 脉纹。花单性，雌雄同株，生于叶状体边缘开裂处，佛焰苞囊状，内有雌花 1 朵，雄花 2 朵；雄花花药 2 室，花丝纤细；雌花具 1 雌蕊，子房 1 室，胚珠单生。果实圆形近陀螺状，无翅或具窄翅。种子 1 粒，具凸起的胚孔和不规则的凸脉 12~15 条。

　　*生境：生于池沼、湖泊、水田、库塘或其他静水中。
　　*分布：四川广布。
　　*其他信息：全草供药用，有发汗、利水、消肿的功效；也可作家禽饲料和稻田绿肥。

紫萍

Spirodela polyrhiza (L.) Schleid.

浮萍科 Lemnaceae / 紫萍属 *Spirodela*

＊**形态描述**：细小草本。飘浮水面。根 5~11 条束生，纤维状，在根的着生处一侧产新芽，新芽与母体分离之前由一细弱的柄相连接。叶状体扁平，倒卵状圆形，长 4~10 毫米，1 个或 2~5 个簇生，上面稍向内凹，深绿色，下面呈紫色，具掌状脉 5~11 条。花单性，雌雄同株，生于叶状体边缘的缺刻内，佛焰苞袋状，内有 1 朵雌花及 2 朵雄花；雄花花药 2 室，花丝纤细；雌花子房 1 室，具 2 个直立胚珠，花柱短。果实圆形，边缘有翅。

＊**生境**：生于稻田、池塘、湖湾、水沟。

＊**分布**：四川广布。

＊**其他信息**：全草药用，有发汗、利尿的功效。

◢ 泽泻科 Alismataceae

东方泽泻

Alisma orientale (Samuel.) Juz.

泽泻科 Alismataceae / 泽泻属 *Alisma*

*形态描述：多年生水生或沼生草本。叶多数；挺水叶宽披针形、椭圆形，先端渐尖，基部近圆形或浅心形，叶脉 5~7 条；叶柄较粗壮，基部渐宽，边缘窄膜质。花葶高 35~90 厘米，或更高。花序具 3~9 轮分枝，每轮分枝 3~9 枚；花两性，花梗不等长；外轮花被片卵形，边缘窄膜质，具 5~7 脉，内轮花被片近圆形，比外轮大，白色、淡红色，少数黄绿色，边缘波状；心皮排列不整齐，花柱长约 0.5 毫米，直立，柱头长约为花柱的 1/5；花丝长 1~1.2 毫米，基部向上渐窄，花药黄绿色或黄色；花托在果期呈凹凸。瘦果椭圆形。种子紫红色。花果期 5—9 月。

*生境：生于湖泊、水塘、沟渠、沼泽。

*分布：四川平坝地区广布。

矮慈姑

Sagittaria pygmaea Miq.

泽泻科 Alismataceae / 慈姑属 *Sagittaria*

＊**形态描述**：一年生沼生植物。叶全部基生，条形或条状披针形，长 4~20 厘米，宽 5~13 毫米，顶端钝，基部渐狭。花葶直立，高约 10~20 厘米。花轮生；雌花单一，无梗，着生于下轮；雄花 2~5 朵，具长 1~3 厘米的细梗；外轮花被片 3，片状，卵形，长约 3 毫米；内轮花被片 3，花瓣状，白色，比外轮大；雄蕊 12，花丝扁而宽；心皮多数，集成圆球形。瘦果长约 3 毫米，具翅，翅缘有锯齿。花果期 6—8 月。

本种与慈姑区别在于植株矮小，叶条形，无叶片、叶柄之分，总状花序无分枝。

＊**生境**：生于沼泽、水田、沟溪浅水处。

＊**分布**：四川平坝地区广布。

＊**其他信息**：全草药用，药性同慈姑。

＊**照片来源**：教学标本共享平台（汪小凡）。

野慈姑

Sagittaria trifolia L.

泽泻科 Alismataceae / 慈姑属 *Sagittaria*

＊形态描述：多年生水生或沼生草本。根状茎横走，较粗壮。挺水叶箭形，叶片长短、宽窄变异较大；叶柄基部渐宽，鞘状，边缘膜质，具横脉或不明显。花葶直立，挺水，通常粗壮。花序总状或圆锥状，长5~20厘米，分枝1~2枚，花多轮，每轮2~3朵花；苞片3，基部合生，先端尖。花单性；花被片反折，外轮花被片椭圆形或广卵形；内轮花被片白色或淡黄色，基部收缩，雌花通常1~3轮，花梗短粗，心皮多数，两侧压扁，花柱自腹侧斜上；雄花多轮，花梗斜举，雄蕊多数，花药黄色，花丝常外轮短，向里渐长。瘦果两侧压扁，长约4毫米，宽约3毫米，倒卵形，具翅，背翅不整齐；果喙短，自腹侧斜上。种子褐色。花果期5—10月。

＊生境：生于湖泊、池塘、沼泽、沟渠、水田等水域。

＊分布：四川平坝地区广布。

＊其他信息：全草药用，具有解毒疗疮、清热利胆的功效。

慈姑

Sagittaria trifolia L. subsp. *leucopetala* (Miq.) Q. F. Wang

泽泻科 Alismataceae / 慈姑属 *Sagittaria*

*形态描述：为野慈姑的变种，与原变种的不同在于：植株高大，粗壮。叶片宽大，肥厚，顶裂片先端钝圆，卵形至宽卵形。匍匐茎末端膨大呈球茎，球茎卵圆形或球形，长 5~8 厘米，宽 4~6 厘米。圆锥花序高大，长 20~60 厘米，有时可达 80 厘米以上，分枝（1~）2（~3），着生于下部，具 1~2 轮雌花，主轴雌花 3~4 轮，位于侧枝上；雄花多轮，生于上部，组成大型圆锥花序，果期常斜卧水中；果期花托扁球形，直径 4~5 毫米，高约 3 毫米。种子褐色，具小凸起。花果期 7—9 月。

*生境：主要为栽培。

*分布：四川平坝地区广布。

*其他信息：全草药用，具有解毒利尿、散热消结、强心润肺的功效。是常见的蔬菜。

◢ 水鳖科 Hydrocharitaceae

黑藻

Hydrilla verticillata (L. f.) Royle

水鳖科 Hydrocharitaceae / 黑藻属 *Hydrilla*

*形态描述：沉水草本。冬芽繁殖。茎分枝，长达 2 米。叶 4~8 片轮生，膜质，条形或条状矩圆形，长 8~20 毫米，宽 1~2 毫米，全缘或具小锯齿，两面均有红褐色小斑点，无柄。花小，雌雄异株，雄花单生于叶腋的圆形无柄呈刺状的苞片内，开花时伸出水面；花被片 6，成 2 轮；雄蕊 3，花药肾形；雌花单生，由一个 2 齿的筒状苞片内伸出；外轮花被片 3，片状，矩圆状椭圆形，长 3 毫米；内轮花被片 3，花瓣状，比外轮狭窄，但与之等长或稍短；子房下位，1 室；花柱 3，流苏状。果条形，有种子 1~3 枚。花果期 5—10 月。

*生境：生于湖泊、池塘或其他静水水域。

*分布：四川低海拔地区广布。

*其他信息：常作水体绿化植物或鱼缸净水植物。

水鳖

Hydrocharis dubia (Blume) Backer

水鳖科 Hydrocharitaceae / 水鳖属 *Hydrocharis*

＊形态描述：浮水草本。须根长。匍匐茎发达，顶端生芽，可产生越冬芽。叶簇生，叶片心形或圆形，全缘，远轴面有蜂窝状贮气组织，并具气孔。雄花序腋生；佛焰苞 2 枚，膜质，具红紫色条纹，苞内雄花 5~6 朵，每次仅开 1 朵；萼片 3，离生，长椭圆形，常具红色斑点；花瓣 3，黄色，广倒卵形或圆形；雄蕊 12，4 轮排列，最内轮 3 枚退化。雌花佛焰苞内雌花 1 朵，花大，直径约 3 厘米；萼片 3，常具红色斑点；花瓣 3，白色，基部黄色，近轴面具乳头状凸起；退化雄蕊 6，成对并列，与萼片对生；腺体 3，黄色，肾形，与萼片互生；花柱 6，每枚 2 深裂，密被腺毛。果实浆果状，球形至倒卵形，具数条沟纹。种子多数，椭圆形，顶端渐尖；种皮上有许多毛状凸起。花果期 8—10 月。

＊生境：生于湖泊、池塘、沼泽或其他静水水域。

＊分布：四川平坝地区。

＊其他信息：幼叶柄常作蔬菜食用。

＊照片来源：教学标本共享平台（汪小凡）。

海菜花

Ottelia acuminata (Gagnep.) Dandy

水鳖科 Hydrocharitaceae / 水车前属 *Ottelia*

＊**形态描述**：沉水草本。茎短缩。叶基生，叶形变化较大，全缘或有细锯齿；叶柄及叶背沿脉常具肉刺。花单性，雌雄异株；佛焰苞无翅，具2~6条棱；雄佛焰苞内含40~50朵雄花，萼片3，开展，披针形，花瓣3，白色，基部黄色，倒心形；雄蕊9~12，黄色，花丝扁平，花药卵状椭圆形，退化雄蕊3，线形，黄色；雌花花萼、花瓣与雄花的相似，花柱3，橙黄色，2裂至基部，裂片线形；有退化雄蕊3，线形，黄色，子房，三棱柱形。果为三棱状纺锤形，褐色，棱上有明显的肉刺和疣凸。种子多数，无毛。花果期5—10月。

＊**生境**：生于湖泊、池塘、沟渠、水田。

＊**分布**：四川南部偶见，筠连、古蔺、乡城、稻城、盐源等。

＊**其他信息**：茎、叶为常见野菜。国家二级重点保护野生植物。

苦草

Vallisneria natans (Lour.) Hara

水鳖科 Hydrocharitaceae / 苦草属 *Vallisneria*

＊**形态描述**：沉水草本。有匍匐茎。叶极长，条形，长约 2 米，宽 5~10 毫米，顶端钝或具细锯齿，全缘或稍有细锯齿；上面有棕褐色条纹和斑点，叶脉 5~7 条。花雌雄异株；雄花多数，极小，生于卵形、3 裂、具短柄的苞片内，雄蕊 1~3；雌花单生，直径约 2 毫米；苞片筒状，顶端 3 裂，长约 12 毫米，包花的 1/2~2/3 处有棕褐色条纹；花梗很长，受精后卷曲将子房拖入水中；内轮花被片 3，卵形，顶端钝，有棕褐色条纹，比外轮花被片小；花柱 3，2 裂；子房下位，顶端不延长成喙，胚珠多数。果圆柱形，成熟时长 14~17 厘米。种子倒长卵形，有腺毛状凸起。花果期 8—11 月。

＊**生境**：生于溪沟、河流、池塘、湖泊。

＊**分布**：四川广布。

＊**其他信息**：全草药用，有清热解毒、止咳祛痰、养筋活血的功效。

◢ 水麦冬科 Juncaginaceae

海韭菜

Triglochin maritima L.

水麦冬科 Juncaginaceae / 水麦冬属 *Triglochin*

＊**形态描述**：多年生沼生草本。根状茎粗壮，垂直向下，斜生或横生，有多数须根。叶全部基生，通常不超过花序，半圆柱形，宽约2毫米，上部稍扁，基部鞘状，宿存；叶舌长3~5毫米。花葶直立，高10~60厘米。总状花序多花，长10~20厘米；花梗长约1毫米，花后常稍延长；花被片6，鳞片状外轮3枚宽卵形，内轮3枚较狭，绿紫色；雄蕊6；心皮6，柱头毛笔状。蒴果椭圆形，六棱，长约3~5毫米。果梗直或弯，长4~5毫米。花果期6—10月。

＊**生境**：生于湖边、沼泽、草甸、河滩沙地等。

＊**分布**：四川西部、西南部。

水麦冬

Triglochin palustris L.

水麦冬科 Juncaginaceae / 水麦冬属 *Triglochin*

*形态描述：多年生湿生草本。植株弱小。根茎短，生有多数须根。叶全部基生，条形，长达 20 厘米，宽约 1 毫米，先端钝，基部具鞘，两侧鞘缘膜质，残存叶鞘纤维状。花葶细长，直立，圆柱形，无毛。总状花序，花排列较疏散，无苞片；花梗长约 2 毫米；花被片 6，绿紫色，椭圆形或舟形，长 2~2.5 毫米；雄蕊 6，几乎无花丝，花药卵形，长约 1.5 毫米，2 室；雌蕊由 3 个合生心皮组成，柱头毛笔状。蒴果棒状条形，长约 6 毫米，直径约 1.5 毫米，成熟时自下而上呈 3 瓣开裂，仅顶部联合。花果期 6—10 月。

*生境：生于咸湿地或浅水。

*分布：四川西部、西北部。

▲ 眼子菜科 Potamogetonaceae

菹草

Potamogeton crispus L.

眼子菜科 Potamogetonaceae / 眼子菜属 *Potamogeton*

＊**形态描述：** 多年生沉水草本。根状茎细长。茎多分枝，略扁平，侧枝顶端常结芽苞，脱落后长成新植株。叶宽披针形或条状披针形，通常长 4~7 厘米，宽 5~10 毫米，顶端钝或尖锐，茎部近圆形或狭，无柄，边缘波状而有细锯齿，脉 3 条；托叶薄膜质，长 1 厘米，基部与叶合生，早落。穗状花序顶生，梗长 2~5 厘米，穗长 12~20 毫米，疏松少花，花被、雄蕊、子房均为 4。小坚果宽卵形，长 3 毫米，背脊有齿，顶端有长 2 毫米的喙，基部合生。花果期 4—7 月。

＊**生境：** 生于池塘、水沟、水稻田、灌渠及缓流河水，水体多呈微酸性至中性。

＊**分布：** 四川广布。

眼子菜

Potamogeton distinctus A. Benn.

眼子菜科 Potamogetonaceae / 眼子菜属 *Potamogeton*

    *形态描述：多年生草本。根状茎匍匐。茎长约 50 厘米。浮水叶互生，花序下的对生，宽披针形至卵状椭圆形，长 5~10 厘米，宽 2~4 厘米，柄长 6~15 厘米；沉水叶互生，披针形或条状披针形，叶柄短于浮水叶叶柄；托叶薄膜质，长 3~4 厘米，早落。穗状花序生于浮水叶的叶腋；花序梗长 4~7 厘米，比茎粗；穗长 4~5 厘米，密生黄绿色小花。小坚果宽卵形，长 3~3.5 毫米，背部 3 脊，侧面两条较钝，基部通常有 2 枚凸起；花柱短。花果期 5—10 月。

    *生境：生于池塘、水田、水沟。
    *分布：四川广布。

微齿眼子菜

Potamogeton maackianus A. Benn.

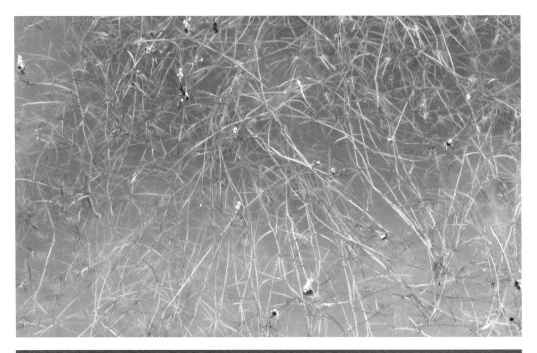

眼子菜科 Potamogetonaceae / 眼子菜属 *Potamogeton*

＊**形态描述**：多年生沉水草本。无根茎。茎细长，直径 0.5~1 毫米，具分枝，基部常匍匐，于节处生出多数纤长的须根，节间长 2~10 厘米。叶条形，无柄，长 2~6 厘米，宽 2~4 毫米，先端钝圆，基部与托叶贴生成短的叶鞘，叶缘具微细的疏锯齿；叶脉 3~7 条，平行，顶端连接，中脉显著，侧脉较细弱，次级脉不明显；叶鞘长 0.3~0.6 厘米，抱茎，顶端具一长 3~5 毫米的膜质小舌片。穗状花序顶生，具花 2~3 轮；花序梗通常不膨大，与茎几乎等粗，长 1~4 厘米；花小，花被片 4，淡绿色；雌蕊 4，少数少于 4，离生。果实倒卵形，长约 4 毫米，顶端具长约 0.5 毫米的喙，背部 3 脊，中脊狭翅状，侧脊稍钝。花果期 6—9 月。

＊**生境**：生于河沟、水渠、池塘等。
＊**分布**：四川广布。

浮叶眼子菜

Potamogeton natans L.

眼子菜科 Potamogetonaceae / 眼子菜属 *Potamogeton*

*形态描述：多年生水生草本。根茎发达，白色，常具红色斑点，多分枝，节处生有须根。茎圆柱形，通常不分枝或极少分枝。浮水叶革质，卵形至矩圆状卵形，有时为卵状椭圆形，先端圆形或具钝尖头，基部心形至圆形，稀渐狭，具长柄；叶脉23~35条，于叶端连接，其中7~10条显著；沉水叶质厚，叶柄状，呈半圆柱状线形，先端较钝，具不明显的3~5条脉；常早落；托叶近无色，鞘状抱茎，多脉，常呈纤维状宿存。穗状花序顶生，具花多轮，开花时伸出水面；花序梗稍有膨大，开花时通常直立，花后弯曲而使穗沉没于水中；花小，花被片4，绿色，肾形至近圆形；雌蕊4，离生。果实倒卵形，外果皮常为灰黄色，背部钝圆，或具不明显的中脊。花果期7—10月。

*生境：生于河沟、水渠、池塘等。

*分布：四川广布。

小眼子菜

Potamogeton pusillus L.

眼子菜科 Potamogetonaceae / 眼子菜属 *Potamogeton*

***形态描述**：沉水草本。无根茎。茎圆柱形或近圆柱形，纤细，具分枝，近基部常匍匐地面，并于节处生出稀疏而纤长的白色须根；茎节无腺体，或偶见小而不明显的腺体。叶线形，无柄，先端渐尖，全缘；叶脉 1 条或 3 条，中脉明显，两侧伴有通气组织所形成的细纹，侧脉无或不明显；托叶膜质，无色透明，与叶离生，常早落；休眠芽腋生，呈纤细的纺锤状，下面具 2 枚或 3 枚伸展的小苞叶。穗状花序顶生，具花 2~3 轮，间断排列；花序梗与茎相似或稍粗于茎；花小，花被片 4，绿色；雌蕊 4。果实斜倒卵形，长 1.5~2 毫米，顶端具一稍向后弯的短喙，龙骨脊钝圆。花果期 5—10 月。

***生境**：生于池塘、湖泊、沼地、水田及沟渠等静水水域或缓流中。

***分布**：四川广布。

竹叶眼子菜

Potamogeton wrightii Morong

眼子菜科 Potamogetonaceae / 眼子菜属 *Potamogeton*

*形态描述：多年生沉水草本。根茎发达，白色，节上生多数须根。茎圆柱形，长约 50 厘米，直径约 2 毫米，节间长 10 余厘米，不分枝或少分枝。叶全部沉水，长椭圆形或披针形，纵向卷缩或扭曲，无柄，长 6~9 厘米，宽 1.2~1.5 厘米，先端渐尖，基部钝圆或楔形，边缘浅波状；中脉明显，横脉清晰可见；托叶抱茎，托叶鞘开裂，厚膜质，长 1.5~3 厘米。穗状花序顶生，具花多轮，密集，每轮 3 朵花；花序梗稍粗于茎，长 4~7 厘米；花小，无柄，花被片 4，黄绿色；雄蕊 4；雌蕊 4，离生。果实倒卵圆形，两侧稍扁，中脊钝，侧脊不明显，喙向背后弯曲。花果期 6—10 月。

*生境：生于灌渠、池塘、河流等。

*分布：四川西昌。

篦齿眼子菜

Stuckenia pectinate (L.) Börner

眼子菜科 Potamogetonaceae / 篦齿眼子菜属 *Stuckenia*

＊形态描述：沉水草本。根茎发达，白色，直径 1~2 毫米，具分枝，常于春末夏初至秋季之间在根茎及其分枝的顶端形成长 0.7~1 厘米的小块茎状的休眠芽体。茎近圆柱形，纤细，直径 0.5~1 毫米，下部分枝稀疏，上部分枝稍密集。叶线形，长 2~10 厘米，宽 0.3~1 毫米，先端渐尖或急尖，基部与托叶贴生成鞘；鞘长 1~4 厘米，绿色，边缘叠压抱茎，顶端具长 4~8 毫米无色膜质小舌片；叶脉 3 条平行，顶端连接，中脉显著，有与之近乎垂直的次级叶脉，边缘脉细弱而不明显。穗状花序顶生，具花 4~7 轮，间断排列；花序梗细长，与茎几乎等粗；花被片 4，圆形或宽卵形，直径约 1 毫米；雌蕊 4，通常仅 1~2 可发育成熟果实。果实倒卵形，顶端斜生长约 0.3 毫米的喙，背部钝圆。花果期 5—10 月。

＊生境：生于河沟、水渠、沼泽、池塘等。

＊分布：四川平坝地区广布。

＊其他信息：全草药用，有清热、解毒的功效。

▲ 兰科 Orchidaceae

手参

Gymnadenia conopsea (L.) R. Br.

兰科 Orchidaceae / 手参属 *Gymnadenia*

*形态描述：植株高 60 厘米。块茎椭圆形，长 1~3.5 厘米，肉质，下部掌状分裂，裂片细长。茎直立，圆柱形，基部具 2~3 枚筒状鞘，其上具 4~5 枚叶，上部具 1 枚至数枚苞片状小叶。叶片线状披针形，长 5.5~15 厘米，宽 1~2（2.5）厘米。花序密生多花，圆柱形，长 5.5~15 厘米；花苞片披针形，先端长渐尖成尾状，等长或近等长于花；子房纺锤形，连花梗长约 8 毫米；花粉红色，少数粉白色；中萼片宽椭圆形或宽卵状椭圆形，先端急尖，略呈兜状，具 3 条脉；侧萼片斜卵形，反折，边缘向外卷，较中萼片稍长或几乎等长，先端急尖，具 3 条脉，前面的 1 条脉常具支脉；花瓣直立，斜卵状三角形，边缘具细锯齿，先端急尖，具 3 条脉，前面的 1 条脉常具支脉，与中萼片相靠；距狭圆筒形，下垂，长约 1 厘米，稍前弯，向末端略渐狭，长于子房；花粉团卵球形，具细长的柄和粘盘，粘盘线状披针形。花期 6—8 月，果期 8—10 月。

*生境：生于山坡林下、草地或砾石滩草丛。

*分布：四川西北部广布，平武、理县、茂县、松潘、若尔盖、乡城等。

*其他信息：块茎药用，有补肾益精、理气止痛的功效。

绶草

Spiranthes sinensis (Pers.) Ames

兰科 Orchidaceae / 绶草属 *Spiranthes*

＊**形态描述**：陆生兰。高 15~50 厘米。茎直立，基部簇生数条粗厚、肉质的根，近基部生 2~4 枚叶。叶条状倒披针形或条形，长 10~20 厘米，宽 4~10 毫米。花序顶生，具多数密生的小花，似穗状；花白色或淡红色，呈螺旋状排列；花苞片卵形，长渐尖；中萼片条形，钝，长 5 毫米，宽 1.3 毫米；侧萼片等长但较狭；花瓣和中萼片等长但较薄，顶端极钝；唇瓣近矩圆形，顶端伸展，基部至中部边缘全缘，中部之上具强烈的皱波状啮齿，在中部以上的表面具皱波状和长硬毛，基部稍凹陷，呈浅囊状，囊内具 2 枚凸起。花期 7—8 月，果期 8—10 月。

＊**生境**：生于河滩、沼泽、草甸。

＊**分布**：四川广布。

＊**其他信息**：又称盘龙参，根入药，藏语名为"西介拉巴"，味甘、苦，性平，有滋阴益气、凉血解毒、涩精的功效。

线柱兰

Zeuxine strateumatica (L.) Schltr.

兰科 Orchidaceae / 线柱兰属 *Zeuxine*

＊**形态描述**：植株高 4~28 厘米。根状茎短。茎淡棕色，具多叶。叶淡褐色，无柄，具鞘抱茎，叶线形或线状披针形，长 2~8 厘米，宽 2~6 毫米，有时均成苞片状。总状花序几乎无花序梗，具几朵至 20 余朵密生的花；花苞片卵状披针形，红褐色，长 8~12 毫米，长于花；子房椭圆状圆柱形，扭转，连花梗长 5~6 毫米；花小，白色或黄白色；中萼片狭卵状长圆形，凹陷，长 4~5.5 毫米，宽 2~2.5 毫米，先端钝，与花瓣黏合呈兜状；侧萼片为偏斜长圆形，长 4~5 毫米，宽 1.8~2 毫米；花瓣歪斜，半卵形或近镰状，与中萼片等长，宽 1.5~1.8 毫米，无毛；唇瓣肉质或较薄，舟状，淡黄色或黄色，基部囊状，内面两侧各具 1 枚近三角形胼胝体，中部收狭成长约 0.5 毫米、中央具沟痕的短爪，前部横椭圆形，长 2 毫米，宽约 1.4 毫米，顶端圆钝，稍凹陷或微凸。蒴果椭圆形，长约 6 毫米，淡褐色。花期 4—6 月，果期 6—8 月。

＊**生境**：生于沟边或河边的潮湿草地。

＊**分布**：四川米易。

＊**其他信息**：有清热凉血、除湿解毒的功效。

▲ 鸢尾科 Iridaceae

长葶鸢尾

Iris delavayi Mich.

鸢尾科 Iridaceae / 鸢尾属 *Iris*

＊形态描述：多年生草本。根状茎粗壮，斜伸，外包有棕褐色老叶残留的纤维。叶灰绿色，剑形或条形，顶端长渐尖，基部鞘状，无明显的中脉。花茎中空，光滑，顶端有 1~2 个短侧枝，中下部有 3~4 枚披针形的茎生叶；苞片 2~3 枚，膜质，绿色，宽披针形，内包含 2 朵花；花深紫色或蓝紫色，具暗紫色及白色斑纹；外花被裂片倒卵形，长约 7 厘米，宽约 3 厘米，顶端微凹，花盛开时向下反折，花被裂片上有白色及深紫色的斑纹，爪部楔形，中央下陷呈沟状，无附属物，内花被裂片倒披针形，花盛开时向外倾斜；花药乳黄色，花丝淡紫色，花柱分枝淡紫色，顶端裂片长圆形，子房柱状三棱形。蒴果柱状长椭圆形，无喙。种子红褐色，扁平，圆盘形。花期 5—7 月，果期 8—10 月。

＊生境：生于湖泊、水塘、沟渠、沼泽。

＊分布：四川稻城、九龙、康定、木里。

路易斯安那鸢尾

Iris fulva 'Louisiana Hybrids' Ker Gawl.

鸢尾科 Iridaceae / 鸢尾属 *Iris*

﹡形态描述：茎高 80~100 厘米。未开花的侧芽在开花后延伸，形成地下扁圆形棍棒状的根茎，根茎长约 30 厘米，粗约 2 厘米；具 12~20 个节，每节都能长出吸收根；根茎的顶芽一般第二年开花，侧芽成为营养株；中下部芽多数为休眠芽；根茎寿命 1 年。花单生，为蝎尾状聚伞花序，着花 4~6 朵，单花寿命 2~3 天，单花序，花期 12~15 天；具旗瓣（内瓣）3 枚，垂瓣（外瓣）3 枚，雌蕊瓣化。果实为蒴果，果实 3 室，外形六棱。果实 9 月上旬前后成熟，每果有种子 30 粒左右。

﹡生境：生于湿地。

﹡分布：四川成都、自贡、乐山等。

德国鸢尾

Iris germanica L.

鸢尾科 Iridaceae / 鸢尾属 *Iris*

＊形态描述：多年生草本。根状茎粗壮，扁圆形，具环纹。叶直立或略弯，淡绿色或灰绿色，常具白粉，剑形，顶端渐尖，无中脉。花茎光滑，黄绿色，中、下部有茎生叶 1~3；苞片 3 枚，草质，绿色，边缘膜质，卵圆形或宽卵形；有花 1~2 朵，花淡紫色、蓝紫色、黄色或白色，有香味；花被管喇叭形；外花被裂片椭圆形或倒卵形，顶端下垂，爪部狭楔形，中脉密生黄色须毛状附属物；内花被裂片倒卵形或圆形，长、宽各约 5 厘米，顶端向内拱曲，中脉宽，向外隆起，爪部狭楔形；花柱分枝淡蓝色、蓝紫色或白色，顶端裂片宽三角形或半圆形，子房纺锤形。蒴果三棱状圆柱形，长 4~5 厘米，成熟时自顶端向下分裂为三瓣。种子梨形，黄棕色，表面有皱纹，顶端生有黄白色附属物。花期 4—5 月，果期 6—8 月。

＊生境：生于潮湿土壤、湿地。

＊分布：四川成都。

蝴蝶花

Iris japonica Thunb.

鸢尾科 Iridaceae / 鸢尾属 *Iris*

*形态描述：多年生草本。根状茎直立的节间密，横走的细，节间长。叶基生，暗绿色，有光泽，近地面处带红紫色，剑形，顶端渐尖，无明显中脉。花茎直立，顶生稀疏总状聚伞花序，分枝 5~12，与苞片等长或略长；苞片叶状，3~5 枚，宽披针形或卵圆形，顶端钝；有花 2~4 朵，淡蓝色或蓝紫色，花梗伸出苞片，长 1.5~2.5 厘米；花被管长 1.1~1.5 厘米，外花被裂片倒卵形或椭圆形，边缘波状，有细齿，中脉上有隆起的黄色鸡冠状附属物；内花被裂片椭圆形或狭倒卵形，边缘有细齿，花盛开时向外展开；雄蕊长椭圆形，白色；花柱枝淡蓝色。蒴果椭圆状柱形，长 2.5~3 厘米，无喙，6 条纵肋明显，成熟时自顶端开裂至中部。种子黑褐色，呈不规则多面体。花期 3—4 月，果期 5—6 月。

*生境：生于山坡较阴蔽而湿润的草地、疏林下或林缘草地。

*分布：四川广布，蒲江、米易、平武、江油、广元、峨眉山、青神、安岳、康定、泸定等。

黄菖蒲

Iris pseudacorus L.

鸢尾科 Iridaceae / 鸢尾属 *Iris*

＊形态描述：多年生草本。根状茎粗壮，直径 2.5 厘米。基生叶灰绿色，宽剑形，中脉明显，长 40~60 厘米，宽 1.5~3 厘米。花茎粗壮，高 60~70 厘米，上部分枝；苞片 3~4 枚，膜质，绿色，披针形；花黄色，直径 10~11 厘米；花被管长 1.5 厘米；外花被裂片卵圆形或倒卵形，长约 7 厘米，中部有黑褐色花纹，内花被裂片较小，倒披针形，长约 2.7 厘米；雄蕊长约 3 厘米，花丝黄白色，花药黑紫色；花柱分枝淡黄色，长约 4.5 厘米，顶端裂片半圆形，子房绿色，三棱状柱形。花期 5 月，果期 6—8 月。

＊生境：生于河湖沿岸的湿地或沼泽。

＊分布：四川中东部。

庭菖蒲

Sisyrinchium rosulatum Bickn.

鸢尾科 Iridaceae / 庭菖蒲属 *Sisyrinchium*

　　*形态描述：一年生草本。须根细，黄白色。茎纤细，高 15~25 厘米，基部常膝状弯曲，两侧有窄翅。叶基生或互生，线形，长 6~9 厘米，宽 2~3 毫米，无明显中脉。花序顶生；苞片 5~7 枚，外面 2 片绿色，内侧数片膜质，内包含 4~6 朵花；花淡紫色，喉部黄色，直径 0.8~1 厘米；花梗丝状；花被管很短，有纤毛；内、外花被裂片倒卵形或倒披针形，长约 1.2 厘米，顶端白色，有深紫色条纹；雄蕊 3，花丝上部分离，下部管状包花柱，被腺毛，花药鲜黄色；花柱丝状，子房圆球形。蒴果球形，直径 2.5~4 厘米，黄褐色或棕褐色。种子多数，黑褐色。花期 5 月，果期 6—8 月。

　　*生境：生于湖河沿岸的湿地或沼泽。
　　*分布：四川都江堰。

石蒜科 Amaryllidaceae

大花韭

Allium macranthum Baker

石蒜科 Amaryllidaceae / 葱属 *Allium*

＊形态描述：根粗壮，短。鳞茎圆柱状，外皮白色，膜质，不裂或稀裂成纤维状。叶条形，扁平，中脉明显，几乎与花葶等长，宽4~10毫米。花葶棱柱状，具2~3条纵棱或窄翅，高20~50（60）厘米，中部粗（1.5）2~3.5毫米，下部被叶鞘；总苞2~3裂，早落；伞形花序少花，松散；小花梗几乎等长，比花被片长2~5倍，顶端常俯垂，基部无小苞片；花钟状开展，红紫色至紫色；花被片长8~12毫米，先端平截或凹缺，外轮的宽矩圆形，舟状，内轮的卵状矩圆形，比外轮的稍长而狭；花丝等长或稍长于花被片，锥形，基部合生并与花被片贴生；子房倒卵状球形，每室2胚珠，顶端有时具6枚角状凸起；花柱伸出花被，柱头点状。花果期8—10月。

＊生境：生于高原草坡、河滩或草甸。
＊分布：四川西南部。

薤白

Allium macrostemon Bunge

石蒜科 Amaryllidaceae / 葱属 *Allium*

＊形态描述：鳞茎近球状，基部常具小鳞茎；鳞茎外皮带黑色，纸质或膜质。叶 3~5，半圆柱状，或因背部纵棱发达而为三棱状半圆柱形，中空，上面具沟槽，比花葶短。花葶圆柱状，高 30~70 厘米，1/4~1/3 被叶鞘；总苞 2 裂，比花序短；伞形花序半球状至球状，具多而密集的花，或间具珠芽或有时全为珠芽；小花梗几乎等长，比花被片长 3~5 倍，基部具小苞片；珠芽暗紫色，基部具小苞片；花淡紫色或淡红色；花被片矩圆状卵形至矩圆状披针形，内轮的常较狭；花丝等长，比花被片稍长直到比其长 1/3，基部合生并与花被片贴生，分离部分的基部呈狭三角形扩大，向上收狭成锥形，内轮基部宽约为外轮基部的 1.5 倍；子房近球状，腹缝线基部具有帘的凹陷蜜穴；花柱伸出花被外。花果期 5—7 月。

＊生境：生于海拔 1500 米以下的山谷或湿草地。

＊分布：四川南部。

多星韭

Allium wallichii Kunth

石蒜科 Amaryllidaceae / 葱属 *Allium*

＊形态描述：鳞茎圆柱状，具稍粗的根；鳞茎外皮黄，褐色，片状破裂或呈纤维状，有时近网状，内皮膜质，仅顶端破裂。叶狭条形至宽条形，具明显的中脉，比花葶短或几乎等长。花葶三棱状柱形，具3~5条纵棱，有时棱为狭翅状，下部被叶鞘；总苞单侧开裂，或2裂，早落；伞形花序扇状至半球状，具多数疏散或密集的花；小花梗几乎等长，比花被片长2~4倍，基部无小苞片；花红色、紫红色、紫色至黑紫色，星芒状开展；花被片矩圆形至狭矩圆状椭圆形，花后反折，先端钝或凹缺，等长；花丝等长，锥形，比花被片略短或几乎等长，基部合生并与花被片贴生；子房倒卵状球形，具3条圆棱，基部不具凹陷的蜜穴；花柱比子房长。花果期7—9月。

＊生境：生于湿润草坡、林缘、灌丛或沟边。

＊分布：四川泸定、康定、九龙、金阳、木里、米易、乡城、腾冲、盐边、冕宁、汉源等。

＊其他信息：常作蔬菜食用，也是优良牧草。

忽地笑

Lycoris aurea (L' Hér.) Herb.

石蒜科 Amaryllidaceae / 石蒜属 *Lycoris*

*形态描述：多年生草本。鳞茎卵圆形，直径约 5 厘米。叶剑形，秋季出叶，长约 60 厘米，宽 1.7~2.5 厘米，先端渐尖，中脉明显。花茎高约 60 厘米，顶生伞形花序有花 4~7 朵；总苞片 2 枚，披针形，长约 3.5 厘米，宽约 8 毫米；花两侧对称，黄色，花被筒长 1.2~1.5 厘米，花被裂片倒披针形，长约 6 厘米，宽约 1 厘米，外弯，背面中脉具淡绿色带，边缘波状皱缩；雄蕊稍伸出花被，比花被长约 1/6，花丝黄色；花柱上部玫瑰红色。蒴果具 3 棱。种子少数，近球形，黑色。花期 8—9 月，果期 10 月。

*生境：生于山坡阴湿地。

*分布：四川剑阁、峨边、万源、资阳、会东等。

*其他信息：鳞茎入药，是提取加兰他敏的良好原料。

石蒜

Lycoris radiata (L' Hér.) Herb.

石蒜科 Amaryllidaceae / 石蒜属 *Lycoris*

  ＊**形态描述**：多年生草本。鳞茎近球形，直径 1~3 厘米。秋季出叶，叶狭带状，长约 15 厘米，宽约 0.5 厘米，顶端钝，深绿色，中间有粉绿色带。花茎高约 30 厘米；总苞片 2 枚，披针形，长约 35 厘米，宽约 0.5 厘米；伞形花序有花 4~7 朵，花鲜红色；花被裂片狭倒披针形，长约 3 厘米，宽约 0.5 厘米，皱缩和反卷，花被管绿色，长约 0.5 厘米；雄蕊显著伸出于花被外，比花被长 1 倍左右。花期 8—9 月，果期 10 月。

  ＊**生境**：生于山坡阴湿地或河岸岩石旁。

  ＊**分布**：四川都江堰、广元、苍溪、峨眉山、天全、泸定等。

  ＊**其他信息**：鳞茎含有石蒜碱、伪石蒜碱、多花水仙碱、力可拉敏、加兰他敏等十多种生物碱，有解毒、祛痰、利尿、杀虫等功效。

◢ 鸭跖草科 Commelinaceae

饭包草

Commelina benghalensis L.

鸭跖草科 Commelinaceae / 鸭跖草属 *Commelina*

　　*形态描述：多年生披散草本。茎大部分匍匐，节上生根，上部及分枝上部上升，长可达 70 厘米，被疏柔毛。叶有明显的叶柄；叶片卵形，长 3~7 厘米，宽 1.5~3.5 厘米，顶端钝或急尖，几乎无毛；叶鞘口被疏而长的睫毛。总苞片漏斗状，与叶对生，常数个集于枝顶，下部边缘合生，被疏毛，顶端短急尖或钝，柄极短；花序下面一枝具细长梗，具 1~3 朵不孕的花，伸出佛焰苞，上面一枝有花数朵，结实，不伸出佛焰苞；萼片膜质，披针形，长 2 毫米，无毛；花瓣蓝色，圆形，长 3~5 毫米；内面 2 枚具长爪。蒴果椭圆状，长 4~6 毫米，3 室，腹面两室每室具 2 枚种子，开裂，后面一室仅有 1 枚种子，或无种子，不裂。种子长近 2 毫米，多皱并有不规则网纹，黑色。花果期 6—9 月。

　　*生境：生于各类湿地。

　　*分布：四川广布。

　　*其他信息：全草药用，有清热解毒、消肿利尿的功效。

鸭跖草

Commelina communis L.

鸭跖草科 Commelinaceae / 鸭跖草属 *Commelina*

　　*形态描述：一年生披散草本。茎匍匐生根，多分枝，长可达 1 米，下部无毛，上部被短毛。叶披针形至卵状披针形。总苞片佛焰苞状，有 1.5~4 厘米的柄，与叶对生，折叠状，展开后为心形，顶端短急尖，基部心形，边缘常有硬毛；聚伞花序，下面一枝仅有花 1 朵，具长 8 毫米的梗，不孕；上面一枝具花 3~4 朵，具短梗，几乎不伸出佛焰苞。花梗花期长仅 3 毫米，果期弯曲，长不过 6 毫米；萼片膜质，内面 2 枚常靠近或合生；花瓣深蓝色，内面 2 枚具爪，长近 1 厘米。蒴果椭圆形，2 室，2 片裂，有种子 4 枚。种子长 2~3 毫米，棕黄色，一端平截、腹面平，有不规则窝孔。花果期 6—10 月。

　　*生境：生于各类湿地。

　　*分布：四川广布。

　　*其他信息：全草药用，有消肿利尿、清热解毒的功效。

裸花水竹叶

Murdannia nudiflora (L.) Brenan

鸭跖草科 Commelinaceae / 水竹叶属 *Murdannia*

*形态描述：多年生草本。根须状，纤细，无毛或被长绒毛。茎多条自基部发出，披散，下部节上生根，分枝，无毛，主茎发育。叶几乎全部茎生，有时有 1~2 枚条形基生叶，茎生叶叶鞘长一般不及 1 厘米，通常全面被长刚毛；叶片禾叶状或披针形，顶端钝或渐尖，两面无毛或疏生刚毛。蝎尾状聚伞花序数个，排成顶生圆锥花序，或仅单个；总苞片下部的叶状，但较小，上部的很小。聚伞花序有数朵密集排列的花，具纤细而长达 4 厘米的总梗；苞片早落；花梗细而挺直；萼片草质，卵状椭圆形，浅舟状；花瓣紫色；能育雄蕊 2，不育雄蕊 2~4，花丝下部有须毛。蒴果卵圆状三棱形。种子黄棕色，有深窝孔，或同时有浅窝孔和以胚盖为中心的呈辐射状排列的白色瘤突。花期 8—9 月，果期 9—11 月。

*生境：生于低海拔的水边潮湿处，少见于草丛中。

*分布：偶见于四川德昌、米易、自贡、峨眉山。

*其他信息：全草药用。

白花紫露草
Tradescantia fluminensis Vell.

鸭跖草科 Commelinaceae / 紫露草属 *Tradescantia*

＊**形态描述**：多年生常绿草本。茎匍匐，光滑，长可达 60 厘米，部分带紫红色，节处膨大，贴地的节上生根。叶互生，长椭圆形，先端尖，长 4~5 厘米，宽 2 厘米，表面绿色，下面深紫色，叶鞘上端有毛，具白色条纹。花小，数朵聚生成伞形花序，白色，具 2 枚叶状苞片。花果期 6—10 月。

＊**生境**：生于阴暗湿润土壤处。

＊**分布**：四川中部。

＊**其他信息**：有活血、利水、消肿、散结的功效。

紫竹梅

Tradescantia pallida (Rose) D.R. Hunt

鸭跖草科 Commelinaceae / 紫露草属 *Tradescantia*

***形态描述**：多年生草本。株高 30~50 厘米，茎多分支，匍匐或下垂，节上常生须根，节和节间明显，成株植株紫色。叶长椭圆形，单叶互生，无柄，卷曲，先端渐尖，基部抱茎，叶紫色，具白色短绒毛。聚伞花序顶生或腋生，总苞片叶状，长约 7 厘米，顶端具白色长柔毛；萼片 3，花桃红色或玫瑰紫色；离生，长圆形，光滑，宿存；花瓣 3，广卵形，基部微结合；雄蕊 6，全部能育，花丝被念珠状毛；子房上位，卵形，3 室，花柱丝状而长，柱头状。果实蒴果。种子椭圆形，呈棱状半圆形，淡棕色。花果期 5—11 月。

***生境**：生于阴暗湿润土壤处。

***分布**：四川中东部，作为园艺栽培种，各地均有分布。

***其他信息**：全草药用，有活血、止血的功效。

◢ 雨久花科 Pontederiaceae

凤眼蓝

Eichhornia crassipes (Mart.) Solme

雨久花科 Pontederiaceae / 凤眼蓝属 *Eichhornia*

✻**形态描述:** 浮水草本或根生于泥中,高 30~50 厘米。茎极短,具长匍匐枝,和母株分离后,生出新植物。叶基生,莲座状,宽卵形或菱形,长和宽 2.5~12 厘米,顶端圆钝,基部浅心形、截形、圆形或宽楔形,全缘,无毛,光亮,具弧状脉;叶柄长短不等,可达 30 厘米,中部膨胀成囊状,内有气室,基部有鞘状苞片。花葶多棱角;花多数成穗状花序,直径 3~4 厘米;花被筒长 1.5~1.7 厘米,花被裂片 6,卵形、矩圆形或倒卵形,丁香紫色,外面近基部有腺毛,上裂片在周围蓝色中心有一黄斑;雄蕊 6,3 个花丝具腺毛。蒴果卵形。花期 7—10 月,果期 8—11 月。

✻**生境:** 生于河水、池塘或稻田中。

✻**分布:** 除川西海拔较高的地方外,各地均有分布。

✻**其他信息:** 原产于南美。我国引种栽培后逸为野生。该种生长迅速,繁殖能力极强,覆盖水面阻隔阳光,严重危害水体生态和水产养殖业,是一种烈性、恶性入侵植物。

鸭舌草

Monochoria vaginalis (Burm. F.) Presl ex Kunth

雨久花科 Pontederiaceae / 雨久花属 *Monochoria*

＊**形态描述**：水生草本。根状茎极短，具柔软须根。茎直立或斜上，高（6）12~35（50）厘米，全株光滑无毛。叶基生和茎生；叶片形状和大小变化较大，心状宽卵形、长卵形至披针形，顶端短突尖或渐尖，基部圆形或浅心形，全缘，具弧状脉；叶柄基部扩大成开裂的鞘，鞘顶端有舌状体。总状花序从叶柄中部抽出，花序梗短，基部有 1 披针形苞片；花序在花期直立，果期下弯；花通常 3~5 朵（少数有 10 余朵），蓝色；花被片卵状披针形或长圆形；雄蕊 6，其中 1 枚较大，其余 5 枚较小；花药长圆形；花丝丝状。蒴果卵形至长圆形，长约 1 厘米。种子多数，椭圆形，灰褐色，具 8~12 条纵条纹。花期 8—9 月，果期 9—10 月。

＊**生境**：生于稻田、沟旁、浅水池塘等。

＊**分布**：四川成都、绵阳、泸定、峨眉山、广汉、汉源、昭化等。

＊**其他信息**：全草药用，嫩茎叶可作蔬菜。

梭鱼草

Pontederia cordata L.

雨久花科 Pontederiaceae / 梭鱼草属 *Pontederia*

***形态描述：**多年生草本植物。根茎为须状不定根，长 15~30 厘米，具多数根毛。地下茎粗壮，黄褐色，有芽眼，地上茎叶丛生，株高 80~150 厘米。叶柄绿色，圆筒形，横切断面具膜质物，叶片较大，大部分为倒卵状披针形，长 10~20（25）厘米，宽可达 15 厘米，深绿色。穗状花序顶生，长 5~20 厘米，小花密集，蓝紫色带黄斑点，直径约 10 毫米，花被裂片 6 枚，近圆形，裂片基部连接为筒状；花葶直立，通常高出叶面。果实成熟后褐色。种子椭圆形，褐色，直径 1~2 毫米。花果期 7—10 月。

***生境：**生于静水浅水水域。

***分布：**四川东部、南部均有分布。

▲ 竹芋科 Marantaceae

再力花

Thalia dealbata Fraser

竹芋科 Marantaceae / 水竹芋属 *Thalia*

　　*形态描述：多年生挺水草本。株高 2 米以上。叶基生，4~6 枚；叶柄较长，长 40~80 厘米，下部鞘状，基部略膨大，叶柄顶端和基部红褐色或淡黄褐色；叶片卵状披针形，全缘，硬纸质，浅灰蓝色，边缘紫色，长 50 厘米，宽 25 厘米；叶背表面被白粉，叶腹面具稀疏柔毛。花复总状花序，花小；多仅有 1 朵小花可以发育成果实，少数 2 朵或 3 朵均发育成果实；萼片 1.5~2.5 毫米，紫色；侧生退化雄蕊呈花瓣状；花冠筒短柱状，淡紫色，唇瓣兜形，上部暗紫色，下部淡紫色。蒴果近圆球形或倒卵状球形，成熟时顶端开裂。种子棕褐色，表面粗糙，具假种皮，种脐较明显。花果期 5—10 月。

　　*生境：生于河流、水田、池塘等浅水区或湿地。

　　*分布：四川中东部。

　　*其他信息：叶、花有很高的观赏价值，花期长。

◢ 姜科 Zingiberaceae

姜花

Hedychium coronarium Koen.

姜科 Zingiberaceae / 姜花属 *Hedychium*

　　***形态描述**：茎高 1~2 米。叶长圆状披针形或披针形，长 20~40 厘米，顶端长渐尖，基部尖，表面光滑，叶背被短柔毛；无柄；叶舌薄膜质，长 2~3 厘米。穗状花序顶生，椭圆形，长 10~20 厘米；苞片呈覆瓦状排列，长 4.5~5 厘米，每一苞片内有花 2~3 朵；花芬芳，白色，花萼管长约 4 厘米，顶端一侧开裂；花冠管纤细，长 8 厘米；裂片披针形，长约 5 厘米，后方的 1 枚兜状，顶端具小尖头；侧生退化雄蕊长圆状披针形，长约 5 厘米；唇瓣倒心形，长和宽约 6 厘米，白色，基部稍黄，顶端 2 裂；花丝长约 3 厘米，花药室长 1.5 厘米；子房被绢毛。花果期 8—12 月。

　　***生境**：生于林中。

　　***分布**：四川乐山、峨边、峨眉山。

　　***其他信息**：根茎能解表、祛风散寒。

黄姜花

Hedychium flavum Roxb.

姜科 Zingiberaceae / 姜花属 *Hedychium*

　　＊**形态描述**：茎高 1.5~2 米。叶无柄，呈长圆状披针形或披针形，长
25~45 厘米，宽 5~8.5 厘米，顶端渐尖，基部锐尖，两面无毛；叶舌膜质，披
针形，长 2~5 厘米。穗状花序长圆形；苞片呈覆瓦状排列，长圆状卵形，长
4~6 厘米，宽 1.5~3 厘米，具 3~4 朵花；小苞片长约 2 厘米，内卷呈管状；花
黄色，花萼管长 4 厘米，外被粗长毛，顶端一侧开裂；花冠管较萼管略长，裂
片线形，长约 3 厘米；侧生退化雄蕊倒披针形，长约 3 厘米，宽约 8 毫米；唇
瓣倒心形，黄色，具 1 橙色的斑，顶端微缺；花丝长约 3 厘米，花药长 1.2~1.5
厘米，弯曲，柱头漏斗状，子房被长粗毛。花果期 8—11 月。

　　＊**生境**：生于山谷密林中。

　　＊**分布**：四川乐山、峨眉山、雅安、天全、凉山。

　　＊**其他信息**：花可浸提姜花浸膏，用于调和香精。

◢ 香蒲科 Typhaceae

黑三棱

Sparganium stoloniferum (Buch. -Ham. ex Graebn.) Buch. -Ham. ex Juz.

香蒲科 Typhaceae / 黑三棱属 *Sparganium*

　　＊形态描述：多年生草本。根状茎匍匐。茎少分枝，直径 1~2 毫米。叶二型；沉水叶常为叶柄状，条形，长 10 厘米，宽 1~2 毫米，很少有发育不全的叶片；浮水叶有长柄，卵状矩圆形至椭圆形，长 4~10 厘米，宽 2~4 厘米，顶端急尖或钝圆，基部心形或下延于叶柄，全缘，有脉多条；托叶条状披针形，长约 5 厘米，膜质而多脉。圆锥花序于茎端腋生，梗长 5~10 厘米，比茎略粗，穗长 3~5 厘米，有较密生的花。小坚果倒卵形，长 3~4 毫米，宽 2.5~3 毫米，背部有脊，侧脊不明显，顶端有短喙。花果期 5—10 月。

　　＊生境：生于水库、池塘、浅河沟渠。

　　＊分布：四川低海拔地区广布。

水烛

Typha angustifolia L.

香蒲科 Typhaceae / 香蒲属 *Typha*

＊**形态描述：**多年生沼生草本。高 1.5~3 米。叶狭条形，宽 5~8 毫米，少数可达 10 毫米。穗状花序圆柱形，长 30~60 厘米，雌雄花序不连接；雄花序在上，长 20~30 厘米，雄花有雄蕊 2~3，毛较花药长，花粉粒单生；雌花序在下，长 10~30 厘米，成熟时直径 10~25 毫米；雌花的小苞片比柱头短，柱头条状矩圆形，毛与小苞片几乎等长而比柱头短。小坚果无沟。花果期 6—9 月。

＊**生境：**生于湖泊、池塘、沼泽、沟渠、河流的缓流浅水带。

＊**分布：**四川广布。

＊**照片来源：**教学标本共享平台（汪小凡）。

宽叶香蒲

Typha latifolia L.

香蒲科 Typhaceae / 香蒲属 *Typha*

＊**形态描述**：多年生水生或沼生草本。根状茎乳黄色，先端白色。地上茎粗壮，高 1~2.5 米。叶条形，光滑无毛，上部扁平，背面基部以下逐渐隆起；下部横切面近新月形，呈海绵状；叶鞘抱茎。雌、雄花序紧密相接；花期时雄花序比雌花序粗壮，花序轴具灰白色弯曲柔毛，叶状苞片 1~3 枚，上部短小，花后脱落；雌花序长 5~22.6 厘米；雄花通常由 2 枚雄蕊组成，花药长矩圆形；雌花无小苞片；孕性雌花柱头披针形；不孕雌花子房倒圆锥形，宿存，子房柄较粗壮，不等长；白色丝状毛明显短于花柱。小坚果披针形，褐色，果皮通常无斑点。种子褐色，椭圆形，长不足 1 毫米。花果期 5—8 月。

＊**生境**：生于湖泊、池塘、沼泽、沟渠、河流的缓流浅水带。

＊**分布**：四川广布。

＊**其他信息**：经济价值、药用价值同香蒲。

小香蒲

Typha minima Funk ex Hoppe

香蒲科 Typhaceae / 香蒲属 *Typha*

＊形态描述：多年生沼生或水生草本。根状茎姜黄色或黄褐色，先端乳白色。地上茎直立，细弱，矮小，高 16~65 厘米。叶通常基生，鞘状，通常无叶片，或仅存在短于花葶的退化叶片；叶鞘边缘膜质，叶耳向上伸展。雌、雄花序远离，花序轴无毛，基部具 1 枚叶状苞片，花后脱落；雌花序叶状苞片明显宽于叶片；雄花无被，雄蕊通常 1 枚单生，有时 2~3 枚合生，基部具短柄，向下渐宽；雌花具小苞片；孕性雌花柱头条形，子房；不孕雌花子房倒圆锥形；白色丝状毛先端膨大呈圆形，着生于子房柄基部或向上延伸。小坚果椭圆形，纵裂，果皮膜质。种子黄褐色，椭圆形。花果期 5—8 月。

＊生境：生于湖泊、池塘、沼泽、沟渠、河流的缓流浅水带。

＊分布：四川广布。

＊其他信息：经济价值较高，作用同香蒲。

香蒲
Typha orientalis Presl

香蒲科 Typhaceae / 香蒲属 *Typha*

＊形态描述：多年生水生或沼生草本。根状茎乳白色。地上茎粗壮，高 1.3~2 米。叶片条形，光滑无毛，上部扁平，下部腹面微凹，背面逐渐隆起呈凸形，横切面呈半圆形，海绵状；叶鞘抱茎。雌、雄花序紧密连接；雄花序轴具白色弯曲柔毛，自基部向上具 1~3 枚叶状苞片，花后脱落；雌花序基部具 1 枚叶状苞片，花后脱落；雄花通常由 3 枚雄蕊组成，花药条形，花丝很短，基部合生成短柄；雌花无小苞片；孕性雌花柱头匙形，外弯，子房纺锤形至披针形；不孕雌花子房近于圆锥形，不发育柱头宿存；白色丝状毛通常单生，稍长于花柱，短于柱头。小坚果椭圆形至长椭圆形；果皮具长形褐色斑点。种子褐色，微弯。花果期 5—8 月。

＊生境：生于湖泊、池塘、沼泽、沟渠、河流的缓流浅水带。

＊分布：四川广布。

＊其他信息：经济价值较高，花粉即蒲黄入药；叶片用于编织、造纸等，是重要的水生经济植物之一。

◢ 谷精草科 Eriocaulaceae

谷精草

Eriocaulon buergerianum Koern.

谷精草科 Eriocaulaceae / **谷精草属** *Eriocaulon*

　　***形态描述**：密丛生草本。叶基生，长披针状条形，长 6~20 厘米，基部宽 4~6 毫米，有横脉。花葶多，长短不一，高者达 30 厘米。头状花序近球形，直径 4~6 毫米；总苞片宽倒卵形或近圆形，长 2~2.5 毫米，秆黄色；花苞片倒卵形；顶端骤尖，长约 2 毫米，上部密生短毛；花托有柔毛。雄花：外轮花被片合生成倒卵形苞状，顶端 3 浅裂，钝，有短毛；内轮花被片合生成倒圆锥状筒形；雄蕊 6，花药黑色，长 0.2 毫米。雌花：外轮花被片合生成椭圆形苞状；内轮花被片 3，离生，匙形，顶端有一黑色腺体，有细长毛。蒴果长约 1 毫米。种子长椭圆形，有毛茸。花果期 7—12 月。

　　***生境**：生于田边阴湿处或水田、溪沟边。

　　***分布**：四川广布。

　　***其他信息**：全草药用，有明目退翳等功效。

　　***照片来源**：教学标本共享平台（汪小凡）。

◢ 灯心草科 Juncaceae

葱状灯心草

Juncus allioides Franch.

灯心草科 Juncaceae / 灯心草属 *Juncus*

＊**形态描述**：多年生草本。高 10~55 厘米。根状茎横走。茎稀疏丛生，直立，圆柱形。叶基生和茎生；低出叶鳞片状，褐色；基生叶常 1 枚；茎生叶 1 枚，少数为 2；叶片皆圆柱形，稍压扁；叶鞘边缘膜质；叶耳显著。头状花序单一顶生，有 7~25 朵花；苞片 3~5 枚，最下方（1~）2 枚较大，在花蕾期包裹花序呈佛焰苞状；花具花梗和卵形膜质的小苞片；花被片披针形，灰白色至淡黄色，膜质，常具 3 条纵脉，内外轮几乎等长；雄蕊 6，伸出花外；花药线形，长 2~4 毫米，淡黄色；花丝长 4~7 毫米，上部紫黑色，基部红色；雌蕊具较长的花柱，柱头 3 分叉。蒴果长卵形，长 5~7 毫米，1 室，成熟时黄褐色。种子长圆形，长约 1 毫米，成熟时黄褐色，两端有白色附属物。花期 6—8 月，果期 7—9 月。

＊**生境**：生于海拔 1800~4700 米的山坡、草地、沼泽草地和林下潮湿处。

＊**分布**：四川西部广布。

小灯心草

Juncus bufonius L.

灯心草科 Juncaceae / 灯心草属 *Juncus*

　　*形态描述：一年生草本。高 4~20（30）厘米，有多数细弱、浅褐色须根。茎丛生，细弱，直立或斜升，有时稍下弯，基部常红褐色。叶基生和茎生；茎生叶常 1 枚；叶片线形，扁平，顶端尖；叶鞘具膜质边缘，无叶耳。花序呈二歧聚伞状，或排列成圆锥状，生于茎顶，花序分枝细弱而微弯；叶状总苞片常短于花序；花排列疏松，具花梗和小苞片；小苞片 2~3 枚，三角状卵形，膜质；花被片披针形，外轮背部中间绿色，边缘宽膜质，白色，顶端锐尖；内轮稍短，几乎全为膜质，顶端稍尖；雄蕊 6，长为花被的 1/3~1/2；花药长圆形，淡黄色；花丝丝状；雌蕊具短花柱，柱头 3，向外弯曲。蒴果三棱状椭圆形，黄褐色，顶端稍钝，3 室。种子椭圆形，两端细尖，黄褐色，有纵纹。花常闭花受精。花期 5—7 月，果期 6—9 月。

　　*生境：生于海拔 160~3200 米的湿草地、湖岸、河边、沼泽地。
　　*分布：四川广布。

灯心草

Juncus effusus L.

灯心草科 Juncaceae / 灯心草属 *Juncus*

　　*形态描述：多年生草本。高 27~91 厘米。根状茎粗壮横走，具黄褐色稍粗的须根。茎丛生，直立，圆柱形，茎内充满白色的髓心。叶全部为低出叶，呈鞘状或鳞片状，包围在茎的基部，长 1~22 厘米，基部红褐色至黑褐色；叶片退化为刺芒状。聚伞花序假侧生，含多花；总苞片圆柱形，生于顶端，似茎的延伸，直立；小苞片 2 枚，宽卵形，膜质，顶端尖；花淡绿色；花被片线状披针形，长 2~12.7 毫米，宽约 0.8 毫米；雄蕊 3（偶有 6）；花药长圆形，黄色，稍短于花丝；雌蕊具 3 室子房；花柱极短，柱头 3 分叉。蒴果长圆形或卵形，长约 2.8 毫米，顶端钝或微凹，黄褐色。种子卵状长圆形，黄褐色。花期 4—7 月，果期 6—9 月。

　　*生境：生于海拔 1650~3400 米的河边、池旁、水沟、稻田旁、草地及沼泽湿处。

　　*分布：四川广布。

　　*其他信息：药用植物，茎髓或全草药用，具有清热、利水渗湿的功效。

喜马灯心草

Juncus himalensis Klotzsch

灯心草科 Juncaceae / 灯心草属 *Juncus*

*形态描述：多年生草本。高 30~70 厘米。匍匐茎，根状茎较短。茎圆柱状，具纵条纹。叶基生和茎生；叶片扁平；叶鞘长 6~15 厘米，基部红褐色；茎生叶 1~2 枚；叶片线形，向上逐渐变细，顶端渐尖，两侧边缘常内卷或折叠；叶耳钝。花序由 3~7 个头状花序组成顶生聚伞花序，花序梗从基部分枝，常 3~5 个；头状花序有 3~8 朵花；花被片褐色或淡褐色，狭披针形，几乎等长或内轮较短，顶端锐尖；雄蕊 6，短于花被片；花药线形，淡黄色至白色；花丝线形，基部暗褐色；雌蕊具短花柱，柱头 3 分叉，线形。蒴果三棱状长圆形，长 6.5~7.5 毫米，顶端渐尖，具 3 个不完全隔膜，成熟时黄褐色。种子长圆形，顶端和基部具白色附属物。花期 6—7 月，果期 7—9 月。

*生境：生于山坡、草地、河谷水湿处。

*分布：四川广布。

笄石菖

Juncus prismatocarpus R. Brown

灯心草科 Juncaceae / 灯心草属 *Juncus*

＊**形态描述：**多年生草本。高 17~65 厘米。具根状茎和黄褐色须根。茎直立或斜上，圆柱状或稍扁，直径 1~3 毫米。基生叶少；茎生叶 2~4 枚；叶片线形，通常扁平，长 10~25 厘米，宽 2~4 毫米，顶端渐尖。花序由 5~20（30）个头状花序组成，成顶生复聚伞花序，常分枝；头状花序半球形至近圆球形，直径 7~10 毫米，有（4）8~15（20）朵花；苞片多枚，宽卵形或卵状披针形，膜质，顶端锐尖；花具短梗；花被片线状披针形至狭披针形，长 3.5~4 毫米，宽约 1 毫米，内、外轮等长或内轮稍短，顶端尖锐，背面有纵脉，边缘狭膜质，绿色或淡红褐色；雄蕊 3，花药线形，长 0.9~1 毫米，淡黄色；花丝长 1.2~1.4 毫米；花柱很短，柱头 3 分叉，细长，常弯曲。蒴果三棱状圆锥形，长 3.8~4.5 毫米，顶端具短尖头，1 室，淡褐色或黄褐色。种子长卵形，长 0.6~0.8 毫米，蜡黄色，表面具纵条纹及细微横纹。花期 3—6 月，果期 7—8 月。

＊**生境：**生于溪边、疏林草地及山坡湿地。

＊**分布：**四川广布。

野灯心草

Juncus setchuensis Buchen. ex Diels

灯心草科 Juncaceae / 灯心草属 *Juncus*

*形态描述：多年生草本。高 25~65 厘米。根状茎粗，具黄褐色稍粗的须根。茎丛生，圆柱形，有较深而明显的纵沟，直径 1~1.5 毫米，茎内充满白色髓心。叶全部为低出叶，呈鞘状或鳞片状，包围在茎的基部，长 1~9.5 厘米，基部红褐色至棕褐色；叶片退化为刺芒状。花序假侧生；花多排列紧密或疏散；总苞片生于顶端，圆柱形，似茎的延伸，长 5~15 厘米；小苞片 2 枚，三角状卵形，长 1~1.2 毫米，宽约 0.9 毫米；花淡绿色；花被片卵状披针形，长 2~3 毫米，宽约 0.9 毫米，顶端锐尖；雄蕊 3，比花被片稍短；花丝长于花药，花药长圆形，黄色，长约 0.8 毫米；子房 1 室，三隔膜发育不完全，侧膜胎座呈半月形；花柱极短；柱头 3 分叉，长约 0.8 毫米。蒴果通常卵形，顶端钝，成熟时黄褐色至棕褐色。种子斜倒卵形，长 0.5~0.7 毫米，棕褐色。花期 5—7 月，果期 6—9 月。

*生境：生于海拔 560~1700 米的阴湿山坡、山沟、林下、湿草地。

*分布：四川广布。

枯灯心草

Juncus sphacelatus Decne.

灯心草科 Juncaceae / 灯心草属 *Juncus*

＊形态描述：多年生草本。高 17~56 厘米。根状茎粗，横走。茎直立，粗壮，圆柱形。叶基生和茎生，基生叶 2~3 枚，叶鞘松弛抱茎；茎生叶 1~2 枚。花序顶生，由 2~5（8）个头状花序组成聚伞状花序，花序梗从基部分枝，常 2~3 个，长者顶端再分枝；头状花序半球形至近球形，有 5~7 朵花；叶状总苞片线状披针形，每个花序梗基部具苞片 1 枚，头状花序下具苞片数枚；花具梗；花被片披针形，膜质，栗褐色至黑褐色；雄蕊 6；花药淡黄色；花丝线形，扁平，下部黄褐色，上部白色，透明；子房椭圆形，长 3~5 毫米；花柱长 1.5~2 毫米，柱头线形，3 分叉，长 2~3 毫米。蒴果三棱状长圆形，长 6~8 毫米。种子椭圆形，长 0.7~0.9 毫米，顶端和基部具白色附属物。花期 7—8 月，果期 8—9 月。

＊生境：生于海拔 3300~4800 米的山坡、沟旁或河边湿地。

＊分布：四川西部广布。

▲ 莎草科 Cyperaceae

华扁穗草

Blysmus sinocompressus Tang et Wang

莎草科 Cyperaceae / 扁穗草属 *Blysmus*

＊**形态描述**：多年生草本。有长的匍匐根状茎，有节，节上生根，鳞片黑色；秆近于散生，扁三棱形，具槽，中部以下生叶，基部有老叶鞘，高 5~20（26）厘米。叶平张，边略内卷并有疏而细的小齿；叶舌很短，白色，膜质。苞片叶状，一般高出花序；小苞片呈鳞片状，膜质；穗状花序 1 个，顶生，长 1.5~3 厘米，宽 6~11 毫米；小穗 3~10 个，排列成二列或近二列，最下部 1 个至数个小穗通常远离；小穗有 2~9 朵两性花；鳞片近二行排列，锈褐色，膜质，背部有 3~5 条脉，中脉呈龙骨状凸起，绿色；下位刚毛 3~6 条，卷曲，有倒刺；雄蕊 3，长 3 毫米；柱头 2，长于花柱约 1 倍。小坚果宽倒卵形，平凸状，深褐色，长 2 毫米。花果期 6—9 月。

＊**生境**：生于海拔 1000~4000 米的山溪边、河床、沼泽、草地等潮湿地区。

＊**分布**：四川西部广布。

浆果薹草

Carex baccans Nees

莎草科 Cyperaceae / 薹草属 *Carex*

　　*形态描述： 根状茎木质。秆密丛生，直立而粗壮，高 80~150 厘米，粗 5~6 毫米，三棱形，中部以下生叶。叶基生和秆生，长于秆，基部具宿存叶鞘。苞片叶状，长于花序，基部具长鞘。圆锥花序复出，长 10~35 厘米；支圆锥花序 3~8 个，单生，下部 1~3 个疏远。小苞片鳞片状，披针形，仅基部 1 个具短鞘，其余无鞘，顶端具芒；支花序柄坚挺；花序轴钝三棱柱形；小穗多数，圆柱形，长 3~6 厘米，两性，雄雌顺序；雄花部分纤细，具少数花；雌花部分具多数密生的花。雄花鳞片宽卵形，膜质；雌花鳞片宽卵形，纸质，仅具 1 条绿色中脉，边缘白色膜质。果囊倒卵状球形或近球形，成熟时鲜红色或紫红色。小坚果椭圆形，具 3 棱，成熟时褐色。花柱基部不增粗，柱头 3。花果期 8—12 月。

　　*生境： 生于海拔 200~2700 米的林边、河边及村边。

　　*分布： 四川都江堰、泸定、天全、庐山、峨眉山、普格、米易、荥经等。

木里薹草

Carex muliensis Hand. -Mazz.

莎草科 Cyperaceae / 薹草属 *Carex*

　　*形态描述：根状茎短。秆高 15~65 厘米，三棱形，基部叶鞘无叶片，棕色。叶短于秆，宽 1.5~3 毫米，平张，边缘粗糙，常反卷。苞片基部叶状，无鞘，上部刚毛状或鳞片状。小穗 3~5 个，顶生 1 个雄性，长 1.2~3 厘米，宽 3~5 毫米；侧生雌性，花密生。雄花鳞片匙形或窄长圆形，顶端圆形，长 3.5~4 毫米，中脉色淡，近顶端不明显；雌花鳞片长圆形或长卵形，顶端圆形，有时急尖，长 2.5 毫米，宽 0.8~1.3 毫米，黑紫色，中脉色淡，近顶端不明显，具窄的白色膜质边缘。果囊长于鳞片，淡褐色，上部黑紫色，密生小瘤状凸起，脉下部明显，顶端具短喙，喙口全缘。小坚果稍紧地包裹于果囊中，倒卵形，长约 2 毫米，栗色，顶端具短喙。花柱基部不膨大，柱头 2。花果期 7—8 月。

　　*生境：生于海拔 3400~4600 米的高山草甸和沼泽草甸。
　　*分布：四川西部。

日本薹草

Carex japonica Thunb.

莎草科 Cyperaceae / 薹草属 *Carex*

　　*形态描述: 根状茎短, 具细长地下匍匐茎。秆疏丛生, 扁锐三棱形。叶平张, 具两条明显的侧脉, 边缘粗糙; 具鞘。苞片叶状, 无鞘。小穗 3~4 个, 间距较长, 顶生小穗为雄小穗, 线形, 具小穗柄; 侧生小穗为雌小穗, 长圆状圆柱形或长圆形, 密生多数花。雄花鳞片披针形, 膜质, 苍白色, 具 3 条脉, 脉间为淡绿色; 雌花鳞片狭卵形, 顶端渐尖, 膜质, 苍白色或稍带淡褐色, 具 3 条脉, 脉间常呈淡绿色。果囊斜展, 椭圆状卵形或卵形, 纸质, 黄绿色或麦秆黄色, 无毛, 稍具光泽, 脉不明显, 基部急狭成宽楔形, 顶端急缩成中等长的喙, 喙口白色膜质, 具两短齿。小坚果稍疏松地包裹于果囊中, 椭圆形或倒卵状椭圆形, 具 3 棱, 淡棕色。花柱基部稍增粗, 柱头 3。花果期 5—8 月。

　　*生境: 生于海拔 1200~2000 米的林下林缘阴湿处或山谷沟旁湿地。

　　*分布: 四川中部。

　　*照片来源: 张树仁。

膨囊薹草

Carex lehmannii Drejer

莎草科 Cyperaceae / 薹草属 *Carex*

＊**形态描述**：根状茎具匍匐茎。秆纤细，三棱形，基部具紫褐色叶鞘。叶与秆近等长，平张，柔软。苞片叶状，长于花序。小穗3~5个；侧生小穗雌性，卵形或长圆形；小穗柄纤细。雌花鳞片宽卵形，顶端钝或稍尖，有1~3条脉。果囊长于鳞片1倍，倒卵形或倒卵状椭圆形，膨胀，淡黄绿色，脉明显，顶端具暗紫红色的短喙，喙口微凹或截形。小坚果倒卵形，具3棱。花柱短，柱头3。花果期7—8月。

＊**生境**：生于海拔2800~4100米的山坡草地、林中和溪边。

＊**分布**：四川西部。

＊**照片来源**：张树仁。

青藏薹草

Carex moorcroftii Falc. ex Boott

莎草科 Cyperaceae / 薹草属 *Carex*

＊**形态描述：**匍匐根状茎粗壮。秆高 7~20 厘米，三棱形，坚硬，基部具褐色分裂成纤维状的叶鞘。叶平张，革质，边缘粗糙。苞片刚毛状。小穗 4~5 个，密生，仅基部小穗稍离生；顶生 1 个雄性，长圆形至圆柱形；侧生小穗雌性，卵形或长圆形；基部小穗具短柄，其余的无柄。雌花鳞片卵状披针形，顶端渐尖。长 5~6 毫米，紫红色，具宽的白色膜质边缘。果囊等长或稍短于鳞片，椭圆状倒卵形，革质，黄绿色，上部紫色，脉不明显，顶端急缩成短喙，喙口具 2 齿。小坚果倒卵形，具 3 棱，长 2~2.3 毫米。柱头 3。花果期 7—9 月。

＊**生境：**生于海拔 3400~5700 米的高山灌丛草甸、高山草甸、湖边草地或低洼处。

＊**分布：**四川西部。

＊**照片来源：**张树仁。

小薹草

Carex parva Nees

莎草科 Cyperaceae / 薹草属 *Carex*

*形态描述：根状茎较粗壮。秆疏丛生，高 10~35 厘米，平滑，基部具褐色无叶片的鞘，秆的下部具 1 叶，秆生叶甚短于秆，平张或内卷，宽 1~1.2 毫米，平滑。小穗 1 个，顶生，长圆形，稍呈两侧压扁，长约 1 厘米，雄雌花序（极个别全为雄性）。雄花部分具多数花，长于雌花部分，雌花部分具 2~4（6）朵花。雄花鳞片长 5~7 毫米，具 3 条脉；雌花鳞片长 5~6.5 毫米，中间具 3 条脉，早脱落，基部 2 片的中脉延伸成短尖至短芒，芒长可达 7 毫米。果囊最初近直立，成熟后向下反折，披针状菱形，长 6~8 毫米（包括基部长约 1.5 毫米的海绵质），厚纸质，具多条细脉，顶端渐狭成稍长的喙。小坚果圆柱形，具 3 棱，长 3.5~4.5 毫米，具长约 1.5 毫米而埋于果囊海绵质中的短柄；柱头 3。花期 5—7 月，果期 5—8 月。

> *生境：生于海拔 2300~4400 米的林缘、山坡、沼泽及河滩湿地。
> *分布：四川西部广布。

大穗薹草

Carex rhynchophysa C. A. Mey.

莎草科 Cyperaceae / 薹草属 *Carex*

＊**形态描述**：根状茎较粗，具地下匍匐茎。秆三棱形，基部包以棕色或稍带红棕色的叶鞘。叶长于秆，平张，稍坚挺，具短的横隔节，具叶鞘；苞片叶状。小穗7~11个，上端3~7个为雄小穗，间距短，较密集，狭圆柱形；其余为雌小穗，长圆柱形，密生多数花。雄花鳞片长圆状披针形，淡黄褐色，具1条中脉；雌花鳞片长圆状披针形，顶端急尖，淡棕色或淡黄褐色，上部边缘为白色半透明，具1条中脉。果囊成熟时水平张开，黄绿色，顶端急狭成稍长的喙，喙口具两齿。小坚果倒卵形，具3棱，基部具短柄。花柱细长，常多回扭曲，基部不增粗；柱头3。花果期6—7月。

＊**生境**：生于沼泽、河边、湖边潮湿地。

＊**分布**：四川东部。

＊**照片来源**：张树仁。

风车草

Cyperus involucratus Rottboll

莎草科 Cyperaceae / 莎草属 *Cyperus*

＊**形态描述**：根状茎短，粗大，须根坚硬。秆稍粗壮，高 30~150 厘米，近圆柱状，上部稍粗糙，基部包裹无叶的鞘，鞘棕色。苞片 20 枚，长几乎相等，向四周展开，平展；多次复出长侧枝聚伞花序具多数第一次辐射枝，辐射枝最长达 7 厘米，每个第一次辐射枝具 4~10 个第二次辐射枝，最长达 15 厘米；小穗密集于第二次辐射枝上端，椭圆形或长圆状披针形，长 3~8 毫米，宽 1.5~3 毫米，压扁，具 6~26 朵花；小穗轴不具翅；鳞片以紧密的覆瓦状排列，膜质，卵形，顶端渐尖，长约 2 毫米，苍白色，具锈色斑点，或为黄褐色，具 3~5 条脉；雄蕊 3，花药线形，顶端具刚毛状附属物；花柱短，柱头 3。小坚果椭圆形，具 3 棱，长为鳞片的 1/3，褐色。花果期 8—11 月。

＊**生境**：森林、草原地区的大湖、河流边缘的沼泽中。

＊**分布**：四川广泛栽培，原产于非洲。

＊**其他信息**：常作为观赏植物。

扁穗莎草

Cyperus compressus L.

莎草科 Cyperaceae / 莎草属 *Cyperus*

　　*形态描述：丛生草本。根为须根。秆稍纤细，锐三棱形，基部具较多叶。叶短于秆，或与秆几乎等长，折合或平张，灰绿色；叶鞘紫褐色。苞片 3~5 枚，叶状，长于花序；长侧枝聚伞花序简单，具（1）2~7 个辐射枝，辐射枝最长达 5 厘米；穗状花序近于头状；花序轴很短，具 3~10 个小穗；小穗排列紧密，斜展，线状披针形，近于四棱形，具 8~20 朵花；鳞片呈紧密的覆瓦状排列，稍厚，卵形，顶端具稍长的芒，长约 3 毫米，背面具龙骨状凸起，中间较宽部分为绿色，两侧苍白色或麦秆色，有时有锈色斑纹，脉 9~13 条；雄蕊 3，花药线形，药隔突出于花药顶端；花柱长，柱头 3，较短。小坚果倒卵形，具 3 棱，侧面凹陷，长约为鳞片的 1/3，深棕色，表面具密的细点。花果期 7—12 月。

　　*生境：多生于空旷的田野或湿草地。

　　*分布：四川低海拔地区广布。

砖子苗

Cyperus cyperoides (L.) Kuntze

莎草科 Cyperaceae / 莎草属 *Cyperus*

＊**形态描述**：根状茎短。秆疏丛生，高 10~50 厘米，锐三棱形，平滑，基部膨大，具稍多叶。叶短于秆，或与秆几乎等长，宽 3~6 毫米，下部常折合，向上渐成平张；叶鞘褐色或红棕色。叶状苞片 5~8 枚，通常长于花序，斜展；长侧枝聚伞花序简单，具 6~12 个或更多辐射枝，辐射枝长短不等；穗状花序圆筒形或长圆形，长 10~25 毫米，宽 6~10 毫米，具多数密生的小穗；小穗长 3~5 毫米，宽约 0.7 毫米，具 1~2 个小坚果；小穗轴具宽翅，翅披针形，白色透明；鳞片膜质，长圆形，顶端钝，无短尖，长约 3 毫米，边缘常内卷，淡黄色或绿白色，背面具多数脉，中间 3 条脉明显，绿色；雄蕊 3，花药线形，药隔稍突出；花柱短，柱头 3，细长。小坚果狭长圆形，具 3 棱，长约为鳞片的 2/3。花果期 4—10 月。

＊**生境**：常生于山坡阳处、路旁草地、河边。

＊**分布**：四川除西部地区外广布。

异型莎草

Cyperus difformis L.

莎草科 Cyperaceae / 莎草属 *Cyperus*

*形态描述：一年生草本。根为须根。秆丛生，稍粗或细弱，高 2~65 厘米，扁三棱形，平滑。叶短于秆，宽 2~6 毫米，平张或折合；叶鞘稍长，褐色。苞片 2 枚，少数 3 枚，叶状，长于花序；长侧枝聚伞花序简单，少数为复出，具 3~9 个辐射枝，辐射枝长短不等，最长达 2.5 厘米，或有时近于无花梗；头状花序球形，具极多数小穗，直径 5~15 毫米；小穗密聚，披针形或线形，长 2~8 毫米，宽约 1 毫米，具 8~28 朵花；小穗轴无翅；鳞片排列稍松，膜质，近于扁圆形，顶端圆，长不及 1 毫米，中间淡黄色，两侧深红紫色或栗色，边缘具白色透明的边，具 3 条不太明显的脉；雄蕊 2，有时 1，花药椭圆形；花柱极短，柱头 3。小坚果倒卵状椭圆形，具 3 棱，几乎与鳞片等长，淡黄色。花果期 7—10 月。

*生境：常生于稻田中或水边潮湿处。

*分布：四川低海拔地区广布。

碎米莎草

Cyperus iria L.

莎草科 Cyperaceae / 莎草属 *Cyperus*

＊形态描述：一年生草本。无根状茎，具须根。秆丛生，高 8~85 厘米，扁三棱形，基部具少数叶，叶短于秆，叶鞘红棕色或棕紫色。叶状苞片 3~5 枚，下面的 2~3 枚常较花序长；长侧枝聚伞花序复出，具 4~9 个辐射枝，每个辐射枝具 5~10 个穗状花序，有时更多；穗状花序卵形或长圆状卵形，长 1~4 厘米，具 5~22 个小穗；小穗排列松散，斜展，长圆形、披针形或线状披针形，压扁，长 4~10 毫米，宽约 2 毫米，具 6~22 朵花；鳞片排列疏松，膜质，宽倒卵形，顶端微缺，具极短的短尖，不突出于鳞片的顶端，背面具龙骨状凸起，绿色，有 3~5 条脉，两侧呈黄色或麦秆黄色，上端具白色透明的边；雄蕊 3，花药短，椭圆形；花柱短，柱头 3。小坚果倒卵形或椭圆形，具 3 棱，与鳞片等长，褐色。花果期 6—10 月。

＊生境：生于田间、山坡、水边、路旁阴湿处。

＊分布：四川低海拔地区广布，为一种常见的杂草。

具芒碎米莎草

Cyperus microiria Steud.

莎草科 Cyperaceae / 莎草属 *Cyperus*

＊**形态描述**：一年生草本。具须根。秆丛生，高 20~50 厘米，稍细，锐三棱形，平滑，基部具叶。叶短于秆，宽 2.5~5 毫米，平张；叶鞘红棕色，表面稍带白色。叶状苞片 3~4 枚，长于花序；长侧枝聚伞花序复出或多次复出，稍密或疏展，具 5~7 个辐射枝，辐射枝长短不等，最长达 13 厘米；穗状花序卵形、宽卵形或近三角形，长 2~4 厘米，宽 1~3 厘米，具多数小穗；小穗排列稍稀，斜展，线形或线状披针形，长 6~15 毫米，宽约 1.5 毫米，具 8~24 朵花；小穗轴直，具白色透明的狭边；鳞片排列疏松，膜质，宽倒卵形，顶端圆，长约 1.5 毫米，麦秆黄色或白色，背面具龙骨状凸起，绿色，具 3~5 条脉，中脉延伸出顶端呈短尖；雄蕊 3，花药长圆形；花柱极短，柱头 3。小坚果倒卵形，具 3 棱，几乎与鳞片等长，深褐色，具密的微凸起细点。花果期 8—10 月。

＊**生境**：生于河岸边、路旁或草原湿处。

＊**分布**：四川低海拔地区广布。

香附子

Cyperus rotundus L.

莎草科 Cyperaceae / 莎草属 *Cyperus*

*形态描述：匍匐根状茎长，具椭圆形块茎。秆稍细弱，高 15~95 厘米，锐三棱形，平滑，基部呈块茎状。叶较多，短于秆，宽 2~5 毫米，平张；鞘棕色，常裂成纤维状。叶状苞片 2~3（5）枚；长侧枝聚伞花序简单或复出，具（2）3~10 个辐射枝；穗状花序轮廓为陀螺形，稍疏松，具 3~10 个小穗；小穗斜展，线形，长 1~3 厘米，宽约 1.5 毫米，具 8~28 朵花；小穗轴具较宽的、白色透明的翅；鳞片以稍密的覆瓦状排列，膜质，卵形或长圆状卵形，长约 3 毫米，顶端急尖或钝，无短尖，中间绿色，两侧紫红色或红棕色，具 5~7 条脉；雄蕊 3，花药长，线形，暗血红色，药隔突出于花药顶端；花柱长，柱头 3，细长，伸出鳞片外。小坚果长圆状倒卵形，具 3 棱，长为鳞片的 1/3~2/5，具细点。花果期 5—11 月。

*生境：生于山坡荒地草丛中或水边潮湿处。

*分布：四川广布。

*其他信息：根茎可药用。

夏飘拂草

Fimbristylis aestivalis (Retz.) Vahl

莎草科 Cyperaceae / 飘拂草属 *Fimbristylis*

*形态描述：无根状茎。秆密丛生，扁三棱形。叶短于秆，丝状，平张，边缘稍内卷，两面被疏柔毛；叶鞘短，棕色，外面被长柔毛。苞片3~5枚，短于或等长于花序，丝状，被疏硬毛；长侧枝聚伞花序复出，疏散，具3~7个辐射枝；小穗单生于第一次或第二次辐射枝顶端，卵形、长圆状卵形或披针形，具多数花；鳞片以稍密的螺旋状排列，膜质，卵形或长圆形，顶端圆，具短尖，红棕色，长约1毫米，背面具绿色的龙骨状凸起，具3条脉；雄蕊1，花药披针形，药隔突出于花药顶端，红色；花柱长而扁平，基部膨大，上部具缘毛，柱头2，较短。小坚果倒卵形，双凸状，黄色，基部近无柄，表面近平滑，有时具不太明显的六角形网纹。花果期5—8月。

*生境：生于海拔1800~2200米的荒草地、沼地及稻田。

*分布：四川西昌。

*照片来源：张树仁。

复序飘拂草

Fimbristylis bisumbellata (Forsk.) Bubani

莎草科 Cyperaceae / 飘拂草属 *Fimbristylis*

＊**形态描述**：一年生草本。无根状茎，具须根。秆密丛生，扁三棱形。叶短于秆，顶端边缘具小刺；叶鞘短，黄绿色，具绣色斑纹，被白色长柔毛。叶状苞片2~5枚，线形；长侧枝聚伞花序复出或多次复出，松散，具4~10个辐射枝；辐射枝纤细，最长达4厘米；小穗单生于第一次或第二次辐射枝顶端，长圆状卵形、卵形或长圆形，顶端急尖，具10~20朵花；鳞片以稍紧密的螺旋状排列，膜质，宽卵形，棕色，背面具绿色龙骨状凸起，具3条脉；雄蕊1~2，花药长圆状披针形，药隔稍突出；花柱长而扁，基部膨大，具缘毛，柱头2。小坚果宽倒卵形，双凸状，长约0.8毫米，黄白色，基部具极短的柄。花果期7—9月。

＊**生境**：生于河边、沟旁、山溪边、沙地或沼地。

＊**分布**：四川泸定、遂宁、米易、金阳。

水虱草

Fimbristylis littoralis Gaudich

莎草科 Cyperaceae / 飘拂草属 *Fimbristylis*

*形态描述：一年生草本。秆丛生，高 10~60 厘米，扁四棱形，基部有 1~3 枚无叶片的鞘。叶条形，侧扁，与秆几乎等长，宽 1.5~2 毫米；叶鞘侧扁，背面呈锐龙骨状凸起，无叶舌。苞片 2~4 枚，刚毛状，基部较宽，短于花序；长侧枝聚伞花序 1 次至多次复出；辐射枝 3~6 条，长 0.8~5 厘米；小穗单生于辐射枝顶端，近球形，长 1.5~5 毫米，宽约 2 毫米；鳞片卵形，长约 1 毫米，栗色，背面有龙骨状凸起，具 3 条脉；雄蕊 2；花柱三棱形，基部稍膨大，无缘毛，柱头 3。小坚果倒卵形或宽倒卵形，有 3 钝棱，长约 1 毫米，具疣状凸起和横矩圆形网纹。花果期 7—10 月。

*生境：生于水边、潮湿地。

*分布：四川遂宁、西昌、布拖、雷波、隆德、昭化、荥经、万源。

水莎草

Cyperus serotinus Rottb.

莎草科 Cyperaceae / 莎草属 *Cyperus*

＊形态描述：多年生草本，散生。根状茎长。秆粗壮，扁三棱形，平滑。叶片少，平滑，基部折合，上面平张，背面中肋呈龙骨状凸起。苞片常3枚，叶状；复出长侧枝聚伞花序具4~7个第一次辐射枝；辐射枝向外展开。每一条辐射枝上具1~3个穗状花序，每一个穗状花序具5~17个小穗；花序轴被疏的短硬毛；小穗排列稍松，几乎平展，披针形或线状披针形，具10~34朵花；小穗轴具白色透明的翅；鳞片初期排列紧密；雄蕊3，花药线形，药隔暗红色；花柱很短，柱头2，细长，具暗红色斑纹。小坚果椭圆形或倒卵形，平凸状，长约为鳞片的4/5，棕色，稍有光泽，具凸起的细点。花果期7—10月。

＊生境：生于浅水中。

＊分布：四川偶见。

＊照片来源：张树仁。

荸荠

Eleocharis dulcis (N. L. Burman) Trinius ex Henschel

莎草科 Cyperaceae / 荸荠属 *Eleocharis*

***形态描述**：有细长的匍匐根状茎，在匍匐根状茎的顶端生块茎，俗叶荸荠。秆多数，丛生，直立，圆柱状。鞘近膜质，绿黄色、紫红色或褐色。小穗顶生，圆柱状，淡绿色，顶端钝或近急尖，有多数花，在小穗基部有 2 片鳞片中空无花，抱小穗基部一周；其余鳞片全有花，以松散的覆瓦状排列，宽长圆形或卵状长圆形，顶端钝圆；下位刚毛 7 条，较小坚果长 1.5 倍，有倒刺；柱头 3。小坚果宽倒卵形，双凸状，顶端不缢缩，成熟时棕色，光滑，稍黄微绿色，表面细胞呈四角形至六角形。花柱基从宽的基部急骤变狭变扁而呈三角形，不为海绵质，基部具领状的环，宽约为小坚果的 1/2。花果期 5—10 月。

***生境**：生于浅水中。

***分布**：四川广布。

***照片来源**：张树仁。

具刚毛荸荠

Eleocharis valleculosa var. *setosa* Ohwi

莎草科 Cyperaceae / 荸荠属 *Eleocharis*

　　*形态描述：有匍匐根状茎。秆多数或少数，单生或丛生，圆柱状。在秆的基部有 1~2 个长叶鞘，鞘膜质，鞘的下部紫红色，鞘口平，高 3~10 厘米。小穗长圆状卵形或线状披针形，少有椭圆形和长圆形，有多数或极多数密生的两性花；在小穗基部有 2 片鳞片中空无花，抱小穗基部的 1/2~2/3 周以上；其余鳞片全有花，卵形或长圆状卵形，顶端钝，长 3 毫米，宽 1.7 毫米，背部淡绿色或苍白色，有 1 条脉，两侧狭，淡血红色，边缘很宽，白色，干膜质；下位刚毛 4 条，其长明显超过小坚果，淡锈色，略弯曲，不向外展开，具密的倒刺；柱头 2。小坚果圆倒卵形，双凸状，长 1 毫米，宽大致相同，淡黄色。花柱基为宽卵形，长为小坚果的 1/3，宽约为小坚果的 1/2，海绵质。花果期 6—8 月。

　　*生境：生于浅水中。

　　*分布：四川广布。

牛毛毡

Eleocharis yokoscensis (Franchet & Savatier) Tang & F. T. Wang

莎草科 Cyperaceae / 荸荠属 *Eleocharis*

＊**形态描述:** 匍匐根状茎非常细。秆多数,密丛生如牛毛毡,因而有此俗名。叶鳞片状,具鞘,鞘微红色,膜质,管状。小穗卵形,顶端钝,淡紫色,只有几朵花,所有鳞片全有花;鳞片膜质,下部的少数鳞片近二列,在基部的1片长圆形,顶端钝,背部淡绿色,具3条脉,两侧微紫色,边缘无色,抱小穗基部1周;其余鳞片卵形,顶端急尖,背部微绿色,具1条脉,两侧紫色,边缘无色,全部膜质;下位刚毛1~4条,长为小坚果的2倍,有倒刺;柱头3。小坚果狭长圆形,无棱,呈浑圆状,顶端缢缩,微黄色,表面细胞呈横矩形网纹,网纹隆起,细密,整齐。花柱基稍膨大呈短尖状。花果期4—11月。

＊**生境:** 多半生于海拔0~3000米的水田中、池塘边或湿黏土中。

＊**分布:** 四川天全、遂宁、武隆、盐亭、红原、木里、峨眉山、巴县、成都。

＊**照片来源:** 张树仁。

喜马拉雅嵩草

Kobresia royleana (Nees) Bocklr.

莎草科 Cyperaceae / 嵩草属 *Kobresia*

　　＊形态描述： 根状茎短或稍延长。秆密丛生或疏丛生，基部的宿存叶鞘深褐色。叶短于秆，平张。圆锥花序紧缩成穗状，卵形、卵状长圆形或椭圆形；苞片鳞片状；小穗 10 余个，密生，长圆形；支小穗多数，顶生的数个雄性，在基部 1 朵雌花上具 1~3 朵雄花；鳞片卵状长圆形或长圆状披针形，顶端渐尖或钝，纸质，两侧淡褐色、褐色或深褐色，具宽的白色膜质边缘，中间绿色，具 3 条脉；先出叶长圆形，与鳞片几乎等长，膜质，淡褐色至深褐色，腹面边缘分离几乎至基部，背面具稍粗糙的 2 脊，脊间具数条细脉或脉不明显。小坚果长圆形或倒卵状长圆形，具 3 棱，成熟时淡灰褐色，有光泽。花柱基部不增粗，柱头 3，极少 2。花果期 7—9 月。

　　＊生境： 生于海拔 3700~5300 米的高山草甸、高山灌丛草甸、沼泽草甸、河漫滩等。

　　＊分布： 四川西部、西南部。

　　＊照片来源： 张树仁。

西藏嵩草

Kobresia tibetica Maximowicz

莎草科 Cyperaceae / 嵩草属 *Kobresia*

＊**形态描述**：根状茎短。秆密丛生，纤细，稍坚挺，钝三棱形，基部具褐色至褐棕色的宿存叶鞘。叶短于秆，丝状，柔软，宽不及 1 毫米，腹面具沟。穗状花序椭圆形或长圆形；小穗多数，密生，顶生的雄性，在基部雌花上具 3~4 朵雄花。鳞片长圆形或长圆状披针形，顶端圆形，无短尖，膜质，背部淡褐色、褐色至栗褐色，两侧及上部均为白色透明的薄膜质，具 1 条中脉。先出叶长圆形或卵状长圆形，长 2.5~3.5 毫米，膜质，淡褐色，在腹面边缘分离几乎至基部，背面无脊无脉，顶端截形或微凹。小坚果椭圆形、长圆形或倒卵状长圆形，长 2.3~3 毫米，成熟时暗灰色，有光泽，基部几乎无柄，顶端骤缩成短喙。花柱基部微增粗，柱头 3。花果期 5—8 月。

＊**生境**：生于海拔 3000~4600 米的河滩地、湿润草地、高山灌丛草甸。

＊**分布**：四川西部。

＊**照片来源**：张树仁。

短轴嵩草

Kobresia vidua (Boott ex C. B. Clarke) Kükenth.

莎草科 Cyperaceae / 嵩草属 *Kobresia*

　　＊**形态描述**：根状茎短。秆密丛生，直立，坚挺，钝三棱形，平滑，基部
具褐色或暗褐色的老叶鞘。叶短于秆，线形，腹面具沟，边缘粗糙。穗状花序
单性，雌雄异株；雄花序椭圆形；雌花序圆柱形。雄花鳞片线状长圆形，内有
雄蕊 3；雌花鳞片卵形或长圆形，两侧褐色或栗褐色，具狭状白色膜质边缘。先
出叶囊状，长圆形或椭圆形，纸质。小坚果倒卵状长圆形或长圆形，扁三棱形，
长 2~3.8 毫米，成熟时淡褐色，表面有微小凸起，基部几乎无柄，上部收缩成
长喙，不伸出或略伸出先出叶之外。花柱基部不增粗，柱头 3。退化小穗轴较短，
长为小坚果的 1/3 或 1/4。花果期 5—9 月。

　　＊**生境**：生于海拔 3000~5100 米的湿润草地、沼泽草甸及高山灌丛草甸。

　　＊**分布**：四川西部、西南部。

　　＊**照片来源**：张树仁。

短叶水蜈蚣

Kyllinga brevifolia Rottb.

莎草科 Cyperaceae / 水蜈蚣属 *Kyllinga*

＊**形态描述**：多年生草本。匍匐根状茎长，被褐色鳞片，每节上生 1 秆。秆成列散生，细弱，高 7~20 厘米，扁三棱形，基部具 4~5 个叶鞘，上面 2~3 个叶鞘顶端具叶片。叶短于或长于秆，宽 2~4 毫米。叶状苞片 3 枚，后期反折；穗状花序单一，近球形，长 5~10 毫米，宽 4.5~10 毫米；小穗极多数，矩圆状披针形，扁，长约 3 毫米，宽 0.8~1 毫米，有 1 朵花；鳞片白色具锈斑，长 2.8~3 毫米，龙骨状凸起，绿色，具刺，顶端具外弯的短尖；具 5~7 条脉；柱头 2。小坚果倒卵状矩圆形，扁双凸状，长为鳞片的 1/2，具密细点。花果期 5—9 月。

＊**生境**：生于海拔 600 米以下的山坡荒地、路旁草丛、田边草地、溪边、海边沙滩。

＊**分布**：四川低海拔地区广布。

矮球穗扁莎

Pycreus flavidus var. *minimus* (Kukenthal) L. K. Dai

莎草科 Cyperaceae / 扁莎属 *Pycreus*

***形态描述**：根状茎短，具须根。秆丛生，高 7~50 厘米，钝三棱形，一面具沟。叶少，短于秆；叶鞘长，下部红棕色。苞片 2~4 枚，细长，较长于花序；简单长侧枝聚伞花序具 1~6 个辐射枝，辐射枝长短不等，最长达 6 厘米，有时极短缩成头状；每一个辐射枝具 2~20 个小穗；小穗密聚于辐射枝上端呈球形，辐射展开，极压扁，具 12~34（66）朵花；小穗轴近四棱形；鳞片稍疏松排列，膜质，长圆状卵形，顶端钝，背面龙骨状凸起，绿色；具 3 条脉；两侧黄褐色、红褐色或暗紫红色，具白色透明的狭边；雄蕊 2，花药短，长圆形；花柱中等长，柱头 2，细长。小坚果倒卵形，顶端有短尖，双凸状，稍扁，长约为鳞片的 1/3，褐色或暗褐色，具白色透明、有光泽的细胞层和微凸起的细点。花果期 6—11 月。

***生境**：生于田边、沟旁潮湿处或溪边湿润的沙土。

***分布**：四川广布。

刺子莞

Rhynchospora rubra (Lour.) Makino

莎草科 Cyperaceae / 刺子莞属 *Rhynchospora*

　　*形态描述：根状茎极短。秆丛生，直立，圆柱状，具细条纹。叶基生，叶片狭长，钻状线形，纸质，向顶端渐狭，顶端稍钝，三棱形，稍粗糙。苞片4~10枚，叶状；头状花序顶生，球形，棕色，具多数小穗；小穗钻状披针形，有光泽，具鳞片7~8枚，有2~3朵花；鳞片卵状披针形至椭圆状卵形，有花鳞片较无花鳞片大，棕色，背面具隆起的中脉，上部几乎呈龙骨状，顶端钝或急尖，具短尖，最上面1枚或2枚鳞片具雄花，其下1枚为雌花；雄蕊2或3，花丝短于或微露出鳞片外，花药线形，药隔突出于顶端；花柱细长，基部膨大，柱头2，很短。小坚果宽或狭倒卵形，双凸状，近顶端被短柔毛，上部边缘具细缘毛，成熟后为黑褐色，表面具细点；宿存花柱基短小，三角形。花果期5—11月。

　　*生境：能生长在各种环境下。
　　*分布：四川广布。
　　*照片来源：张树仁。

萤蔺

Schoenoplectus juncoides (Roxburgh) Palla

莎草科 Cyperaceae / 水葱属 *Schoenoplectus*

*形态描述: 丛生,根状茎短,具许多须根。秆稍坚挺,圆柱状,少数有棱角,平滑,基部具 2~3 个叶鞘;无叶片。苞片 1 枚,为秆的延长,直立,长 3~15 厘米;小穗(2)3~5(7)个聚成头状,假侧生,卵形或长圆状卵形,长 8~17 毫米,宽 3.5~4 毫米,具多数花;鳞片宽卵形或卵形,顶端骤缩成短尖,近纸质,背面绿色,具 1 条中肋,两侧棕色或具深棕色条纹;下位刚毛 5~6 条,长等于或短于小坚果,有倒刺;雄蕊 3,花药长圆形,药隔突出;花柱中等长,柱头 2,极少 3。小坚果宽倒卵形或倒卵形,平凸状,长约 2 毫米或更长,稍皱缩,但无明显的横皱纹,成熟时黑褐色,具光泽。花果期 8—11 月。

*生境: 生于海拔 300~2000 米的路旁、荒地潮湿处,或水田边、池塘边、溪旁、沼泽中。

*分布: 四川广布。

水毛花

Schoenoplectiella mucronata (L.) J. Jung & H. K. Choi

莎草科 Cyperaceae / 水葱属 *Schoenoplectus*

*形态描述：根状茎粗短，无匍匐根状茎，具细长须根。秆丛生，稍粗壮，高 50~120 厘米，锐三棱形，基部具 2 个叶鞘，鞘棕色，长 7~23 厘米，顶端呈斜截形，无叶片。苞片 1 枚，为秆的延长，直立或稍展开，长 2~9 厘米；小穗（2）5~9（20）聚集成头状，假侧生，卵形、长圆状卵形、圆筒形或披针形，顶端钝圆或近于急尖，长 8~16 毫米，宽 4~6 毫米，具多数花；鳞片卵形或长圆状卵形，顶端急缩成短尖，近于革质，长 4~4.5 毫米，淡棕色，具红棕色短条纹，背面具 1 条脉；下位刚毛 6 条，有倒刺；雄蕊 3，花药线形，长 2 毫米或更长，药隔稍突出；花柱长，柱头 3。小坚果倒卵形或宽倒卵形，长 2~2.5 毫米，成熟时暗棕色，具光泽，稍有皱纹。花果期 5—8 月。

*生境：生于水塘边、沼泽地、溪边牧草地、湖边等。

*分布：四川广布。

三棱水葱

Schoenoplectus triqueter (L.) Palla

莎草科 Cyperaceae / 水葱属 *Schoenoplectus*

＊**形态描述**：匍匐根状茎长。秆散生，粗壮，高 20~90 厘米，三棱形，基部具 2~3 个鞘，鞘膜质，最上一个鞘顶端具叶片。叶片扁平，长 1.3~5.5（8）厘米，宽 1.5~2 毫米。苞片 1 枚，为秆的延长，三棱形，长 1.5~7 厘米。简单长侧枝聚伞花序，花序假侧生，有 1~8 个辐射枝；辐射枝三棱形，每个辐射枝顶端有 1~8 个簇生的小穗；小穗卵形或长圆形，密生许多花；鳞片长圆形、椭圆形或宽卵形，顶端微凹或圆形，长 3~4 毫米，膜质，背面具 1 条中肋，稍延伸出顶端呈短尖，边缘疏生缘毛；下位刚毛 3~5 条，全长都生有倒刺；雄蕊 3，花药线形，药隔暗褐色，稍突出；花柱短，柱头 2，细长。小坚果倒卵形，平凸状，长 2~3 毫米。花果期 6—9 月。

＊**生境**：生于海拔 2000 米以下的水沟、水塘、山溪边或沼泽地。

＊**分布**：四川低海拔地区广布。

＊**其他信息**：常用于水面绿化或岸边、池旁点缀。

水葱

Schoenoplectus tabernaemontani (C. C. Gmelin) Palla

莎草科 Cyperaceae / 水葱属 *Schoenoplectus*

＊**形态描述**：多年生草本。具粗壮匍匐根状茎。秆单生，粗壮，高 1~2 米，圆柱形。叶鞘管状，仅最上部的 1 个具叶片；叶片条形，长 1.5~11 厘米。苞片 1 枚，直立，钻形，为秆的延长，短于花序；长侧枝聚伞花序有 4~13 个或更多辐射枝；辐射枝长 5 厘米，每个辐射枝有 1~3 个小穗；小穗卵形或矩圆形，长 5~10 毫米，宽 2~3.5 毫米，有多数花；鳞片椭圆形或宽卵形，长约 3 毫米，棕色或紫褐色，有锈色小凸起，先端微缺，有芒；下位刚毛 6 条，与小坚果几乎等长，有倒刺；雄蕊 3；柱头 3 或 2，长于花柱。小坚果平滑，倒卵形或椭圆形，长约 2 毫米。花果期 8—9 月。

＊**生境**：生于湖边或浅水塘。

＊**分布**：四川广布。

＊**其他信息**：水葱在景观中主要作后景材料，其茎秆可作插花线条材料，也用作造纸或编织草席、草包的材料。

双柱头针蔺

Trichophorum distigmaticum (Kük.) T. V. Egorova

莎草科 Cyperaceae / 蔺藨草属 *Trichophorum*

＊**形态描述**：植株矮小，具细长匍匐根状茎。秆纤细，高 10~25 厘米，近圆柱状，平滑，无秆生叶，具基生叶。叶片刚毛状，最长达 18 毫米；叶鞘长于叶片，长达 25 毫米，棕色，最下部 2~3 个仅有叶鞘而无叶片。花单性，雌雄异株；小穗单一，顶生，卵形，长约 5 毫米，宽 2.5~3 毫米，具少数花；鳞片卵形，顶端钝，薄膜质，长约 3.5 毫米，麦秆黄色，半透明，具光泽，或有时下部边缘呈白色，上部为棕色；无下位刚毛；具 3 个不发育的雄蕊；花柱长，柱头 2，外被乳头状小凸起。小坚果宽倒卵形，平凸状，长约 2 毫米，成熟时呈黑色。花果期 7—8 月。

＊**生境**：生于沼泽草甸。

＊**分布**：四川西北部。

＊**照片来源**：张树仁。

◢ 禾本科 Poaceae

看麦娘

Alopecurus aequalis Sobol.

禾本科 Poaceae / 看麦娘属 *Alopecurus*

＊**形态描述**：一年生草本。秆少数丛生，细瘦，光滑，节处常膝曲，高 15~40 厘米。叶鞘光滑，短于节间；叶舌膜质，长 2~5 毫米；叶片扁平，长 3~10 厘米，宽 2~6 毫米。圆锥花序圆柱状，灰绿色，长 2~7 厘米，宽 3~6 毫米；小穗椭圆形或卵状长圆形，长 2~3 毫米；颖膜质，基部互相连合，具 3 条脉，脊上有细纤毛，侧脉下部有短毛；外稃膜质，先端钝，等大或稍长于颖，下部边缘互相连合，芒长 1.5~3.5 毫米，于稃体下部约 1/4 处伸出，隐藏或稍外露；花药橙黄色，长 0.5~0.8 毫米。颖果长约 1 毫米。花果期 4—8 月。

＊**生境**：生于海拔较低的田边及潮湿处。

＊**分布**：四川广布。

荩草

Arthraxon hispidus (Thunb.) Makino

禾本科 Poaceae / 荩草属 *Arthraxon*

  *形态描述：一年生草本。秆细弱，基部节着地易生根。叶鞘短于节间，生短硬疣毛；叶舌膜质，边缘具纤毛；叶片卵状披针形，基部心形，抱茎，除下部边缘生疣基毛外，其余均无毛。总状花序细弱，2~10 枚呈指状排列或簇生于秆顶。无柄小穗卵状披针形，灰绿色或带紫色；第一颖草质，边缘膜质；第二颖近膜质，与第一颖等长，舟形，脊上粗糙；第一外稃长圆形，透明膜质；第二外稃与第一外稃等长，透明膜质，近基部伸出一膝曲的芒；雄蕊 2；花药黄色或带紫色。颖果长圆形，与稃体等长。有柄小穗退化仅到针状刺，柄长 0.2~1 毫米。花果期 9—11 月。

  *生境：生于山坡、草地阴湿处。

  *分布：四川广布。

芦竹

Arundo donax L.

禾本科 Poaceae / 芦竹属 *Arundo*

＊**形态描述**：多年生。具发达根状茎。秆粗大直立，高 3~6 米，直径（1）1.5~2.5（3.5）厘米，坚韧，具多数节，常生分枝。叶鞘长于节间，无毛或颈部具长柔毛；叶舌截平，长约 1.5 毫米，先端具短纤毛；叶片扁平，长 30~50 厘米，宽 3~5 厘米，上面与边缘微粗糙，基部白色，抱茎。圆锥花序极大型，长 30~60（90）厘米，宽 3~6 厘米，分枝稠密，斜升；小穗长 10~12 毫米；含 2~4 朵小花，小穗轴节长约 1 毫米；外稃中脉延伸成 1~2 毫米的短芒，背面中部以下密生长柔毛，毛长 5~7 毫米，基盘长约 0.5 毫米，两侧上部具短柔毛，第一外稃长约 1 厘米；内稃长约为外稃的一半；雄蕊 3。颖果细小，黑色。花果期 9—12 月。

＊**生境**：生于河岸道旁、砂质土壤中。

＊**分布**：四川低海拔地区广布。

＊**其他信息**：观赏植物，南方各地庭院引种栽培。

菵草

Beckmannia syzigachne (Steud.) Fern.

禾本科 Poaceae / 菵草属 *Beckmannia*

＊**形态描述**：一年生。秆直立，高 15~90 厘米，具 2~4 节。叶鞘无毛，多长于节间；叶舌透明膜质，长 3~8 毫米；叶片扁平，长 5~20 厘米，宽 3~10 毫米，粗糙或下面平滑。圆锥花序长 10~30 厘米，分枝稀疏，直立或斜升；小穗扁平，圆形，灰绿色，常含 1 朵小花，长约 3 毫米；颖草质；边缘质薄，白色，背部灰绿色，具淡色横纹；外稃披针形，具 5 条脉，常具伸出颖外的短尖头；花药黄色，长约 1 毫米。颖果黄褐色，长圆形，长约 1.5 毫米，先端具丛生短毛。花果期 4—10 月。

＊**生境**：生于海拔 3700 米以下的湿地、水沟边及浅流水中。

＊**分布**：四川广布。

＊**其他信息**：为常见杂草，也可药用或者饲用。

水生薏苡

Coix aquatica Roxb.

禾本科 Poaceae / 薏苡属 *Coix*

＊**形态描述**：多年生草本。秆高达 3 米，直径约 1 厘米，具 10 余节，下部横卧，并于节处生根；叶鞘松驰，较短于其节间，平滑无毛或上部被疣基糙毛；叶舌长约 1 毫米，顶端具纤毛；叶片线状披针形，长 20~70 厘米，基部圆形，宽 1~3 厘米，两面遍布疣基柔毛，边缘粗糙，中脉粗厚，上面稍凹而在下面隆起。总状花序腋生，具较粗的总梗。雌小穗外包以骨质总苞，总苞长 10~14 毫米，宽约 7 毫米，先端收窄成喙状；雌小穗约等长于总苞；第一颖质较厚而渐尖；雌蕊的花柱较长，伸出于总苞之外。雄性总状花序的无柄雄小穗长约 1 厘米，宽 5~6 毫米；颖草质，具多数脉，第一颖扁平，两侧具宽翼，翼边缘生纤毛，顶端 2 裂；第一外稃与内稃均为膜质；雄蕊 3，花药紫褐色，长约 4 毫米，狭窄，顶端尖；有柄雄小穗与无柄者相似，但较窄而退化。花果期 8—11 月。

＊**生境**：生于海拔 800 米以下的水中及水旁。

＊**分布**：四川成都、邛崃、峨眉山、峨边、木里等。

薏苡

Coix lacryma-jobi L.

禾本科 Poaceae / 薏苡属 *Coix*

＊**形态描述**：一年生粗壮草本。秆直立丛生，节多分枝。叶鞘短于其节间；叶舌干膜质；叶片扁平宽大，中脉粗厚。总状花序腋生成束。雌小穗位于花序下部，外面包以骨质念珠状总苞，总苞卵圆形，珐琅质，坚硬，有光泽；第一颖卵圆形，具 10 余条脉，包围着第二颖及第一外稃；第二外稃短于颖，具 3 条脉，第二内稃较小；雄蕊常退化；雌蕊具细长的柱头，从总苞的顶端伸出。颖果小，含淀粉少，常不饱满。雄小穗 2~3 对，着生于总状花序上部；无柄雄小穗长 6~7 毫米，第一颖草质，顶端钝，具多数脉，第二颖舟形；外稃与内稃膜质；第一及第二小花常具雄蕊 3，花药橘黄色；有柄雄小穗与无柄者相似。花果期 6—12 月。

＊**生境**：生于海拔 200~2000 米的湿润屋旁、池塘、河沟、山谷、溪涧或易受涝的农田等。

＊**分布**：四川广布。一般为栽培品。

＊**其他信息**：种仁入药，也可食用。

蒲苇

Cortaderia selloana (Schult.) Aschers. et Graebn.

禾本科 Poaceae / 蒲苇属 *Cortaderia*

＊形态描述：多年生草本。雌雄异株。秆高大粗壮，丛生，高 2~3 米。叶舌为一圈密生柔毛，毛长 2~4 毫米；叶片质硬，狭窄，簇生于秆基，长达 1~3 米，边缘锯齿状，粗糙。圆锥花序大而密，长 50~100 厘米，银白色至粉红色；雌花序较宽大，雄花序较狭窄；小穗含 2~3 朵小花，雌小穗具丝状柔毛，雄小穗无毛；颖质薄，细长，白色；外稃顶端延伸成长而细弱的芒。

＊生境：生于公园水边向阳处。

＊分布：四川各地公园引种栽培。

＊其他信息：栽培观赏。

狗牙根

Cynodon dactylon (L.) Pers.

禾本科 Poaceae / 狗牙根属 *Cynodon*

　　＊形态描述：低矮草本。具根茎。秆细而坚韧，下部匍匐地面蔓延很长，节上常生不定根，直立部分高 10~30 厘米，直径 1~1.5 毫米，秆壁厚，光滑无毛，有时两侧略压扁。叶鞘微具脊，无毛或有疏柔毛，鞘口常具柔毛；叶舌仅为一轮纤毛；叶片线形，长 1~12 厘米，宽 1~3 毫米，通常两面无毛。穗状花序（2）3~5（6）枚，长 2~5（6）厘米；小穗灰绿色或带紫色，长 2~2.5 毫米，仅含 1 朵小花；颖长 1.5~2 毫米，第二颖稍长，均具 1 条脉，背部成脊而边缘膜质；外稃舟形，具 3 条脉，背部明显成脊，脊上被柔毛；内稃与外稃几乎等长，具 2 条脉。鳞被上缘近截平；花药淡紫色；子房无毛，柱头紫红色。颖果长圆柱形。花果期 5—10 月。

　　生境：生于村庄附近、道旁河岸、荒地山坡。

　　分布：四川广布。

　　其他信息：为良好的固堤保土植物，常用以铺建草坪或球场。

长芒稗

Echinochloa caudata Roshev.

禾本科 Poaceae / 稗属 *Echinochloa*

　　＊**形态描述**：秆高 1~2 米。叶鞘无毛或常有疣基毛（或毛脱落仅留疣基），或仅有粗糙毛，或仅边缘有毛；叶舌缺；叶片线形，长 10~40 厘米，宽 1~2 厘米，两面无毛。圆锥花序稍下垂，长 10~25 厘米，宽 1.5~4 厘米；主轴粗糙，具棱，疏被疣基长毛；分枝密集，常再分小枝；小穗卵状椭圆形，常带紫色，长 3~4 毫米，脉上具硬刺毛，有时疏生疣基毛；第一颖三角形，长为小穗的 1/3~2/5，先端尖，具三脉；第二颖与小穗等长，顶端具长 0.1~0.2 毫米的芒，具 5 条脉；第一外稃草质，顶端具长 1.5~5 厘米的芒，具 5 条脉，脉上疏生刺毛，内稃膜质，先端具细毛，边缘具细睫毛；第二外稃革质，光亮，边缘包着同质的内稃；鳞被 2，楔形，折叠，具 5 条脉；雄蕊 3；花柱基分离。花果期夏秋季。

　　＊**生境**：多生于田边、路旁及河边湿润处。

　　＊**分布**：四川低海拔地区广布。

　　＊**其他信息**：水田主要杂草，对水稻等作物危害大。

光头稗

Echinochloa colona (L.) Link

禾本科 Poaceae / 稗属 *Echinochloa*

＊**形态描述**：一年生草本。秆直立，10~60 厘米。叶鞘压扁而背具脊，无毛；叶舌缺；叶片扁平，线形，长 3~20 厘米，宽 3~7 毫米，边缘稍粗糙。圆锥花序狭窄，长 5~10 厘米；主轴具棱，通常无疣基长毛。花序分枝长 1~2 厘米，排列稀疏，直立上升或贴向主轴，穗轴无疣基长毛或仅基部被 1~2 根疣基长毛；小穗卵圆形，长 2~2.5 毫米，具小硬毛，无芒，较规则地成四行排列于穗轴的一侧；第一颖三角形，长约为小穗的 1/2，具 3 条脉；第二颖与第一外稃等长而同形，顶端具小尖头，具 5~7 条脉，间脉常不达基部；第一小花常中性，其外稃具 7 条脉，内稃膜质，稍短于外稃，脊上被短纤毛；第二外稃椭圆形，平滑，光亮，边缘内卷，包着同质的内稃；鳞被 2，膜质。花果期夏秋季。

＊**生境**：生于田野、园圃、路边湿润地。
＊**分布**：四川广布。

稗

Echinochloa crus-galli (L.) P. Beauv.

禾本科 Poaceae / 稗属 *Echinochloa*

＊**形态描述**：一年生草本。叶鞘疏松裹秆；叶片扁平，线形。圆锥花序直立，近尖塔形；主轴具棱，粗糙或具疣基长刺毛；分枝斜上举或贴向主轴；穗轴粗糙或生疣基长刺毛；小穗卵形，长3~4毫米，脉上密被疣基刺毛，具短柄或近无柄，密集在穗轴的一侧；第一颖三角形，长为小穗的1/3~1/2；第二颖与小穗等长；第一小花通常中性，其外稃草质，上部具7条脉，脉上具疣基刺毛，顶端延伸成一粗壮的芒，内稃薄膜质；第二外稃椭圆形，平滑，光亮，成熟后变硬，顶端具小尖头。花果期夏秋季。

＊**生境**：多生于沼泽地、沟边及水稻田中。

＊**分布**：四川广布。

无芒稗

Echinochloa crus-galli var. *mitis* (Pursh) Petermann

禾本科 Poaceae / 稗属 *Echinochloa*

* 形态描述：秆高 50~120 厘米，直立，粗壮。叶片长 20~30 厘米，宽 6~12 毫米。圆锥花序直立，长 10~20 厘米，分枝斜上举而开展，常再分枝；小穗卵状椭圆形，长约 3 毫米，无芒或具极短芒，芒长常不超过 0.5 毫米，脉上被疣基硬毛。花果期 5—9 月。

* 生境：多生于水边或路边草地。

* 分布：四川广布。

* 其他信息：为常见杂草。

牛筋草

Eleusine indica (L.) Gaertn.

禾本科 Poaceae / 穇属 *Eleusine*

＊**形态描述：**一年生草本。根系极发达。秆丛生，基部倾斜，高 10~90 厘米。叶鞘两侧压扁而具脊，松弛，无毛或疏生疣毛；叶舌长约 1 毫米；叶片平展，线形，长 10~15 厘米，宽 3~5 毫米，无毛或上面被疣基柔毛。穗状花序 2~7，指状，着生于秆顶，很少单生，长 3~10 厘米，宽 3~5 毫米；小穗长 4~7 毫米，宽 2~3 毫米，含 3~6 朵小花；颖披针形，具脊，脊粗糙；第一颖长 1.5~2 毫米；第二颖长 2~3 毫米；第一外稃长 3~4 毫米，卵形，膜质，具脊，脊上有狭翼，内稃短于外稃，具 2 脊，脊上具狭翼。囊果卵形，长约 1.5 毫米，基部下凹，具明显的波状皱纹。鳞被 2，折叠，具 5 条脉。花果期 6—10 月。

＊**生境：**多生于荒芜之地及道路旁。

＊**分布：**四川广布。

卵花甜茅

Glyceria tonglensis C. B. Clarke

禾本科 Poaceae / 甜茅属 *Glyceria*

＊**形态描述：**多年生。秆直立丛生或基部匍匐，节处生根。叶鞘闭合几乎可达鞘口，光滑无毛；叶舌膜质，顶端截平或蚀齿状；叶片扁平，长 6~10 厘米，宽 2~3.5（5）毫米，常直立。圆锥花序紧缩或稍开展，长 10~20 厘米，下部各节具 2~4 分枝；基部主枝长达 8.5 厘米；小穗灰绿色，顶端稍带紫褐色，含（4）5~8 朵小花，长 4.2~9 毫米；颖膜质，卵形至卵状长圆形，顶端尖或钝，具 1 脉；外稃硬纸质，卵状长圆形，顶端钝，具狭窄膜质边缘，有明显隆起的 7 条脉；内稃硬纸质，等于或稍短于外稃，顶端稍截平，背部呈弯弓形，脊上部具极狭的翼，翼缘粗糙；雄蕊 3，花药带紫色，长约 1 毫米。颖果约 1.3 毫米，具腹沟。花期 5—6 月，果期 7—9 月。

＊**生境：**生于海拔 1500~3600 米的疏林下、潮湿处、山坡、灌丛、草地、溪边、沼泽、池塘边、路旁、水沟。

＊**分布：**四川天全、马尔康、金川、木里、布拖、稻城等地。

大牛鞭草

Hemarthria altissima (Poir.) Stapf et C. E. Hubb.

禾本科 Poaceae / 牛鞭草属 *Hemarthria*

*形态描述:多年生。有长根状茎。秆高达1米以上。叶片条形,宽4~6毫米。总状花序微扁,纤细,单生茎顶或成束腋生,长达10厘米;穗轴不易断落,节间厚;小穗成对生于各节,有柄的不孕,无柄的结实;无柄小穗嵌生于穗轴节间与小穗柄愈合而成的凹穴中,卵状矩圆形,长6~8毫米;第一颖在顶端以下稍收缩。花果期6—9月。

*生境:生于田地、水沟、湿润河滩及草地。

*分布:四川广布。

白茅
Imperata cylindrica (L.) Beauv.

禾本科 Poaceae / 白茅属 *Imperata*

***形态描述**：多年生，具粗壮根状茎。秆直立，高 30~80 厘米，具 1~3 节，节无毛。叶鞘聚集于秆基，老后破碎呈纤维状；叶舌膜质，长约 2 毫米，分蘖叶片扁平，质地较薄；秆生叶片长 1~3 厘米，窄线形，常内卷，顶端渐尖呈刺状，下部渐窄，或具柄，质硬，被白粉，基部具柔毛。圆锥花序稠密，长 20 厘米，宽达 3 厘米，小穗基盘具丝状柔毛；两颖草质及边缘膜质，几乎相等，具 5~9 条脉，顶端渐尖或稍钝，常具纤毛，脉间疏生长丝状毛；第一外稃卵状披针形，长为颖片的 2/3，透明膜质，无脉，顶端尖或齿裂；第二外稃与其内稃几乎相等，长约为颖一半，卵圆形，顶端具齿裂及纤毛；雄蕊 2；花柱细长，基部连合，柱头 2，紫黑色，羽状。颖果椭圆形。花果期 4—6 月。

***生境**：生于向阳坡、河边、湖边等。
***分布**：四川低海拔地区广布。

稻

Oryza sativa L.

禾本科 Poaceae / 稻属 *Oryza*

＊形态描述：一年生水生草本。秆直立，高 0.5~1.5 米，随品种而异。叶鞘松弛，无毛；叶舌披针形，两侧基部向下延长成叶鞘边缘，具 2 枚镰形抱茎的叶耳；叶片线状披针形，无毛，粗糙。圆锥花序大型疏展，长约 30 厘米，分枝多，成熟期向下弯垂；小穗含 1 朵成熟花，两侧压扁，长圆状卵形至椭圆形，长约 10 毫米，宽 2~4 毫米；颖极小，仅在小穗柄先端留下半月形的痕迹，退化外稃 2 枚，锥刺状，长 2~4 毫米；两侧孕性花外稃质厚，具 5 条脉，中脉成脊，表面有方格形小乳状凸起，厚纸质，遍布细毛，有芒或无芒；内稃与外稃同质，具 3 条脉，先端尖而无喙；雄蕊 6，花药长 2~3 毫米。颖果长约 5 毫米，宽约 2 毫米。花果期因品种而异。

＊生境：生于水田。

＊分布：四川低海拔地区广泛栽培。

＊其他信息：稻是亚洲热带广泛种植的重要谷物，我国南方为主要产稻区，北方各省均有栽种。

双穗雀稗

Paspalum distichum L.

禾本科 Poaceae / 雀稗属 *Paspalum*

＊**形态描述：**多年生。有根状茎及匍匐茎。花枝高 20~60 厘米。叶片条形至条状披针形，宽 2~6 毫米。总状茎序 2（3）枚，指状排列，长 2~5 厘米；小穗成两行排列于穗轴一侧，长 3~3.5 毫米；第一颖缺或微小；第二颖与第一外稃相似但有微毛；第二外稃硬纸质，灰色，顶端有少数细毛，以背面对向穗轴。花果期 5—9 月。

＊**生境：**生于田边路旁、河边、湖边等。

＊**分布：**四川广布。

＊**其他信息：**曾作为优良牧草引种，但在局部地区为造成作物减产的恶性杂草。

圆果雀稗

Paspalum scrobiculatum var. *orbiculare* (G. Forster) Hackel

禾本科 Poaceae / 雀稗属 *Paspalum*

＊形态描述：多年生。秆直立，丛生，高 30~90 厘米。叶鞘长于其节间，无毛，鞘口有少数长柔毛，基部生有白色柔毛；叶舌长约 1.5 毫米；叶片长披针形至线形，长 10~20 厘米，宽 5~10 毫米，大多无毛。总状花序长 3~8 厘米，2~10 枚相互间距排列于长 1~3 厘米的主轴上，分枝腋间有长柔毛；穗轴宽 1.5~2 毫米，边缘微粗糙；小穗椭圆形或倒卵形，长 2~2.3 毫米，单生于穗轴一侧，覆瓦状排列成两行；小穗柄微粗糙，长约 0.5 毫米；第二颖与第一外稃等长，具 3 条脉，顶端稍尖；第二外稃等长于小穗，成熟后褐色，革质，有光泽。花果期 6—11 月。

＊生境：生于低海拔地区的荒坡、草地、路旁、湖边及田间。

＊分布：四川低海拔地区广布。

蔗草

Phalaris arundinacea L.

禾本科 Poaceae / 蔗草属 *Phalaris*

＊形态描述：多年生。具根状茎。秆较粗壮，高60~150厘米。叶鞘无毛；叶片宽5~15毫米，灰绿色。圆锥花序紧密狭窄，长8~15厘米，分枝密生小穗；小穗长4~5毫米；颖沿脊上粗糙，上部有极狭的翼；孕花外稃软骨质，宽披针形，长3~4毫米，具5条脉，上部具柔毛；内稃与外稃等长，具2条脉，有1脊，脊两旁疏生柔毛。花果期4—7月。

＊生境：生于海拔75~3200米的林下、潮湿草地或水湿处。

＊分布：四川广布。

芦苇

Phragmites australis (Cav.) Trin. ex Steud.

禾本科 Poaceae / 芦苇属 *Phragmites*

* **形态描述**：多年生。具粗壮根状茎。秆高 1~3 米。叶片宽 1~3.5 厘米。圆锥花序长 10~40 厘米，微垂头，分枝斜上或微伸展；小穗长 12~16 毫米，通常含 4~7 朵小花；第一小花常为雄性；颖及外稃均有 3 条脉；外稃无毛，孕性外稃的基盘具长 6~12 毫米的柔毛。花期 7—8 月，果期 8—9 月。

* **生境**：生于江河湖泽、池塘沟渠沿岸和湿地。

* **分布**：四川广布。

* **其他信息**：具有重要的经济价值和观赏价值。

早熟禾
Poa annua L.

禾本科 Poaceae / 早熟禾属 *Poa*

＊**形态描述**：一年生或冬性禾草。秆直立或倾斜，质软，平滑无毛。叶鞘稍压扁，中部以下闭合；叶舌长 1~3（5）毫米，圆头；叶片扁平或对折，质地柔软，常有横脉纹，顶端急尖呈船形，边缘微粗糙。圆锥花序宽卵形，开展；小穗卵形，含 3~5 朵小花，长 3~6 毫米，绿色；颖质薄，具宽膜质边缘，顶端钝；第一颖披针形，具 1 条脉；第二颖具 3 条脉；外稃卵圆形，顶端与边缘宽膜质，具明显的 5 条脉，脊与边脉下部具柔毛，间脉近基部有柔毛；内稃与外稃几乎等长，两脊密生丝状毛；花药黄色。颖果纺锤形。花期 4—5 月，果期 6—7 月。

＊**生境**：生于海拔 100~4800 米的平原和丘陵的路旁草地、田野水沟或阴蔽荒坡湿地。

＊**分布**：四川广布。

棒头草

Polypogon fugax Nees ex Steud.

禾本科 Poaceae / 棒头草属 *Polypogon*

　　*形态描述：一年生。秆丛生，基部膝曲，大都光滑，高 10~75 厘米。叶鞘光滑无毛，大都短于或下部长于节间；叶舌膜质，长圆形，长 3~8 毫米，常 2 裂或顶端具不整齐的裂齿；叶片扁平，微粗糙或下面光滑，长 2.5~15 厘米，宽 3~4 毫米。圆锥花序穗状，长圆形或卵形，较疏松，具缺刻或有间断，分枝长可达 4 厘米；小穗长约 2.5 毫米（包括基盘），灰绿色或部分带紫色；颖长圆形，疏被短纤毛，先端 2 浅裂，芒从裂口处伸出，细直，微粗糙，长 1~3 毫米；外稃光滑，长约 1 毫米，先端具微齿，中脉延伸成长约 2 毫米而易脱落的芒；雄蕊 3，花药长 0.7 毫米。颖果椭圆形，一面扁平，长约 1 毫米。花果期 4—9 月。

　　*生境：生于海拔 100~3600 米的山坡、田边、潮湿处。

　　*分布：四川广布。

斑茅

Saccharum arundinaceum Retz.

禾本科 Poaceae / 甘蔗属 *Saccharum*

＊**形态描述**：多年生高大丛生草本。秆粗壮，高 2~4（6）米，直径 1~2 厘米。叶鞘长于其节间；叶舌膜质；叶片宽大，边缘锯齿状，粗糙。圆锥花序大型，每节着生 2~4 枚分枝，分枝 2~3 回分出，腋间被微毛；总状花序轴节间与小穗柄细线形，被长丝状柔毛；无柄与有柄小穗狭披针形，基盘小，具短柔毛；两颖几乎等长，草质或稍厚；第一颖背部丝状柔毛；第二颖具 3（~5）条脉，上部边缘具纤毛，背部无毛，但在有柄小穗中，背部具长柔毛；第一外稃等长或稍短于颖，具 1~3 条脉，上部边缘具小纤毛；第二外稃披针形，稍短或等长于颖；顶端具小尖头，或在有柄小穗中，具长 3 毫米的短芒，上部边缘具细纤毛；第二内稃长圆形，长约为外稃的一半，顶端具纤毛；花药长 1.8~2 毫米；柱头紫黑色，长约 2 毫米。颖果长圆形。花果期 8—12 月。

＊**生境**：生于山坡和河岸溪涧草地。

＊**分布**：四川除西部外广布。

甜根子草

Saccharum spontaneum L.

禾本科 Poaceae / 甘蔗属 *Saccharum*

＊**形态描述**：多年生。具发达横走的长根状茎。秆高 1~2 米，中空。叶鞘较长或稍短于其节间，鞘口具柔毛；叶舌膜质，顶端具纤毛；叶片线形，边缘呈锯齿状粗糙。圆锥花序长 20~40 厘米，主轴密生丝状柔毛；总状花序轴节间长约 5 毫米，边缘与外侧面疏生长丝状柔毛，小穗柄长 2~3 毫米；无柄小穗披针形，长 3.5~4 毫米，基盘具丝状毛；两颖几乎相等，无毛，下部厚纸质，上部膜质，渐尖；第一颖上部边缘具纤毛；第二颖中脉成脊，边缘具纤毛；第一外稃卵状披针形，等长于小穗，边缘具纤毛；第二外稃窄线形，长约 3 毫米，宽约 0.2 毫米，边缘具纤毛；第二内稃微小；鳞被倒卵形，长约 1 毫米，顶端具纤毛；雄蕊 3，花药长 1.8~2 毫米；柱头紫黑色。有柄小穗与无柄者相似。花果期 7—8 月。

＊**生境**：生于海拔 2000 米以下的平原和山坡、河旁溪流岸边、砾石沙滩荒洲上，常连片形成单优势群落。

＊**分布**：四川广布。

西南莩草

Setaria forbesiana (Nees) Hook. f.

禾本科 Poaceae / 狗尾草属 *Setaria*

*形态描述：多年生。秆直立或基部弯曲，高 60~170 厘米。叶鞘无毛，边缘密具纤毛；叶舌短小，密具长约 3 毫米的纤毛；叶片线形或线状披针形，扁平，先端渐尖，无毛。圆锥花序狭尖塔形、披针形或呈穗状，长 10~32 厘米，宽 1~4 厘米，直立或微下垂；小穗椭圆形或卵圆形，长约 3 毫米，具极短柄，且下具 1 枚刚毛，长约为小穗的 3 倍，长 5~15 毫米；第一颖宽卵形，长为小穗的 1/3~1/2，先端尖或钝，边缘质较薄，具 3~5 条脉；第二颖为小穗长的 1/4 或 2/3，先端钝圆，具（5）7~9 条脉；第一小花雄性或中性；第一外稃与小穗等长，通常具 3~5 条脉，有等长并与第二小花等宽的内稃，常具 2 条脉；第二外稃等长于第一外稃，硬骨质，花柱基联合。花果期 7—10 月。

*生境：生于海拔 2300~3600 米的山谷、路旁、沟边、山坡草地及溪边阴湿和半阴湿处。

*分布：四川东部、南部。

菰

Zizania latifolia (Griseb.) Turcz. ex Stapf

禾本科 Poaceae / 菰属 *Zizania*

＊形态描述：多年生。具匍匐根状茎。须根粗壮。秆高大直立，高 1~2 米，径约 1 厘米，具多数节，基部节上生不定根。叶鞘长于其节间，肥厚，有小横脉；叶舌膜质，长约 1.5 厘米，顶端尖；叶片扁平宽大，长 50~90 厘米，宽 15~30 毫米。圆锥花序长 30~50 厘米，分枝多数簇生，上升，果期开展；雄小穗长 10~15 毫米，两侧压扁，着生于花序下部或分枝上部，带紫色；外稃具 5 条脉，顶端渐尖具小尖头；内稃具 3 条脉，中脉成脊，具毛；雄蕊 6，花药长 5~10 毫米；雌小穗圆筒形，长 18~25 毫米，宽 1.5~2 毫米，着生于花序上部和分枝下方与主轴贴生处，外稃的 5 条脉粗糙，芒长 20~30 毫米，内稃具 3 条脉。颖果圆柱形，长约 12 毫米，胚小型，为果体的 1/8。花果期 5—8 月。

＊生境：水生或沼生。

＊分布：四川广泛栽培。

＊其他信息：经济价值大，秆基嫩茎为真菌 Ustilago edulis 寄生后，粗大肥嫩，称茭瓜，是美味的蔬菜。颖果称菰米，做饭食用，有营养价值。全草为优良的饲料，为鱼类的越冬场所。是固堤造陆的植物。

◢ 金鱼藻科 Ceratophyllaceae

金鱼藻

Ceratophyllum demersum L.

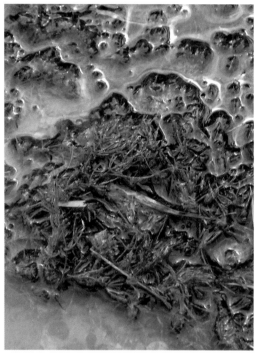

金鱼藻科 Ceratophyllaceae / 金鱼藻属 *Ceratophyllum*

  ＊**形态特征**：多年生沉水草本。茎长 40~150 厘米，平滑，具分枝。叶 4~12 轮生，1~2 次二叉状分歧，裂片丝状或丝状条形，长 1.5~2 厘米，宽 0.1~0.5 毫米，先端带白色软骨质，边缘仅一侧有数细齿。花直径约 2 毫米；苞片 9~12，条形，长 1.5~2 毫米，浅绿色，透明，先端有 3 齿及带紫色毛；雄蕊 10~16，微密集；子房卵形，花柱钻状。坚果宽椭圆形，长 4~5 毫米，宽约 2 毫米，黑色，平滑，边缘无翅，有 3 刺，顶生刺（宿存花柱）长 8~10 毫米，先端具钩，基部 2 刺向下斜伸，长 4~7 毫米，先端渐细成刺状。花期 6—7 月，果期 8—10 月。

  ＊**生境**：生于池塘、沟边等。
  ＊**分布**：四川广布。

◢ 罂粟科 Papaveraceae

紫堇
Corydalis edulis Maxim.

罂粟科 Papaveraceae / 紫堇属 *Corydalis*

*形态描述：一年生草本。高 20~50 厘米，具主根。茎多叶，分枝。基生叶具长柄，叶片近三角形，表面绿色，背面苍白色，1~2 回羽状全裂，一回羽片 2~3 对，具短柄，二回羽片几乎无柄，倒卵形，裂片狭卵圆形，顶端钝，近短尖。茎生叶与基生叶同形。总状花序疏具 3~10 朵花；苞片狭卵圆形至披针形，渐尖，全缘；萼片小，近圆形，直径约 1.5 毫米，具齿；花粉红色至紫红色，平展。外花瓣较宽展，顶端微凹，无冠；上花瓣长 1.5~2 厘米，花距圆筒形，基部稍下弯，约占花瓣全长的 1/3，蜜腺体长，几乎伸达花距末端，大部分与花距贴生，末端不窄；下花瓣近基部渐狭；内花瓣具鸡冠状凸起，爪纤细，稍长于瓣片。柱头横向纺锤形，两端各具 1 乳突，具沟槽。蒴果线形，下垂，种子 1 列，密生环状小凹点。花果期 4—6 月。

*生境：生于丘陵、沟边或多石地。
*分布：四川东部、南部，平武、广元、内江、汶川等。
*其他信息：全草药用。

地锦苗

Corydalis sheareri S. Moore

罂粟科 Papaveraceae / 紫堇属 *Corydalis*

*形态描述：多年生草本，高 20~40（60）厘米。主根具多数纤维根，棕褐色。茎 1~2，多汁液，上部分枝。基生叶数枚带紫色长柄，叶片轮廓三角形或卵状三角形，二回羽状全裂，一回全裂片具柄，二回无柄，卵形，叶脉明显；茎生叶数枚，互生，与基生叶同形。总状花序生于茎先端，具 10~20 朵花；苞片下部近圆形，3~5 深裂，中部倒卵形，3 浅裂，上部狭倒卵形至倒披针形，全缘；花梗常短于苞片。萼片鳞片状，具缺刻状流苏；花瓣紫红色，上花瓣背部具短鸡冠状凸起，鸡冠超出瓣片先端，边缘具不规则的齿裂；距圆锥形，末端极尖，长为花瓣片的 1.5 倍；下花瓣片近圆形，边缘有时反卷，先端具小尖突，背部鸡冠状凸起月牙形，超出花瓣，边缘具不规则齿裂，长约为花瓣片的 2 倍；内花瓣片倒卵形，具 1 侧生囊，爪狭楔形，长于瓣片；花药小，绿色，花丝披针形，蜜腺体贯穿花距的 2/5；子房狭椭圆形，具 2 列胚珠，花柱稍短于子房，柱头双卵形，绿色，具 8~10 乳突。蒴果狭圆柱形。种子近圆形，黑色，具光泽，表面具多数乳突。花果期 3—6 月。

*生境：生于水边、草丛或林下潮湿地。

*分布：四川都江堰、峨眉山、天全、宝兴、泸定。

*其他信息：全草药用。

大叶紫堇

Corydalis temulifolia Franch.

罂粟科 Papaveraceae / 紫堇属 *Corydalis*

　　*形态描述：多年生草本。高达 60 厘米。根具多数须根；根茎粗，密被枯萎叶基。茎 2~3，5 棱。基生叶数枚，叶腋无芽，叶柄长 6~14（38）厘米，叶长 4~10（18）厘米，二回三出羽状全裂，一回全裂片具长柄，宽卵形或三角形，二回全裂片具短柄，卵形或宽卵形；茎生叶 2~4，与基生叶同形，叶柄较短，常具腋生珠芽。总状花序生于茎枝顶端，长 3~7（12）厘米，花稀疏；苞片上部具齿。花梗长于苞片或等长。萼片鳞状，撕裂；花瓣蓝紫色，上花瓣背部鸡冠矮或无，花距圆锥形，较瓣片稍短或等长；下花瓣具小尖头，背部具鸡冠状凸起；内花瓣基部平截，具 1 侧生囊，背部具鸡冠状凸起，爪线形，上端弯曲；花丝披针形，蜜腺贯穿花距的 1/3~1/4，顶端棒状；子房线形，胚珠约 20，柱头双卵形，具乳突 10。蒴果线状圆柱形，长 4~5 厘米，近念珠状。种子近圆形，直径 1~1.5 毫米，黑色。花果期 3—6 月。

　　*生境：生于海拔 1800~2700 米的常绿阔叶林或混交林下、灌丛中或溪边。

　　*分布：四川东部、北部，都江堰、汶川。

　　*其他信息：全草药用，有止痛止血的功效。

细果角茴香

Hypecoum leptocarpum Hook. f. et Thoms.

罂粟科 Papaveraceae / 角茴香属 *Hypecoum*

* 形态描述：一年生草本。高达 60 厘米。茎丛生，多分枝。基生叶窄倒披针形，长 5~20 厘米，叶柄长 1.5~10 厘米，二回羽状全裂，裂片 4~9 对，宽卵形或卵形，长 0.4~2.3 厘米，近无柄，羽状深裂，小裂片披针形、卵形、窄椭圆形或倒卵形；茎生叶具短柄。花茎多数，高达 40 厘米，常二歧分枝；苞叶轮生，卵形或倒卵形，二回羽状全裂；二歧聚伞花序，每花具数枚刚毛状小苞片。萼片卵形或卵状披针形，边缘膜质；花瓣淡紫色，外面 2 片宽倒卵形，内面 2 片 3 裂至近基部，中裂片匙状圆形，侧裂片较长，长卵形或宽披针形；花丝丝状，扁平，基部宽，花药卵圆形；子房无毛，柱头 2 裂，裂片外弯。蒴果直立，圆柱形，长 3~4 厘米，两侧扁，在关节处分离，每节具 1 枚种子。种子扁平，宽倒卵形或卵形，被小疣。花果期 6—9 月。

* 生境：生于海拔（1700）2700~5000 米的山坡、草地、山谷、河滩、砾石坡、砂质地。

* 分布：四川西部分布较广。

* 其他信息：全草药用。

◢ 毛茛科 Ranunculaceae

露蕊乌头

Gymnaconitum gymnandrum (Maxim.) Wei Wang et Z. D. Chen

毛茛科 Ranunculaceae / 乌头属 *Aconitum*

　　＊形态描述：一年生草本。近圆柱形，长 5~14 厘米，粗 1.5~4.5 毫米。茎高（6）25~55（100）厘米，被短柔毛；基生叶 1~3（6）枚，与最下部茎生叶在开花时枯萎；叶片宽卵形或三角状卵形，长 3.5~6.4 厘米，宽 4~5 厘米，三裂，全裂片二至三回深裂，小裂片狭卵形至狭披针形，表面疏被短伏毛，背面沿脉疏被长柔毛或无毛；上部的叶柄渐短，具狭鞘。总状花序有 6~16 朵花；基部苞片似叶，其他下部苞片三裂，中部以上苞片披针形至线形；小苞片生于花梗上部或顶部，叶状至线形；萼片蓝紫色，少数有白色，外面疏被柔毛，有较长爪，上萼片船形，侧萼片瓣片与爪几乎等长；花瓣片被缘毛，花距短，头状，疏被短毛；花丝疏被短毛；心皮 6~13，子房有柔毛。蓇葖长 0.8~1.2 厘米；种子倒卵球形，长约 1.5 毫米。花果期 6—9 月。

　　＊生境：生于山地草坡、田边草地或河边沙地。

　　＊分布：四川西部广布。

　　＊其他信息：全草药用。

打破碗花花

Anemone hupehensis Lem.

毛茛科 Ranunculaceae / 银莲花属 *Anemone*

　　＊**形态描述**：植株高（20）30~120 厘米。根状茎斜或垂直。基生叶 3~5，有长柄，通常为三出复叶，有时为单叶；中央小叶有长柄，小叶片卵形或宽卵形，顶端急尖或渐尖，基部圆形或心形，不分裂或 3~5 浅裂，边缘有锯齿，两面疏被糙毛；侧生小叶较小；叶柄疏被柔毛，基部有短鞘。花葶直立，疏被柔毛；聚伞花序 2~3 回分枝，偶尔不分枝，只有 3 朵花；苞片 3 枚，有柄，为三出复叶，似基生叶；花梗被毛；萼片 5，紫红色或粉红色，倒卵形，被短绒毛；花药黄色，椭圆形，花丝丝状；心皮生于球形花托上，子房有长柄，有短绒毛，柱头长方形。聚合果球形；瘦果长约 3.5 毫米，有细柄，密被绵毛。花果期 7—10 月。

　　＊**生境**：生于灌丛、草坡、溪边。

　　＊**分布**：四川东部广布。

　　＊**其他信息**：根状茎药用。

匙叶银莲花

Anemone trullifolia Hook. f. et Thoms.

毛茛科 Ranunculaceae / 银莲花属 *Anemone*

＊**形态描述**：植株高 10~18 厘米。根状茎粗 0.8~1.8 厘米。基生叶 5~10，有短柄或长柄；叶片菱状倒卵形或宽菱形，长 2~3.8 厘米，宽 1.7~3.7 厘米，基部楔形或宽楔形，3 浅裂，浅裂片有粗牙齿，两面密被长柔毛；叶柄不明显或明显，长 3~7 厘米，扁平，基部稍变宽。花葶 1~4，有疏柔毛；苞片 3，无柄，狭倒卵形或长圆形，长 0.8~1.5 厘米，宽 3~8 毫米，顶端有 3 钝齿或全缘；花梗 1，长 0.5~3 厘米；萼片 5（7），黄色，倒卵形，长 0.7~1.4 厘米，宽 4~9 毫米，顶端圆形，外面中部有密柔毛；雄蕊长 3~4 毫米，花药椭圆形；心皮约 8，子房密被淡褐色柔毛。花果期 5—8 月。

＊**生境**：生于海拔 4100~4500 米的高山草地或沟边。

＊**分布**：四川西北部、西南部，稻城、木里。

＊**其他信息**：对体外癌细胞有不同程度的抑制作用，其活性成分主要为皂苷类，在抗炎、抗菌、镇痛、镇静、抗惊厥、抗组胺、抗氧化方面均有不同程度的作用。

水毛茛

Batrachium bungei (Steud.) L. Liou

毛茛科 Ranunculaceae / 水毛茛属 *Batrachium*

＊**形态描述**：多年生沉水草本。叶片轮廓近半圆形或扇状半圆形，小裂片近丝状，在水外通常收拢或叉开，叶柄基部有鞘。花直径 1~2 厘米，花梗长 2~5 厘米，无毛，萼片卵状椭圆形，边缘膜质，无毛，反折；花瓣白色，基部黄色，倒卵形；雄蕊 10 余枚；花托有毛。聚合果卵球形。花期 5—8 月。

＊**生境**：生于平原至海拔 3000 多米的山谷溪流、河滩及水底、湖泊或水塘。

＊**分布**：四川西部、北部、西南部等。

驴蹄草

Caltha palustris L.

毛茛科 Ranunculaceae / 驴蹄草属 *Caltha*

＊**形态描述**：多年生草本。全部无毛，有多数肉质须根。茎高（10）20~48 厘米，实心，具细纵沟，在中部或中部以上分枝，少数不分枝。基生叶3~7，有长柄，叶片圆形、圆肾形或心形；茎生叶通常向上逐渐变小，少数与基生叶几乎等大，圆肾形或三角状心形。茎或分枝顶部有由 2 朵花组成的简单单歧聚伞花序；苞片三角状心形，边缘生牙齿；花梗长（1.5）2~10 厘米；萼片 5，黄色，顶端圆形；雄蕊长 4.5~7（9）毫米，花药长圆形，花丝狭线形；心皮（5）7~12，与雄蕊几乎等长，无柄，有短花柱。蓇葖长约 1 厘米，宽约3 毫米，具横脉，喙长约 1 毫米。种子狭卵球形，黑色，有光泽，有少数纵皱纹。花期 5—9 月，6 月开始结果。

＊**生境**：通常生于山谷溪边或湿草甸，有时也生于草坡或林下较阴湿处。

＊**分布**：四川广布。

空茎驴蹄草
Caltha palustris var. *barthei* Hance

毛茛科 Ranunculaceae / 驴蹄草属 *Caltha*

＊**形态描述**：与驴蹄草的区别为茎中空，常较高大、粗壮，高达 120 厘米，粗达 12 毫米。花序下叶与基生叶几乎等大，形状也相似。花序分枝较多，常有多数花。萼片黄色。花果期 5—9 月。

＊**生境**：生于海拔 1000~3800 米的山地溪边、草坡或林中。

＊**分布**：四川西部。

花莛驴蹄草

Caltha scaposa Hook. f. et Thoms.

毛茛科 Ranunculaceae / 驴蹄草属 *Caltha*

*形态描述：多年生低矮草本。全体无毛，具多数肉质须根。茎单一或数条，有时多达 10 条，直立或有时渐升，通常只在顶端生 1 朵花，无叶或有时在中、上部生 1 枚叶，在叶腋不生花或有时生出 1 朵花，少数生 2 枚叶。基生叶 3~10，有长柄，叶片心状卵形或三角状卵形，顶端圆形，基部深心形，边缘全缘或带波形，叶柄基部具膜质长鞘；茎生叶极小，具短柄或有时无柄。花单独生于茎顶部，或 2 朵形成简单的单歧聚伞花序；萼片 5（7），黄色；雄蕊长 3.5~7（10）毫米，花药长圆形，花丝狭线形；心皮（5）6~8（11），与雄蕊几乎等长，具短柄和短花柱。蓇葖果具明显的横脉。种子黑色，肾状椭圆球形，稍扁，光滑，有少数纵肋。6—9 月开花，7 月开始结果。

*生境：生于海拔 2800~4100 米的高山湿草甸或山谷沟边湿草地。

*分布：四川西部。

三裂碱毛茛

Halerpestes tricuspis (Maxim.) Hand.-Mazz.

毛茛科 Ranunculaceae / 碱毛茛属 *Halerpestes*

＊**形态描述**：多年生小草本。匍匐茎纤细，横走，节处生根和簇生数叶。叶均为基生，叶片质地较厚，形状多变异，菱状楔形至宽卵形，基部楔形至截圆形，3 中裂至 3 深裂，有时侧裂片 2~3 裂或有齿，中裂片较长，长圆形，全缘；叶柄基部有膜质鞘。花单生；萼片卵状长圆形，边缘膜质；花瓣 5，黄色或表面白色。花果期 5—8 月。

＊**生境**：生于海拔 3000~5000 米的水边、盐碱性湿草地等。

＊**分布**：四川西北部，甘孜、阿坝等。

鸦跖花

Oxygraphis glacialis (Fisch. ex DC.) Bunge

毛茛科 Ranunculaceae / 鸦跖花属 *Oxygraphis*

＊**形态描述**：植株高 2~9 厘米。有短根状茎；须根细长，簇生。叶基生，卵形、倒卵形至椭圆状长圆形，长 0.3~3 厘米，宽 5~25 毫米，全缘，有 3 出脉，无毛，常有软骨质边缘；叶柄较宽扁，长 1~4 厘米，基部鞘状，最后撕裂成纤维状残存。花葶 1~8 条，无毛；花单生，直径 1.5~3 厘米；萼片 5，宽倒卵形，长 4~10 毫米，近革质，无毛，果后增大，宿存；花瓣橙黄色或表面白色，10~15 枚，披针形或长圆形，长 7~15 毫米，宽 1.5~4 米，有 3~5 条脉，基部渐狭成爪，蜜槽呈杯状凹穴；花药长圆形，长 0.5~1.2 毫米；花托较宽扁。聚合果近球形，直径约 1 厘米；瘦果楔状菱形，长 2.5~3 毫米，宽 1~1.5 毫米，有 4 条纵肋，背肋明显，喙顶生，短而硬，基部两侧有翼。花果期 6—8 月。

＊**生境**：生于海拔 3600~5100 米的高山草甸或高山灌丛中。

＊**分布**：四川广布。

＊**其他信息**：全草药用，具有祛瘀止痛、清热燥湿、解毒的功效。

茴茴蒜

Ranunculus chinensis Bunge

毛茛科 Ranunculaceae / 毛茛属 *Ranunculus*

***形态描述**：多年生草本。茎高 15~50 厘米，与叶柄均有伸展的淡黄色糙毛。叶为三出复叶，基生叶和下部叶具长柄；叶片宽卵形，长 2.6~7.5 厘米，中央小叶具长柄，3 深裂，裂片狭长，上部生少数不规则锯齿，侧生小叶具短柄，2~3 裂；茎上部叶渐变小。花序具疏花；萼片 5，淡绿色，船形，长约 4 毫米，外面疏被柔毛；花瓣 5，黄色，宽倒卵形，长约 3.2 毫米，基部具蜜槽；雄蕊和心皮均多数。聚合果近矩圆形，长约 1 厘米；瘦果扁，长约 3.2 毫米，无毛。花果期 5—9 月。

***生境**：生于溪边或湿草地。

***分布**：四川西昌、泸定、得荣、石棉、金阳、盐亭、道孚、普格、康定、万源、资阳。

***其他信息**：为有毒植物。

西南毛茛

Ranunculus ficariifolius Lévl. et Vant.

毛茛科 Ranunculaceae / 毛茛属 *Ranunculus*

＊形态描述：多年生草本。根纤维状，几乎等粗。茎直立，上升，或近匍匐，高 4~4.5 厘米，疏生柔毛或几乎无毛，分枝或单一。基生叶 1 枚至数枚；叶柄 1.2~6.5 厘米，无毛；叶片三角状卵形、扁平卵形、近圆形，少数心形，纸质，基部宽楔形或截形，边缘具 2 或 3 小齿，先端钝。下部茎叶明显有叶柄，上面茎生叶短叶柄或近无柄，肾状卵形、三角状卵形或近菱形。花与叶对生，直径 0.4~1 厘米；花梗 0.3~2.5 厘米，贴伏被微柔毛；花托被微柔毛，萼片 5，椭圆形，2~3 毫米，无疏生微柔毛或背面疏生微柔毛；花瓣 5，椭圆状卵形或狭倒卵形，先端圆形，或微缺；雄蕊多，花药椭圆形。聚合果近球形，直径 3~4.5 毫米；心皮多数；瘦果两侧稍压扁，无毛，具瘤；花柱宿存，长 0.2~0.8 毫米。花果期 4—8 月。

＊生境：生于海拔 1000~3200 米的林缘湿地和水沟旁。

＊分布：四川西南部。

＊其他信息：茎叶入药可治疟疾。

云生毛茛

Ranunculus nephelogenes Edgeworth

毛茛科 Ranunculaceae / 毛茛属 *Ranunculus*

* **形态描述**：多年生草本。茎直立，高 3~12 厘米，单一呈葶状或有 2~3 个腋生短分枝，几乎无毛。基生叶多数，叶片呈披针形至线形，或外层的呈卵圆形，全缘，基部楔形，有 3~5 条脉，近革质，通常无毛；叶柄长 1~4 厘米，有膜质长鞘；茎生叶 1~3，无柄，叶片线形，全缘，有时 3 深裂，无毛。花单生于茎顶或短分枝顶端；花梗长 2~5 厘米或果期伸长，有金黄色细柔毛；萼片卵形，常带紫色，有 3~5 条脉，外面生黄色柔毛或无毛，边缘膜质；花瓣 5，倒卵形，有短爪，蜜槽呈杯状袋穴；花药长 1~1.5 毫米；花托在果期伸长增厚，呈圆柱形，疏生短毛。聚合果长圆形，直径 5~8 毫米；瘦果卵球形，无毛，有背腹纵肋，喙直伸，长约 1 毫米。花果期 6—8 月。

* **生境**：生于海拔 3000~5000 米的高山草甸、河滩湖边及沼泽草地。

* **分布**：四川广布。

石龙芮

Ranunculus sceleratus L.

毛茛科 Ranunculaceae / 毛茛属 *Ranunculus*

＊**形态描述:** 一年生草本。须根簇生。茎直立,高 10~50 厘米,直径 2~5 毫米,上部多分枝,具多数节,下部节上有时生根,无毛或疏生柔毛。基生叶多数;叶片肾状圆形,基部心形,3 深裂不达基部,裂片倒卵状楔形,2~3 裂,顶端钝圆,有粗圆齿,无毛;叶柄长 3~15 厘米;茎生叶多数,下部叶与基生叶相似,上部叶较小,3 全裂,裂片披针形至线形,全缘,无毛,顶端钝圆,基部扩大成膜质宽鞘抱茎。聚伞花序有多数花,花小;花梗长 1~2 厘米,无毛;萼片椭圆形,外面有短柔毛;花瓣 5,倒卵形,等长或稍长于花萼,基部有短爪,蜜槽呈棱状袋穴;雄蕊 10 多枚,花药卵形;花托在果期伸长增大呈圆柱形,长 3~10 毫米,直径 1~3 毫米,生短柔毛。聚合果长圆形,长 8~12 毫米;瘦果多数,近百枚,紧密排列,倒卵球形,稍扁,无毛,喙短或几乎无。花果期 5—8 月。

＊**生境:** 生于河沟边及平原湿地。

＊**分布:** 四川广布。

高原毛茛

Ranunculus tanguticus (Maxim.) Ovcz.

毛茛科 Ranunculaceae / 毛茛属 *Ranunculus*

　　＊**形态描述**：多年生草本。须根基部稍增厚呈纺锤形。茎直立或斜升，高
10~30 厘米，多分枝，生白柔毛。基生叶多数，和下部叶均有生柔毛的长叶柄；
叶片圆肾形或倒卵形，三出复叶，小叶片 2~3 回 3 全裂或深、中裂，末回裂片
披针形至线形，顶端稍尖，两面或下面贴生白柔毛；小叶柄短或几乎无；上
部叶渐小，3~5 全裂，裂片线形，宽约 1 毫米，有短柄或无柄，基部具生柔毛
的膜质宽鞘。花较多，单生于茎顶和分枝顶端；花梗被白柔毛，在果期伸长；
萼片椭圆形，生柔毛；花瓣 5，倒卵圆形，基部有窄长爪，蜜槽点状；花托圆柱形，
较平滑，常生细毛。聚合果长圆形，约为宽的 2 倍；瘦果小而多，卵球形，
较扁，约为厚的 2 倍，无毛，喙直伸或稍弯。花果期 6—8 月。

　　＊**生境**：生于海拔 3000~4500 米的山坡或沟边沼泽湿地。
　　＊**分布**：四川西部。

毛茛状金莲花

Trollius ranunculoides Hemsl.

毛茛科 Ranunculaceae / 金莲花属 *Trollius*

＊**形态描述**：植株全部无毛。茎 1~3 条，高 6~18（30）厘米，不分枝。基生叶数枚；茎生叶 1~3 枚，较小，通常生茎下部或近基部处，有时达中部以上；叶片圆五角形或五角形，基部深心形，3 全裂；叶柄长 3~13 厘米，基部具鞘。花单独顶生；萼片黄色，干时变绿色，5（~8）片，倒卵形，顶端圆形或近截形，脱落；花瓣比雄蕊稍短，匙状线形，上部稍变宽，顶端钝或圆形；雄蕊长 5~7 毫米，花丝长 4~4.5 毫米，花药狭椭圆形；心皮 7~9。聚合果直径约 1 厘米；蓇葖长约 1 厘米，喙长约 1 毫米，直。种子椭圆球形，长约 1 毫米，有光泽。5—7 月开花，8 月结果。

＊**生境**：生于海拔 2900~4100 米的山地草坡、水边草地或林中。

＊**分布**：四川西部。

◢ 莲科 Nelumbonaceae

莲

Nelumbo nucifera Gaertn.

莲科 Nelumbonaceae / 莲属 *Nelumbo*

*形态描述：多年生水生草本。根状茎横生，肥厚，节间膨大，内有多数纵行通气孔道，节部缢缩，上生黑色鳞叶，下生须状不定根。叶圆形，盾状，全缘稍呈波状，上面光滑，具白粉，下面叶脉从中央射出，有1~2次叉状分枝；叶柄粗壮，圆柱形，中空，外面散生小刺。花梗等长或稍长于叶柄，也散生小刺；花瓣红色、粉红色或白色，矩圆状椭圆形至倒卵形，长5~10厘米，宽3~5厘米，由外向内渐小，有时变成雄蕊，先端圆钝或微尖；花药条形，花丝细长，着生在花托下；花柱极短，柱头顶生；花托（莲房）直径5~10厘米。坚果椭圆形或卵形，长1.8~2.5厘米，果皮革质，坚硬，成熟时黑褐色。种子（莲子）卵形或椭圆形，长1.2~1.7厘米，种皮红色或白色。花期6—8月，果期8—10月。

*生境：生于水中。

*分布：四川广布。

*其他信息：入药、观赏。

◢ 虎耳草科 Saxifragaceae

锈毛金腰

Chrysosplenium davidianum Decne. ex Maxim.

虎耳草科 Saxifragaceae / 金腰属 *Chrysosplenium*

　　＊形态描述： 多年生草本。高（1）3.5~19 厘米，丛生。根状茎横走，密被褐色长柔毛。不育枝发达。茎褐色具卷曲长柔毛。基生叶具叶柄 1~3 厘米，具褐色卷曲长柔毛；叶片近椭圆状宽卵形，先端钝圆，基部近截形至稍心形，边缘具 13~17 圆齿。茎生叶（1）2~5，互生；叶柄被褐色柔毛；叶片阔卵形至近扇形，两面和边缘疏生褐色柔毛，基部宽楔形，边缘具 7~9 圆齿，先端钝圆。聚伞花序长 0.5~4 厘米，多花；苞片叶柄具柔毛，圆状扇形，具柔毛或几乎无毛，基部宽楔形，边缘具 3~7 圆齿；花黄色；花梗被褐色柔毛；萼片圆形，无毛，先端钝或微凹；雄蕊 8；子房半下位；无花盘。蒴果先端近平截，微凹，心皮水平，几乎等长，喙长约 1 毫米。种子暗褐色，卵球形，长约 1 毫米，具小乳突。花期及果期 4—8 月。

　　＊生境： 生于海拔 1500~4100 米的林下阴湿草地或山谷石隙。

　　＊分布： 四川西部。

肾叶金腰

Chrysosplenium griffithii Hook. f. et Thoms.

虎耳草科 Saxifragaceae / 金腰属 *Chrysosplenium*

　　*形态描述：多年生草本。高 8.5~33 厘米，丛生。茎单生，无毛。无基生叶或仅具 1 枚，叶片肾形，7~9 浅裂，裂片近阔卵形；茎生叶互生，11~15 浅裂，裂片椭圆形至近卵形，先端通常微凹且具 1 疣点，少数具 3 圆齿，两面无毛，但裂片间弯缺处有时具褐色柔毛和乳头凸起，叶柄长 3~5 厘米，叶腋具褐色乳头凸起和柔毛。聚伞花序具多花；苞片肾形、扇形、阔卵形至近圆形，3~12 浅裂，裂片近卵形至近椭圆形，裂片间弯缺处有时具褐色柔毛和乳头凸起；花梗被褐色乳头凸起和柔毛；花黄色；萼片平展，近圆形至菱状阔卵形，先端钝圆，通常全缘，少数具不规则齿；雄蕊 8；子房半下位；花盘 8 裂。蒴果先端近平截而微凹，喙长约 0.4 毫米，心皮几乎等长。种子黑褐色，卵球形，无毛，有光泽。花果期 5—9 月。

　　*生境：生于海拔 2500~4800 米的林下、林缘、高山草甸和高山碎石隙。

　　*分布：四川西部和北部。

山溪金腰

Chrysosplenium nepalense D. Don

虎耳草科 Saxifragaceae / 金腰属 *Chrysosplenium*

*形态描述：多年生草本。高 5.5~21 厘米。从叶腋生出不育枝。茎无毛。叶对生，叶片卵形至阔卵形，长 0.3~1.8 厘米，宽 0.5~1.8 厘米，先端钝圆，边缘具 6~16 圆齿，基部宽楔形至近截形，正面有时具褐色乳头凸起，背面无毛；叶柄长 0.2~1.5 厘米，正面和叶腋部具褐色乳头凸起。聚伞花序长 1.3~6 厘米，具 8~18 朵花；苞叶阔卵形，长 3.2~6.8 毫米，宽 3.2~6.5 毫米，边缘具 5~10 圆齿，基部通常宽楔形，少数偏斜形，苞腋具褐色乳头凸起；花黄绿色，直径约 3 毫米；花梗无毛；萼片直立，近阔卵形，长 1.1~1.3 毫米，宽 1~1.2 毫米，先端钝圆，无毛；雄蕊 8，长 0.5~1.3 毫米；子房近下位，花柱长约 0.2 毫米；无花盘。蒴果长约 2.6 毫米，心皮几乎等长，喙长约 0.4 毫米。种子红棕色，椭球形，长约 1 毫米，光滑无毛。花果期 5—7 月。

*生境：生于海拔 1550~5850 米的林下、草甸或石隙。

*分布：四川都江堰、米易、石棉、天全、理县、红原等。

叉枝虎耳草

Saxifraga divaricata Engl. et Irmsch.

虎耳草科 Saxifragaceae / 虎耳草属 *Saxifraga*

＊形态描述：多年生草本。高 3.7~10 厘米。叶基生；叶片卵形至长圆形，长 0.7~2.4 厘米，宽 0.3~1.3 厘米，先端急尖或钝，基部楔形，边缘有锯齿或全缘，无毛；叶柄长 1.7~3 厘米，无毛。花葶具白色卷曲腺柔毛；聚伞花序圆锥状，具 5~14 朵花；花序分枝叉开，长 1~4 厘米；花梗密被卷曲腺柔毛；苞片长圆形至长圆状线形，长 3.5~7 毫米，宽 1~1.5 毫米；萼片平展，三角状卵形，长 1~3.8 毫米，宽 0.9~2.5 毫米，先端钝，无毛，具 3 条至多条脉，脉于先端汇合；花瓣白色，卵形至椭圆形，长 2.3~3 毫米，宽 1~17 毫米，先端钝或微凹，基部狭缩成长 0.5~0.9 毫米的爪，具 3 条脉；雄蕊长 1.5~4 毫米，花药紫色，花丝钻形；心皮 2，紫褐色，中下部合生；花盘环状围绕子房；子房半下位，花柱长 0.5~2 毫米。蒴果长圆形或卵球形，长 4~5 毫米。花果期 7—8 月。

＊生境：生于海拔 3400~4100 米的灌丛草甸或沼泽化草甸。

＊分布：四川西部，若尔盖、康定、乡城、稻城。

道孚虎耳草

Saxifraga lumpuensis Engl.

虎耳草科 Saxifragaceae /
虎耳草属 *Saxifraga*

＊**形态描述**：多年生草本。高
5.2~27 厘米。根状茎短。叶全
部基生，具长柄；叶片卵形、
阔卵形至长圆形，长 0.6~2.5 厘
米，宽 0.6~2.1 厘米，先端钝，
边缘具圆齿和睫毛，少数近全
缘，基部截形、楔形至心形，腹
面疏生柔毛，背面无毛；叶柄长
1~5.7 厘米，被柔毛。花葶被白
色柔毛；苞叶无柄，心形至狭卵
形，长 0.6~2.5 厘米，宽 0.45~2.7
厘米，先端急尖，边缘具圆齿，
基部心形，腹面被柔毛，背面无
毛；聚伞花序圆锥状，长 3～17
厘米，具 11～56 朵花；花序
分枝和花梗均被白色柔毛；
萼片在花期开展至反曲，紫红色，
三角状卵形，长 1.5~3 毫米，
宽 1~1.6 毫米，先端急尖或稍渐尖，无毛，单脉；花瓣紫红色，卵形至狭卵形，
长 2.4~4.3 毫米，宽 0.9~1.3 毫米，先端急尖，基部狭缩成长 0.2~1 毫米的爪，
通常单脉，少数 3 条脉；雄蕊长 1.2~1.5 毫米，花丝钻形；花盘肥厚，环状
围绕子房，10 浅裂；子房近下位。蒴果近球形，长约 4 毫米；心皮上部叉开。
花果期 6—7 月。

＊**生境**：生于针叶林下、山坡或水边。

＊**分布**：四川西部，峨眉山、天全、马尔康、丹巴。

黑蕊虎耳草

Saxifraga melanocentra Franch.

**虎耳草科 Saxifragaceae /
虎耳草属 *Saxifraga***

*形态描述：多年生草本。高3.5~22厘米。叶基生，具柄，叶片卵形、菱状卵形、狭卵形至长圆形，长0.8~4厘米，宽0.7~1.9厘米，先端急尖或稍钝，边缘具圆齿状锯齿和腺睫毛，基部楔形，稀心形，两面疏生柔毛或无毛；叶柄长0.7~3.6厘米，疏生柔毛。花葶被卷曲腺柔毛；苞叶卵形、椭圆形至长圆形，长5~15毫米，宽1.1~11毫米，先端急尖，全缘或具齿，基部楔形，两面无毛或疏生柔毛。聚伞花序伞房状，长1.5~8.5厘米，具2~17朵花；萼片在花期开展或反曲，三角状卵形至狭卵形。长2.9~6.5毫米，宽1.2~3毫米，先端钝或渐尖，无毛或疏生柔毛，具3~8条脉，脉于先端汇合成1疣点；花瓣白色，少数红色至紫红色，基部具2个黄色斑点，或基部红色至紫红色，阔卵形、卵形至椭圆形，长3~6.1毫米，宽2.1~5毫米，先端钝或微凹，基部狭缩成长0.5~1毫米的爪，3~9（14）条脉；雄蕊长2.2~5.5毫米，花药黑色，花丝钻形；花盘环形；子房阔卵球形，深紫色，长2.8~4毫米；花柱2，长0.5~3毫米。蒴果卵球形，长7~11毫米。花果期7—9月。

*生境：生于高山灌丛、高山草甸和高山碎山隙。

*分布：四川西部。

垂头虎耳草

Saxifraga nigroglandulifera Balakr.

**虎耳草科 Saxifragaceae /
虎耳草属 *Saxifraga***

＊**形态描述**：多年生草本。高5~36 厘米。茎单生，中下部仅叶腋具黑褐色长柔毛，上部被黑褐色短腺毛。叶片阔椭圆形、卵形至近长圆形，长 1.5~4 厘米，宽 1~1.65 厘米，先端钝或急尖，腹面通常无毛，有时疏生腺毛，背面无毛，边缘疏生褐色卷曲长腺毛；基生叶具柄，边缘具卷曲长腺毛，基部扩大；茎生叶下部具长柄，向上渐无柄，叶片披针形至长圆形，先端钝或急尖，两面几乎无毛，边缘具褐色长腺毛，叶柄边缘具褐色长腺毛。聚伞花序总状，具 2~14 朵花；花通常垂头，多偏向一侧；花梗密被黑褐色腺毛；萼片直立，三角状卵形、卵形至披针形，先端急尖或钝，腹面无毛，

背面和边缘具黑褐色腺毛，具 3~6 条脉，先端不汇合；花瓣黄色，近匙形至狭倒卵形，具 3~5 条脉；花丝钻形；子房半下位。花果期 7—10 月。

＊**生境**：生于海拔 2700~5350 米的林下、林缘、高山灌丛、高山灌丛草甸、高山草甸和高山湖畔。

＊**分布**：四川西部。

◤ 小二仙草科 Haloragaceae

穗状狐尾藻

Myriophyllum spicatum L.

小二仙草科 Haloragaceae / 狐尾藻属 *Myriophyllum*

＊**形态描述**：多年生沉水草本。根状茎发达。茎分枝极多。叶常 5 片轮生，叶的裂片约 13 对，细线形。花两性、单性或杂性，雌雄同株，单生于苞片状叶腋内，常 4 朵轮生，穗状花序顶生或腋生。若为单性花，则上部为雄花，下部为雌花，中部有时为两性花，基部有一对苞片。雄花萼筒广钟状，顶端 4 深裂，平滑，花瓣 4，粉红色，雄蕊 8，花药长椭圆形，淡黄色；雌花萼筒管状，4 深裂，花瓣缺，子房下位，4 室，花柱 4，大苞片矩圆形，小苞片近圆形，边缘有锯齿。分果广卵形或卵状椭圆形，沟缘表面光滑。花果期 4—9 月。

＊**生境**：常生于池塘、河沟、沼泽，特别是含钙水域中较常见。

＊**分布**：四川稻城、九龙、若尔盖、广汉等。

＊**其他信息**：全草药用，有清凉、止痢的功效。

狐尾藻

Myriophyllum verticillatum L.

小二仙草科 Haloragaceae / 狐尾藻属 *Myriophyllum*

＊**形态描述**：粗壮沉水草本。根状茎发达，节部生根。茎圆柱形，多分枝。水中叶较长，丝状全裂，无叶柄；水上叶互生，披针形，裂片较宽。秋季于叶腋中生出棍棒状冬芽而越冬。苞片羽状篦齿状分裂；花单性，雌雄同株或杂性、单生于水上叶腋内，每轮具4朵花，花无柄，比叶片短；雌花生于水上茎下部叶腋中，萼片与子房合生，顶端4裂，裂片较小；花瓣4，舟状，早落；雌蕊1，子房广卵形，4室，柱头4裂，裂片三角形；雄花花瓣4，椭圆形，早落；雄蕊8，花药椭圆形，淡黄色，花丝丝状。果实广卵形，具4条浅槽，顶端具残存的萼片及花柱。

＊**生境**：生于池塘、河沟、沼泽，常与穗状狐尾藻混在一起。

＊**分布**：四川广布。

＊**其他信息**：夏季生长旺盛。一年四季可采收，可为养猪、养鱼、养鸭的饲料。

▲ 豆科 Fabaceae

紫云英

Astragalus sinicus L.

豆科 Fabaceae / 黄芪属 *Astragalus*

　　*形态描述：二年生草本。多分枝，匍匐，高 10~30 厘米，被白色疏柔毛。奇数羽状复叶，具小叶 7~13；叶柄较叶轴短；托叶离生，卵形，先端尖，基部互相合生，具缘毛；小叶倒卵形或椭圆形，先端钝圆或微凹，基部宽楔形，上面几乎无毛，下面散生白色柔毛，具短柄。总状花序生 5~10 朵花，呈伞形；总花梗腋生，较叶长；苞片三角状卵形；花梗短；花萼钟状，被白色柔毛，萼齿披针形，长约为萼筒的 1/2；花冠紫红色或橙黄色，旗瓣倒卵形，先端微凹，基部渐狭成瓣柄；翼瓣较旗瓣短，瓣片长圆形，基部具短耳，瓣柄长约为瓣片的 1/2；龙骨瓣与旗瓣几乎等长，瓣片半圆形，瓣柄长约为瓣片的 1/3；子房无毛或疏被白色短柔毛，具短柄。荚果线状长圆形，稍弯曲，具短喙，黑色，具隆起的网纹。种子肾形，栗褐色。花期 2—6 月，果期 3—7 月。

　　*生境：生于海拔 400~3000 米的山坡、溪边及潮湿处。

　　*分布：四川广布。

　　*其他信息：我国各地多栽培，为重要的绿肥作物和牲畜饲料，嫩梢可供蔬食。

野大豆

Glycine soja Siebold & Zucc.

豆科 Fabaceae / 大豆属 *Glycine*

*形态描述：一年生缠绕草本。茎、小枝纤细，全体疏被褐色长硬毛。叶具 3 小叶；托叶卵状披针形，被黄色柔毛；顶生小叶卵圆形，先端锐尖至钝圆，基部近圆形，全缘，两面均被绢状糙伏毛。总状花序通常短；花小，长约 5 毫米；花梗密生黄色长硬毛；苞片披针形；花萼钟状，密生长毛，裂片 5，三角状披针形，先端锐尖；花冠淡紫色或白色，旗瓣近圆形，先端微凹，基部具短瓣柄，翼瓣斜倒卵形，有明显的耳，龙骨瓣比旗瓣及翼瓣短小，密被长毛；花柱短而向一侧弯曲。荚果长圆形，稍弯，两侧稍扁，密被长硬毛。种子间稍缢缩，干时易裂；种子 2~3，椭圆形，稍扁，褐色至黑色。花期 7—8 月，果期 8—10 月。

*生境：生于潮湿的田边、园边、沟旁、河岸、湖边、沼泽、草甸、沿海和岛屿向阳的矮灌木丛或芦苇丛，稀见于沿河岸疏林下。

*分布：四川广布。

唐古特岩黄芪

Hedysarum tanguticum B. Fedtsch.

豆科 Fabaceae / 岩黄芪属 *Hedysarum*

*形态描述：多年生草本。高 15~20 厘米。根圆锥状。茎直立，2~3 节，不分枝或有个别分枝，被疏柔毛。托叶披针形，棕褐色干膜质，合生至上部；小叶 15~25，卵状长圆形、椭圆形或狭椭圆形，正面无毛，背面被长柔毛。总状花序腋生，花序轴被长柔毛；花多数，外展，初花时紧密排列成头塔状，后期花序轴延伸，花的排列较疏散；苞片宽披针形，长为花梗的 2 倍；花梗长 2~3 毫米；萼钟状，被长柔毛，萼齿披针形，几乎等长，萼齿等于或稍长于萼筒；花冠深玫瑰紫色，旗瓣倒心状卵形，先端圆形、微凹，长为龙骨瓣的 3/4 或更短；翼瓣流苏状，长于旗瓣；龙骨瓣呈棒状，明显长于旗瓣和翼瓣；子房线形，密被长柔毛。荚果 2~4 节，下垂，被长柔毛，节荚近圆形或椭圆形，具细网纹和不明显的狭边。种子肾形，淡土黄色，光亮。花期 7—9 月，果期 8—9 月。

*生境：生于高山潮湿的阴坡草甸或灌丛草甸、沙质或砂砾质河滩、古老的冰碛物以及潮湿坡地的岩屑堆。

*分布：四川西北部的松潘和西部的甘孜。

鸡眼草

Kummerowia striata (Thunb.) Schindl.

豆科 Fabaceae / 鸡眼草属 *Kummerowia*

　　*形态描述：一年生草本。披散或平卧，多分枝，茎和枝上被倒生白色细毛。叶为三出羽状复叶；托叶大，膜质，卵状长圆形，比叶柄长，长 3~4 毫米，具条纹，有缘毛；叶柄极短；小叶纸质，倒卵形、长倒卵形或长圆形，较小，先端圆形，少数微缺，基部近圆形或宽楔形，全缘；两面沿中脉及边缘有白色粗毛，但上面毛较稀少，侧脉多而密。花小，单生或 2~3 朵簇生于叶腋；花梗下端具 2 枚大小不等的苞片，萼基部具 4 枚小苞片，其中 1 枚极小，位于花梗关节处，小苞片常具 5~7 条纵脉；花萼钟状，带紫色，5 裂，裂片宽卵形，具网状脉，外面及边缘具白毛；花冠粉红色或紫色。荚果圆形或倒卵形，稍侧扁，先端短尖，被小柔毛。花期 7—9 月，果期 8—10 月。

　　*生境：生于路旁、田边、溪旁、砂质地或缓山坡草地，海拔 500 米以下。

　　*分布：四川广布。

　　*其他信息：全草药用，有利尿通淋、解热止痢的功效；可作饲料和绿肥。

百脉根

Lotus corniculatus L.

豆科 Fabaceae / 百脉根属 *Lotus*

　　*形态描述：多年生草本。全株散生稀疏白色柔毛或秃净。具主根。茎丛生，平卧或上升，实心，近四棱形。羽状复叶小叶 5；叶轴疏被柔毛，顶端 3 小叶，基部 2 小叶呈托叶状，纸质；小叶柄很短，密被黄色长柔毛。伞形花序；花3~7 朵集生于总花梗顶端；花梗短，基部有苞片 3 枚；苞片叶状，与萼等长，宿存；萼钟形，萼齿几乎等长；花冠黄色或金黄色，干后常变蓝色，旗瓣扁圆形，瓣片和瓣柄几乎等长，翼瓣和龙骨瓣等长，龙骨瓣呈直角三角形弯曲，喙部狭尖；雄蕊两体，花丝分离部略短于雄蕊筒；花柱直，等长于子房成直角上指，柱头点状，子房线形，胚珠 35~40 粒。荚果直，线状圆柱形，褐色，二瓣裂，扭曲。有多数种子，种子细小，卵圆形，灰褐色。花期 5—9 月，果期 7—10 月。

　　*生境：生于湿润而呈弱碱性的山坡、草地、田野或河滩地。

　　*分布：四川广布。

　　*其他信息：良好的饲料，茎叶柔软多汁，碳水化合物含量丰富，超过苜宿和车轴草。

天蓝苜蓿

Medicago lupulina L.

豆科 Fabaceae / 苜蓿属 *Medicago*

*形态描述：全株被柔毛或有腺毛。主根浅，须根发达。茎平卧或上升，多分枝，叶茂盛。羽状三出复叶；托叶卵状披针形，先端渐尖，基部圆或戟状，常齿裂；下部叶柄较长，上部叶柄比小叶短；小叶倒卵形、阔倒卵形或倒心形，纸质，先端稍截平或微凹，具细尖，基部楔形，上半部边缘具不明显尖齿，两面均被毛，侧脉近 10 对，平行达叶缘，几乎不分叉，上下均平坦；顶生小叶较大。花序小头状，具花 10~20 朵；总花梗细，挺直，比叶长，密被贴伏柔毛；苞片刺毛状，很小；花梗短；萼钟形，长约 2 毫米，密被毛，萼齿线状披针形，稍不等长，比萼筒略长或等长；花冠黄色，旗瓣近圆形，顶端微凹，翼瓣和龙骨瓣几乎等长，均比旗瓣短；子房阔卵形，被毛，花柱弯曲，胚珠 1 粒。荚果肾形，表面具同心弧形脉纹，被稀疏毛，成熟时变黑。种子 1 粒，卵形，褐色，平滑。花期 7—9 月，果期 8—10 月。

*生境：常生于河岸、路边、田野及林缘。

*分布：四川广布。

紫苜蓿

Medicago sativa L.

豆科 Fabaceae / 苜蓿属 *Medicago*

　　*形态描述：多年生草本。高 30~100 厘米。茎直立，上升，四棱形，无毛或微被柔毛。羽状三出复叶；托叶大，卵状披针形，先端锐尖，基部全缘或 1~2 齿裂；小叶长卵形、倒长卵形至线状卵形，纸质，先端钝圆，具由中脉伸出的长齿尖，基部狭窄，楔形，边缘三分之一以上具锯齿，正面无毛，背面被贴伏柔毛，侧脉 8~10 对。花序总状或头状，具花 5~30 朵；总花梗挺直，比叶长；苞片线状锥形，比花梗长或等长；花梗长约 2 毫米；萼钟形，萼齿线状锥形，比萼筒长，被贴伏柔毛；花冠淡黄色、深蓝色至暗紫色；子房线形，具柔毛，上端细尖，柱头点状，胚珠多数。荚果螺旋状紧卷 2~4（6）圈，中央无孔或几乎无孔，被柔毛或渐脱落，脉纹细，不清晰，成熟时棕色。种子 10~20 粒，卵形，平滑，黄色或棕色。花期 5—7 月，果期 6—8 月。

　　*生境：生于田边、路旁、旷野、草原、河岸及沟谷等。

　　*分布：四川广布。

　　*其他信息：含有多种有效成分，如苜蓿皂苷、黄酮等，有提高免疫力、抗氧化的功能。

白花草木樨

Melilotus albus Medik.

豆科 Fabaceae / 草木樨属 *Melilotus*

＊形态描述：茎直立，圆柱形，中空，多分枝，几乎无毛。羽状三出复叶；托叶尖刺状锥形，全缘；叶柄比小叶短，纤细；小叶长圆形或倒披针状长圆形，长 15~30 厘米，先端钝圆，基部楔形，边缘疏生浅锯齿，上面无毛，背面被细柔毛，侧脉 12~15 对，平行直达叶缘齿尖，两面均不隆起，顶生小叶稍大，具较长小叶柄，侧小叶小叶柄短。总状花序长 9~20 厘米，腋生，具花 40~100 朵，排列疏松；苞片线形；花长 4~5 毫米；花梗短；萼钟形，微被柔毛，萼齿三角状披针形，短于萼筒；花冠白色，旗瓣椭圆形，稍长于翼瓣，龙骨瓣与冀瓣等长或稍短；子房卵状披针形，上部渐窄至花柱，无毛，胚珠 3~4 粒。荚果椭圆形至长圆形，先端锐尖，具尖喙，表面脉纹细，网状，棕褐色，成熟后变黑褐色。有种子 1~2 粒，卵形，棕色，表面具细瘤点。花期 5—7 月，果期 7—9 月。

＊生境：生于田边、路旁荒地及湿润的砂地。

＊分布：四川广布。

草木樨

Melilotus officinalis (L.) Pall.

豆科 Fabaceae / 草木樨属 *Melilotus*

＊**形态描述**：二年生草本。茎直立，多分枝，具纵棱，微被柔毛。羽状三出复叶；托叶镰状线形，中央有 1 条脉纹，全缘或基部有 1 尖齿；小叶先端钝圆或截形，基部阔楔形，边缘具不整齐疏浅齿，侧脉 8~12 对，平行直达齿尖，顶生小叶稍大。总状花序腋生，有小花 30~70 朵，初时稠密，花开后渐疏松；花序轴在花期显著伸展，苞片刺毛状；花萼钟形，萼齿三角状披针形；花冠黄色。荚果卵形，先端有宿存花柱，表面有凹凸不平的横向细网纹。花期 5—9 月，果期 6—10 月。

＊**生境**：生于河岸、砂质草地等。

＊**分布**：四川广布。

甘肃棘豆

Oxytropis kansuensis Bunge

豆科 Fabaceae / 棘豆属 *Oxytropis*

＊形态描述：茎细弱，铺散或直立。羽状复叶；托叶草质，卵状披针形，先端渐尖，与叶柄分离，彼此合生至中部，疏被黑色和白色糙伏毛。小叶17~23（29），卵状长圆形、披针形，先端急尖，基部圆形，两面疏被贴伏白色短柔毛。多花组成头形总状花序；总花梗直立，具沟纹，疏被白色间黑色短柔毛，花序下部密被卷曲黑色柔毛；苞片膜质，线形；花萼筒状，密被贴伏黑色间白色长柔毛，萼齿线形，较萼筒短或与之等长；花冠黄色；子房疏被黑色短柔毛，具短柄，胚珠9~12粒。荚果纸质，长圆形或长圆状卵形，膨胀，密被贴伏黑色短柔毛；果梗长1毫米。种子11~12粒，淡褐色，扁圆肾形。花期6—9月，果期8—10月。

＊生境：生于海拔2200~5300米的路旁、高山草甸、河边草原、沼泽地、高山灌丛、山坡林间砾石地及冰碛丘陵。

＊分布：四川西部、西北部。

白车轴草

Trifolium repens L.

豆科 Fabaceae / 车轴草属 *Trifolium*

＊形态描述：短期多年生草本。主根短，侧根和须根发达。茎匍匐蔓生。掌状三出复叶；托叶卵状披针形，膜质，基部抱茎成鞘状；小叶倒卵形至近圆形，先端内凹至钝圆，基部楔形渐窄至小叶柄，中脉在背面隆起。花序球形，顶生；总花梗很长，比叶柄长近 1 倍，具花 20~50（80）朵，密集；无总苞；苞片披针形，膜质，锥尖；花长 7~12 毫米；萼钟形，具脉纹 10 条，萼齿 5，披针形，稍不等长，短于萼筒，萼喉张开，无毛；花冠白色、乳黄色或淡红色，具香气；旗瓣椭圆形，比翼瓣和龙骨瓣长近 1 倍，龙骨瓣比翼瓣稍短；子房线状长圆形，花柱比子房略长，胚珠 3~4 粒。荚果长圆形。种子通常 3 粒，阔卵形。花果期 5—10 月。

＊生境：在湿润草地、河岸、路边呈半自生状态。

＊分布：四川广布。

＊其他信息：为优良牧草，可作为绿肥、堤岸防护草种、草坪装饰，以及蜜源和药材等。

▲ 蔷薇科 Rosaceae

龙牙草

Agrimonia pilosa Ldb.

蔷薇科 Rosaceae / 龙牙草属 *Agrimonia*

＊形态描述：多年生草本。根多呈块茎状，周围长出若干侧根，根茎短，基部常有 1 个至数个地下芽。茎高 30~120 厘米，被柔毛。叶为间断奇数羽状复叶，常有小叶 3~4 对，少数 2 对，向上减少至 3 小叶，叶柄被柔毛；小叶片顶端急尖至圆钝，基部楔形至宽楔形，边缘由急尖至圆钝锯齿，上面被疏柔毛，少数脱落几乎无毛，背面脉上伏生疏柔毛，少数脱落几乎无毛，有显著腺点；托叶草质，绿色，镰形，少数卵形，顶端急尖或渐尖，边缘有尖锐锯齿或裂片，少数全缘，茎下部托叶卵状披针形，常全缘。总状花序穗状，顶生，花序轴和花梗被柔毛；萼片 5，三角卵形；花瓣黄色，长圆形；雄蕊 5~8（15）；花柱 2，丝状，柱头头状。果实倒卵状圆锥形，外有 10 条肋，被疏柔毛，顶端有数层钩刺，幼时直立，成熟时靠合。花果期 5—12 月。

＊生境：生于海拔 100~3800 米的溪边、路旁、草地、灌丛、林缘及疏林下。

＊分布：四川广布。

羽衣草

Alchemilla japonica Nakai et Hara

蔷薇科 Rosaceae / 羽衣草属 *Alchemilla*

　　形态描述: 多年生草本。高10~13厘米,具肥厚木质根状茎,茎单生或丛生,直立或斜展,密被白色长柔毛。基生叶叶柄长,叶片心状圆形,长2~3厘米,宽3~7厘米,顶端有7~9浅裂片,边缘有细锯齿,两面均被稀疏柔毛,沿叶脉较密;叶柄长3~10厘米,密被开展长柔毛;托叶膜质,棕褐色,外被长柔毛;茎生叶较小,叶柄短或几乎无柄;托叶边缘有锯齿,基部合生,外被长柔毛。伞房状聚伞花序较紧密;花直径3~4厘米,黄绿色;花梗长2~3厘米,无毛或几乎无毛;萼片三角卵形,长1~1.5毫米,较副萼片稍长而宽,外被稀疏柔毛;雄蕊长约为萼片的一半;花柱丝状,较雄蕊稍长。瘦果卵形,长约1.5毫米,先端稍尖,无毛,全部包在膜质花托内。

　　生境: 生于海拔2500~3500米的高山草原。

　　分布: 四川北部,松潘、马尔康。

蛇莓

Duchesnea indica (Andr.) Focke

蔷薇科 Rosaceae / 蛇莓属 *Duchesnea*

*形态描述：多年生草本。根茎短，粗壮；匍匐茎多数，长 30~100 厘米，有柔毛。小叶片倒卵形至菱状长圆形，先端圆钝，边缘有钝锯齿，两面皆有柔毛，或上面无毛，具小叶柄；叶柄有柔毛；托叶窄卵形至宽披针形，长 5~8 毫米。花单生于叶腋；花梗有柔毛；萼片卵形，先端锐尖，外面有散生柔毛；副萼片倒卵形，比萼片长，先端常具 3~5 个锯齿；花瓣倒卵形，黄色，先端圆钝；雄蕊 20~30；心皮多数，离生；花托在果期膨大，海绵质，鲜红色，有光泽，外面有长柔毛。瘦果卵形，光滑或具不明显凸起。花期 6—8 月，果期 8—10 月。

*生境：生于海拔 1800 米以下的山坡、河岸、草地、潮湿处。

*分布：四川广布。

*其他信息：全草药用，能散瘀消肿、收敛止血、清热解毒。全草水浸液可防治农业害虫、杀蛆等。

路边青

Geum aleppicum Jacq.

蔷薇科 Rosaceae / 路边青属 *Geum*

＊形态描述：须根簇生。茎直立，被开展粗硬毛，少数无毛。基生叶为大头羽状复叶，通常有小叶 2~6 对，叶柄被粗硬毛，小叶大小极不相等，顶生小叶最大，边缘常浅裂，有不规则粗大锯齿，两面绿色，疏生粗硬毛；茎生叶羽状复叶。花序顶生，疏散排列，花梗被短柔毛或微硬毛；花瓣黄色，圆形，比萼片长；萼片卵状三角形，顶端渐尖，副萼片狭小，披针形，顶端渐尖，少数 2 裂，比萼片约短 1/2，外面被短柔毛及长柔毛；花柱顶生，在上部 1/4 处扭曲，成熟后自扭曲处脱落，脱落部分下部被疏柔毛。聚合果倒卵球形，瘦果被长硬毛，花柱宿存部分无毛，顶端有小钩；果托被短硬毛。花果期 7—10 月。

＊生境：生于山坡草地、沟边、地边、河滩、林隙及林缘。

＊分布：四川东部、西南部。

＊其他信息：全株含鞣质，可提取制备栲胶。全草药用，有祛风、除湿、止痛、镇痉的功效。种子含干性油，可制肥皂和油漆。鲜嫩叶可食用。

蕨麻

Potentilla anserina L.

蔷薇科 Rosaceae / 委陵菜属 *Potentilla*

　　*形态描述: 多年生草本。根向下延长,有时下部长成纺锤形或椭圆形块根。茎匍匐,在节处生根,常着地长出新植株。基生叶为间断羽状复叶,有小叶6~11对,小叶对生或互生,顶端一对小叶基部下延与叶轴汇合,基部小叶渐小且呈附片状;小叶顶端圆钝,基部楔形或阔楔形,边缘有多数尖锐锯齿,上面绿色,下面密被紧贴银白色绢毛。单花腋生;萼片三角状卵形,顶端急尖或渐尖,副萼片椭圆形或椭圆披针形,常2~3裂;花瓣黄色,花柱侧生,小枝状。花果期4—9月。

　　*生境: 生于海拔500~4100米的河岸及草甸。

　　*分布: 四川西部。

蛇含委陵菜

Potentilla kleiniana Wight et Arn.

蔷薇科 Rosaceae / 委陵菜属 *Potentilla*

＊**形态描述：**宿根草本。多须根。植株不同部位常被疏柔毛或开展长柔毛。花茎上升或匍匐，节处常生根并育出新植株。基生叶近鸟足状，5 小叶，小叶片近长圆倒卵形，背腹面均为绿色；下部茎生叶有 5 小叶，上部则有 3 小叶，小叶与基生小叶相似；基生叶托叶膜质，淡褐色，茎生叶托叶草质，绿色。聚伞花序密集枝顶如假伞形，花梗下有苞片状茎生叶；萼片三角状卵圆形，顶端急尖或渐尖，副萼片近椭圆披针形；花瓣黄色，倒卵形，顶端微凹；花柱近顶生，圆锥形，基部膨大，柱头扩大。瘦果近圆形，一面稍平，具皱纹。花果期 4—9 月。

＊**生境：**生于海拔 400~3000 米的田边、水旁、草甸及山坡草地。

＊**分布：**四川东部、西南部。

＊**其他信息：**全草供药用，有清热、解毒、止咳、化痰的功效。

脱毛银叶委陵菜

Potentilla leuconota var. *brachyphyllaria* Card.

蔷薇科 Rosaceae / 委陵菜属 *Potentilla*

＊**形态描述**：植株纤细矮小。间断羽状复叶，有小叶 9~12 对，间距不超过 5 毫米；小叶片卵形，边缘有 4~6 个尖锐锯齿，下面绿色，仅沿脉被紧贴白色绢毛。花果期 7—8 月。

＊**生境**：生于海拔 3600~4200 米的溪边、高山草地及峭壁。

＊**分布**：四川德格、木里、稻城、若尔盖。

矮地榆

Sanguisorba filiformis (Hook. f.) Hand. -Mazz.

蔷薇科 Rosaceae / 地榆属 *Sanguisorba*

＊**形态描述**：多年生草本。根圆柱形，表面棕褐色。茎纤细无毛。基生叶为羽状复叶，有 3~5 对小叶，叶柄光滑，小叶片有短柄，宽卵形或近圆形，顶端圆钝，基部圆形至微心形，边缘有圆钝锯齿，两面均无毛；茎生叶 1~3，与基生叶同型，向上小叶对数逐渐减少；基生叶托叶褐色，膜质，茎生叶托叶绿色，草质。花单性，雌雄同株，花序头状，近球形，外缘为雄花，中间为雌花；苞片细小，卵形；萼片 4，白色；雄蕊 7~8，柱头呈乳头状扩大。果有 4 棱，成熟时萼片脱落。花果期 6—9 月。

＊**生境**：生于海拔 1200~4000 米的山坡草地及沼泽。

＊**分布**：四川西部。

◢ 胡颓子科 Elaeagnaceae

沙棘

Hippophae rhamnoides L.

胡颓子科 Elaeagnaceae / 沙棘属 *Hippophae*

*形态描述：落叶灌木或乔木。高 1~5 米，高山沟谷可达 18 米，棘刺较多，粗壮，顶生或侧生；嫩枝褐绿色，密被银白色而带褐色鳞片或具白色星状柔毛；老枝灰黑色，粗糙；芽大，金黄色或锈色。单叶近对生，与枝条着生相似，纸质，狭披针形或矩圆状披针形，两端钝形或基部近圆形，基部最宽，上面绿色，初被白色盾形毛或星状柔毛，下面银白色或淡白色，被鳞片，无星状毛。果实圆球形，橙黄色或橘红色；果梗长 1~2.5 毫米。种子小，阔椭圆形至卵形，稍扁，长 3~4.2 毫米，黑色或紫黑色，具光泽。花期 4—5 月，果期 9—10 月。

*生境：生于温带地区向阳的山崎、谷地、干涸河床地或山坡、多砾石或沙质土壤或黄土。

*分布：四川西部。

▲ 大麻科 Cannabaceae

葎草

Humulus scandens (Lour.) Merr.

大麻科 Cannabaceae / 葎草属 *Humulus*

　　*形态描述：缠绕草本。茎、枝、叶柄均具倒钩刺。叶纸质，肾状五角形，掌状 5~7 深裂，基部心形，表面粗糙，疏生糙伏毛，背面被柔毛和黄色腺体，裂片卵状三角形，边缘具锯齿；叶柄长 5~10 厘米。雄花黄绿色，圆锥花序，长 15~25 厘米；雌花序球果状，直径约 5 毫米，苞片纸质，三角形，顶端渐尖，具白色绒毛；子房被苞片包围，柱头 2，伸出苞片外。瘦果成熟时露出苞片外。花果期 7—10 月。

　　*生境：生于湿地边。

　　*分布：四川广布。

　　*其他信息：幼嫩时可作饲草，可用作水土保持植物。本草可入药。

◢ 荨麻科 Urticaceae

序叶苎麻

Boehmeria clidemioides var. *diffusa* (Wedd.) Hand. -Mazz.

荨麻科 Urticaceae / 苎麻属 *Boehmeria*

＊形态描述：多年生草本。高约 1 米。茎常多分枝，略呈四棱形，有细伏毛。叶互生，有时茎下部少数叶对生，卵形至卵状披针形，顶端短至长渐尖，基部楔形，边缘密生锯齿，两面疏生平伏毛，基部 3 出脉；叶柄长达 8 厘米。花常雌雄异株，雌花成团伞花序集成穗状，主轴上有叶着生；雄花花被片 3~4，下部合生，雄蕊 3~4；雌花花被管状。瘦果卵圆形，被花被管所包。花果期 8—10 月。

＊生境：生于溪边草地灌丛。

＊分布：四川广布。

＊其他信息：全草或根供药用。茎、叶可饲猪。

赤麻

Boehmeria silvestrii (Pampanini) W. T. Wang

荨麻科 Urticaceae / 苎麻属 *Boehmeria*

＊**形态描述**：多年生草本或亚灌木。茎下部无毛，上部疏被短伏毛。叶对生；叶片薄草质，茎中部叶近五角形或圆卵形，顶端3或5骤尖，基部叶宽楔形或截状楔形，茎上部叶渐变小，卵形，顶部3或1骤尖，边缘自基部之上有牙齿，侧脉1（~2）对；叶柄长达4（~8）厘米。穗状花序单生叶腋，雌雄异株或同株；团伞花序直径1~3毫米；苞片三角形或狭披针形；雄花花被片4，船状椭圆形，合生至中部，外面疏被短柔毛，雄蕊4，退化雌蕊椭圆形；雌花花被狭椭圆形或椭圆形，顶端有2小齿，外面密被短柔毛，果期呈菱状倒卵形；柱头长0.8~2毫米。瘦果近卵球形或椭圆球形，光滑，基部具短柄。花期6—8月，果期8—10月。

＊**生境**：生于山坡、沟旁。

＊**分布**：四川万源、茂县、美姑等。

长叶水麻

Debregeasia longifolia (Burm. f.) Wedd.

荨麻科 Urticaceae / 水麻属 *Debregeasia*

＊**形态描述**：小乔木或灌木。小枝纤细，棕红色或褐紫色。叶纸质或薄纸质，长圆状或倒卵状披针形，先端渐尖，基部圆形或微缺，边缘具细牙齿或细锯齿，基出脉 3 条；托叶长圆状披针形。花序常雌雄异株，少数同株，生当年生枝、上年生枝和老枝的叶腋，团伞花簇；苞片长三角状卵形；雄花花被片 4，在中部合生，三角状卵形，雄蕊 4，退化雌蕊倒卵珠形；雌花几乎无梗，倒卵珠形，花被薄膜质，倒卵珠形，顶端 4 齿，包被着雌蕊而离生；子房倒卵珠形，压扁，具短柄；柱头短圆锥状，其上着生画笔头状长毛柱头组织，宿存。瘦果带红色或金黄色，干时变铁锈色。花期 7—9 月，果期 9 月至次年 2 月。

＊**生境**：生于海拔 500~3200 米的山谷、溪边两岸灌丛和森林湿润处。

＊**分布**：四川峨眉山、芦山、乐山、平武、泸定、石棉。

水麻

Debregeasia orientalis C. J. Chen

荨麻科 Urticaceae / 水麻属 *Debregeasia*

    ＊形态描述：灌木。枝纤细，暗红色，常被贴生的白色短柔毛。叶纸质或薄纸质，干时硬膜质，长圆状狭披针形或条状披针形，边缘有不等的细锯齿或细牙齿，其上常有泡状隆起，疏生短糙毛，钟乳体点状，背面被白色或灰绿色毡毛，叶脉疏生短柔毛，基出脉 3 条；各级脉在背面凸起；托叶披针形，顶端浅 2 裂，背面纵肋上疏生短柔毛。花序雌雄异株；2 回二歧分枝或二叉分枝，各枝顶端生一球状团伞花簇；苞片宽倒卵形；雄花花被片 4，在下部合生，背面疏生微柔毛，雄蕊 4，退化雌蕊在基部密生雪白色绵毛；雌花几乎无梗，倒卵形，花被薄膜质，紧贴于子房，宿存，倒卵形，顶端有 4 齿，柱头画笔头状，从一小圆锥体上生出 1 束柱头毛。瘦果小浆果状，倒卵形。花期 3—4 月，果期 5—7 月。

    ＊生境：常生于海拔 300~2800 米的溪谷河流两岸潮湿地区。
    ＊分布：四川广布。

钝叶楼梯草

Elatostema obtusum Wedd.

荨麻科 Urticaceae / 楼梯草属 *Elatostema*

＊**形态描述**：叶无柄或具极短柄；叶片草质，斜倒卵形或斜倒卵状椭圆形，顶端钝，基部在狭侧楔形，在宽侧心形或近耳形，边缘在狭侧上部有1~2个钝齿，在宽侧中部以上或上部有2~4个钝齿，基出脉3条；托叶披针状狭条形，长约2毫米。花序雌雄异株。雄花序有梗，有3~7朵花；苞片2枚，卵形，有短毛。雄花梗极短；花被片4，倒卵形，基部合生，外面有疏毛，顶端下有角状凸起；雄蕊4，花药基部叉开；退化雌蕊三角形。雌花序无梗，生茎上部叶腋，有1(~2)朵花；苞片2枚，狭长圆形、披针形或狭卵形，外被疏毛，常骤尖。雌花被不明显；子房狭长圆形；退化雄蕊5，近圆形。瘦果狭卵球形，稍扁，光滑。花期6—9月，果期8—10月。

＊**生境**：生于沟边阴湿地。

＊**分布**：四川峨眉山、美姑、泸定、洪雅、北川、天全、汶川、理县、峨边、普雄。

糯米团

Gonostegia hirta (Bl.) Miq.

荨麻科 Urticaceae / 糯米团属 *Gonostegia*

　　*形态描述：多年生草本。茎蔓生、铺地或渐升。叶对生；叶片草质或纸质；宽披针形至狭披针形、狭卵形、稀卵形或椭圆形，顶端长渐尖至短渐尖，基部浅心形或圆形，边缘全缘，上面稍粗糙，有稀疏短伏毛或近无毛，下面沿脉有疏毛或近无毛，基出脉3~5条；叶柄长1~4毫米；托叶钻形。团伞花序腋生，通常两性，有时单性，雌雄异株；苞片三角形。雄花梗极短；花蕾内折线被稀疏长柔毛；花被片5，分生，倒披针形，顶端短骤尖；雄蕊5，花丝条形；退化雌蕊极小，圆锥状。雌花被菱状狭卵形，顶端有2小齿，有疏毛，果期呈卵形，有10条纵肋；柱头被密毛。瘦果卵球形，白色或黑色，有光泽。花期5—9月，果期8—10月。

　　*生境：生于水沟边。
　　*分布：四川广布。

花点草
Nanocnide japonica Bl.

荨麻科 Urticaceae / 花点草属 *Nanocnide*

＊**形态描述**：多年生小草本。茎直立，自基部分枝。叶三角状卵形或近扇形，叶缘具 4~7 个圆齿或粗牙齿，茎下部叶上面被疏生紧贴小刺毛，下面浅绿色，疏生短柔毛，钟乳体短杆状，基出脉 3~5 条；托叶膜质，宽卵形，具缘毛。雄花序为多回二歧聚伞花序，生于枝顶部叶腋，疏松；花序梗长过叶且被向上倾斜的毛；雌花序为团伞花序。雄花具紫红色梗；花被 5 深裂，裂片卵形，背面近中部有横向鸡冠状凸起，上缘被长毛；雄蕊 5；退化雌蕊宽倒卵形；雌花被绿色，不等 4 深裂，外面 1 对生于雌蕊的背腹面，较大，倒卵状船形，具龙骨状凸起，先端有 1~2 根透明长刺毛，背面和边缘疏生短毛；内面 1 对裂片，生于雌蕊的两侧，长倒卵形，顶生 1 根透明长刺毛。瘦果卵形，黄褐色，具疣点状凸起。花期 4—5 月，果期 6—7 月。

＊**生境**：生于林下石缝。

＊**分布**：四川广布。

冷水花

Pilea notata C. H. Wright

荨麻科 Urticaceae / 冷水花属 *Pilea*

* **形态描述**：草本，无毛。茎肉质，高 25~65 厘米。叶对生，两枚稍不等大；叶片狭卵形或卵形，长 4~11 厘米，宽 1.4~4.8 厘米，先端渐尖或长渐尖，基部圆形或宽楔形，边缘在基部上生浅锯齿或浅牙齿；两面密被条形钟乳体；基出脉 3 条；叶柄长 0.5~7 厘米。雌雄异株；雄花序长达 4 厘米；雄花直径约 1.5 毫米，花被片 4，雄蕊 4，花药白色；雌花序较短而密；雌花花被片 3 或 4，狭卵形；柱头画笔头状。花期 6—9 月，果期 9—11 月。

* **生境**：生于林下或沟边阴湿处。

* **分布**：四川峨眉山、雅安、都江堰。

* **其他信息**：常绿草本观叶植物。

透茎冷水花

Pilea pumila (L.) A. Gray

荨麻科 Urticaceae / 冷水花属 *Pilea*

＊形态描述：草本，无毛。茎肉质，高 10~32 厘米，常分枝。叶对生；叶片菱状卵形或宽卵形，长 1~8.5 厘米，宽 0.8~5 厘米，先端渐尖、短渐尖或微钝，基部宽楔形，边缘在基部上密生牙齿，钟乳体密，小，狭条形，基生脉 3 条；叶柄长 0.5~3.3 厘米。雌雄通常同株；花序长 0.5~5 厘米，多分枝；雄花花被片通常 2，倒卵状，船形，长约 0.5 毫米，顶端下有短角；雌花花被片 3，狭披针形，长 2 毫米；柱头画笔头状。瘦果卵形，扁，长约 1.5 毫米，光滑。花期 6—8 月，果期 8—10 月。

＊生境：生于沟边石缝。

＊分布：四川松潘、理县、天全、马尔康、康定、金川。

＊其他信息：根茎入药，有清热利尿的功效。

麻叶荨麻

Urtica cannabina L.

荨麻科 Urticaceae / 荨麻属 *Urtica*

＊**形态描述**：多年生草本。横走的根状茎木质化。茎四棱形，具少数分枝。叶片轮廓五角形，常掌状 3 全裂，一回裂片再羽状深裂，自下而上变小。叶柄生刺毛或微柔毛；托叶每节 4 枚，离生。花雌雄同株，雄花序圆锥状，生叶腋，最上部叶腋的雄花序中常混生雌花；雌花序生上部叶腋，常穗状。雄花具短梗；花被片 4，合生至中部，裂片卵形，外面被微柔毛；退化雌蕊近碗状，淡黄色或白色，透明。瘦果狭卵形，顶端锐尖，稍扁，成熟时变灰褐色，表面有褐红色疣点；宿存花被片 4，在下部 1/3 处合生，近膜质，内面 2 枚椭圆状卵形，先端钝圆，外面生 1~4 根刺毛和细糙毛，外面 2 枚卵形或长圆状卵形，外面常被 1 根刺毛。花期 7—8 月，果期 8—10 月。

＊**生境**：生于 800~2800 米的河谷、溪边。

＊**分布**：四川西北部。

宽叶荨麻

Urtica laetevirens Maxim.

荨麻科 Urticaceae / 荨麻属 *Urtica*

＊形态描述：多年生草本。茎高 40~100 厘米，疏生螫毛和微柔毛，不分枝或分枝。叶对生；叶片狭卵形至宽卵形，长 4~9 厘米，宽 2.5~4.5 厘米，先端短渐尖至长渐尖，基部宽楔形或圆形，边缘有锐齿，两面疏生短毛，基出脉 3 条；叶柄长 1~3 厘米；托叶离生，条状披针形。雌雄同株；雄花序生于茎上部，长约 8 厘米；雄花花被片 4，雄蕊 4；雌花序生于雄花序下，较短；雌花花被片 4；柱头画笔头状。瘦果卵形，稍扁，长达 1.5 毫米。花期 6—8 月，果期 8—9 月。

＊生境：生于山地林下或沟边。

＊分布：四川峨眉山、红原、九寨沟、都江堰、康定、天全、宝兴、茂县、越西、马尔康。

＊其他信息：茎皮纤维供纺织和制绳索；全草药用。

◢ 胡桃科 Juglandaceae

枫杨

Pterocarya stenoptera C. DC.

胡桃科 Juglandaceae / 枫杨属 *Pterocarya*

　　*形态描述：大乔木。幼树树皮平滑，浅灰色，老时深纵裂；小枝灰色至暗褐色，具灰黄色皮孔；芽具柄，密被锈褐色盾状着生的腺体。叶多为偶数羽状复叶，叶轴具翅，长顶端常钝圆，基部歪斜，上方一侧楔形至阔楔形，下方一侧圆形，边缘有向内弯的细锯齿，上面被有细小的浅色疣状凸起，沿中脉及侧脉被极短的星芒状毛，下面幼时被散生的短柔毛。雄性柔荑花序长约6~10厘米，单独生于去年生枝条上叶痕腋内，花序轴常有稀疏的星芒状毛；雄蕊5~12；雌性柔荑花序顶生，花序轴密被星芒状毛及单毛，具2枚不孕性苞片；雌花苞片及小苞片基部常有细小的星芒状毛，并密被腺体。果序轴常被宿存的毛。果实长椭圆形，果翅狭，条形或阔条形，具近平行的脉。花期4—5月，果熟期8—9月。

　　*生境：生于河滩、阴湿地。

　　*分布：四川广布。

▲ 葫芦科 Cucurbitaceae

盒子草

Actinostemma tenerum Griff.

葫芦科 Cucurbitaceae / 盒子草属 *Actinostemma*

＊**形态描述**：草本。枝纤细，疏被长柔毛，终无毛。叶柄细，长 2~6 厘米，被短柔毛；叶形变异大，心状戟形、心状狭卵形或披针状三角形，3 裂，边缘波状，具小圆齿或疏齿，基部弯缺，裂片顶端狭三角形，先端稍钝或渐尖，顶端有小尖头。卷须丝状，二歧。雄花总状，基部具叶状 3 裂总苞片。花序轴细弱，长 1~13 厘米，被短柔毛；苞片线形，密被短柔毛；花萼裂片线状披针形，边缘有疏小齿；花冠裂片披针形，先端尾状钻形，具 1（3）条脉；雄蕊 5，花丝被柔毛；雌花单生、双生或雌雄同序；雌花梗具关节，长 4~8 厘米，花萼和花冠同雄花；子房卵状，有疣状凸起。果实绿色，卵形、阔卵形、长圆状椭圆形，长 1.6~2.5 厘米，宽 1~2 厘米。种子 2~4 粒，两面网状。花期 7—9 月，果期 9—11 月。

＊**生境**：多生于水边草丛中。

＊**分布**：四川中部，邛崃、广汉。

假贝母

Bolbostemma paniculatum (Maxim.) Franquet

葫芦科 Cucurbitaceae / 假贝母属 *Bolbostemma*

＊**形态描述**：茎草质，无毛。叶柄细，长1.5~3.5厘米，叶片卵状近圆形，长4~11厘米，宽3~10厘米，掌状5深裂，侧裂片卵状长圆形，锐尖，中间裂片长圆状披针形，渐尖，基部小裂片顶端各有1个腺体，叶片两面无毛或仅在脉上有短柔毛。卷须丝状，单一或二歧。雌、雄花序均为疏散的圆锥状，长4~10厘米，花梗纤细，长1.5~3.5厘米；花黄绿色；花萼与花冠相似，裂片卵状披针形，顶端具长丝状尾；雄蕊5，离生；花丝顶端不膨大；子房卵球形，3室，每室2胚珠。果实圆柱状，长1.5~3厘米，直径1~1.2厘米，成熟后由顶端盖裂，果盖圆锥形，具6粒种子。种子卵状菱形，暗褐色，表面有雕纹状凸起，边缘有不规则的齿，长8~10毫米，宽约5毫米，顶端有膜质的翅，翅长8~10毫米。花期6—8月，果期8—9月。

＊**生境**：生于阴山陂。

＊**分布**：四川东部、南部。

湖北裂瓜

Schizopepon dioicus Cogn. ex Oliv.

葫芦科 Cucurbitaceae /
裂瓜属 *Schizopepon*

*形态描述：一年生攀援草本。茎、枝细。卷须丝状；叶柄长 3.5~7.5 厘米；叶片膜质，宽卵状心形，长 5~9 厘米，宽 3~7 厘米，通常每边有 2~3 个三角形裂片，边缘具锯齿，先端渐尖，基部弯缺宽，半圆形，具叶脉 5~7 条，两面无毛。雄花生于总状花序上，花序轴纤细，长 5~10 厘米；花梗极短，丝状；花萼裂片线状钻形或狭披针形；花冠辐状，白色，裂片披针形或长圆状披针形，具 1 条脉；雄蕊 3，花丝合生，花药离生或仅在基部合生；药隔不伸出；雌花在叶腋内单生；子房卵形，先端短渐尖，无毛，3 室，每室 1 枚胚珠，花柱 3 裂，柱头稍膨大。果梗丝状，长 1~2 厘米；果实卵球形，长约 1.2 厘米，宽约 8 毫米，基部钝圆，先端急尖，表面常被稀疏的疣状凸起，自顶端 3 瓣裂，通常具 2 枚种子。种子卵球形，基部稍宽，具不规则齿，先端稍缢缩，顶端平截，长约 8 毫米，宽约 5 毫米，厚 2 毫米，成熟时淡褐色。花果期 6—10 月。

*生境：生于海拔 1000~2400 米的林下、山沟草丛及山坡路旁。

*分布：四川东部，峨边、峨眉山、宝兴、康定等。

纽子瓜

Zehneria bodinieri (H. Léveillé) W. J. de Wilde & Duyfjes

葫芦科 Cucurbitaceae / 马㼎儿属 *Zehneria*

＊形态描述：草质藤本。茎、枝细长，有沟纹，无毛或稍被长柔毛。叶柄细，长2~5厘米，无毛；叶片膜质，宽卵形或稀三角状卵形，长4~12厘米，宽3~10厘米，正面粗糙，背面近无毛，先端急尖或短渐尖，基部弯缺半圆形，边缘有小齿，不分裂或有时3~5浅裂，叶脉掌状辐射而出。卷须丝状，单一，无毛。雌雄同株；雄花常3~9朵生于总梗顶端呈近头状或伞房状花序，花序梗纤细，1~4厘米，无毛；雄花梗短；花萼筒钟状，无毛或被微柔毛，裂片狭三角形；花冠白色，裂片卵形或卵状长圆形，先端近急尖，背面常被柔毛；雄蕊3，2枚2室，1枚1室，有时全部为2室，插生在花萼筒基部，被短柔毛，花药卵形；雌花单生，少数几朵生于总梗顶端，子房卵形。果梗细，无毛，长0.5~1厘米；果实球状，直径1~1.4厘米，浆果状，光滑。种子卵状长圆形，扁压，平滑，边缘稍拱起。花期4—8月，果期8—11月。

＊生境：生于海拔500~1000米的林边或山坡路旁潮湿处。

＊分布：四川东部、南部广布。

◢ 卫矛科 Celastraceae

短柱梅花草

Parnassia brevistyla (Brieg.) Hand.-Mazz.

卫矛科 Celastraceae / 梅花草属 *Parnassia*

　　＊**形态描述**：多年生草本。高 11~23 厘米。基生叶 2~4；叶片卵状心形或卵形，先端急尖，基部弯缺很深呈深心形，正面深绿色，背面淡绿色，有 5~7（9）条脉；叶柄长 3~14 厘米；托叶膜质。茎 2~4，近中部以上有 1 茎生叶，与基生叶同形，通常较小，基部常有铁锈色附属物。花单生，萼筒浅，萼片长圆形、卵形或倒卵形，先端圆，全缘，中脉明显，在基部和内面常有紫褐色小点；花瓣白色，宽倒卵形或长圆状倒卵形，先端圆，基部渐窄成楔形，具爪，上部 2/3 的边缘呈浅而不规则啮蚀状，1/3 的下部具短流苏状毛，有 5~7 条紫红色脉，并布满紫红色小斑点；雄蕊 5，花丝长约 5 毫米，花药椭圆形，顶生，药隔连合并伸长呈匕首状；退化雄蕊 5，先端浅 3 裂，披针形或长圆形，先端渐尖或截形，中间裂片短而窄；子房卵球形，花柱短，柱头 3 裂，裂片短。蒴果倒卵状球形。种子多数，长圆形，褐色，有光泽。花期 7—8 月，果期 9 月。

　　＊**生境**：生于山坡阴湿的林下和林缘、云杉林间空地、山顶草坡下或河滩草地。

　　＊**分布**：四川西部、北部。

三脉梅花草

Parnassia trinervis Drude

卫矛科 Celastraceae / 梅花草属 *Parnassia*

　　*形态描述：多年生草本。高 4~20 厘米。根状茎短粗。基生叶丛生，矩圆形、矩圆伏披针形至广卵形，长 6~16 毫米，宽 5~10 毫米，先端圆钝，基部下延，全缘，叶柄长 2~5 厘米。花茎基部 1/3 处有 1 片无柄叶。花单生顶端，白色或黄绿色，直径 5~10 毫米；萼片 5，披针形，长 5 毫米；花瓣 5，狭匙状倒披针形，长为花萼的 2 倍，基部具爪并有 3 条脉；雄蕊 5，长 2.5 毫米；退化雄蕊长 1.5~2 毫米，顶端 3 浅裂，中部扩大；子房由 3 心皮合生，花柱短，先端 3 裂，裂片明显。蒴果矩圆形。花期 7—8 月，果期 9 月开始。

　　*生境：生于海拔 3600 米的高山山坡阴湿处。

　　*分布：四川康定、红原、稻城、色达、若尔盖、木里、盐源。

绿花梅花草

Parnassia viridiflora Batalin

卫矛科 Celastraceae / 梅花草属 *Parnassia*

＊**形态描述**：多年生草本。高 10~20 厘米。叶片卵状椭圆形或三角状卵形，少数卵状心形，长 1~2.5 厘米，宽 6~15 毫米，先端钝或微尖，基部宽楔形、近截形，具 5~7 条弧形凸起叶脉，两面有或无紫色小点；叶柄长（1）1.5~2.5 厘米；托叶膜质。茎生叶与基生叶同形，但明显小，无柄半抱茎。花直径 13~18 毫米；萼筒管陀螺状；萼片卵状披针形或长圆披针形，先端钝，全缘，外面有明显 3 条脉和不明显小褐点；花瓣绿色，长圆披针形或窄长圆形，先端圆，基部下延成爪，边全缘，具 5 条脉，偶有紫色小点；花丝扁平，向基部逐渐加宽，花药椭圆形；退化雄蕊 5，先端

3 浅裂，截形；子房椭圆形，半下位，花柱短，柱头 3 裂。蒴果椭圆形，外被紫色小点。种子多数，褐色，有光泽。花期 8 月，果期 9 月开始。

＊**生境**：生于高山草甸、灌丛草甸或山坡等。

＊**分布**：四川甘孜、康定、德格、石渠、色达、乡城。

鸡肫梅花草

Parnassia wightiana Wall. ex Wight et Arn.

卫矛科 Celastraceae / 梅花草属 *Parnassia*

＊**形态描述**：多年生草本。高 8~24（30）厘米。基生叶 2~5；叶柄 3~10（13）厘米；叶片背面淡绿色，正面深绿色，宽心形，长 2.5~4（5）厘米，宽 3.8~6.3 厘米，有 7~9 条脉，基部深心形到近心形，先端钝圆，具细尖头。无柄的茎生叶，半抱茎，与基生叶同形，常有多数铁锈色的附加物在基部。花直径 1.5~4 厘米。萼片密被紫褐色小点，卵形或披针形，基部常具数个铁锈色附属物，边全缘，先端钝圆。花瓣白色，长圆形或倒卵形，长 8~11 毫米，宽 4~9 毫米，基部楔形成爪，边缘上半部波状，下半部具长流苏状毛。花药长圆形；花丝 5~7 毫米；退化雄蕊 5，5 浅裂，耳垂狭线形，偶有不显眼腺体在顶端。子房上位，被褐色小点，倒卵球形；花柱长约 1.5 毫米；柱头 3 浅裂。蒴果倒卵形。种子褐色，有光泽，长圆形。花期 7—8 月，果期 9 月。

＊**生境**：生于山谷疏林、山坡杂草、沟边和路边等。

＊**分布**：四川马边、峨眉山、洪雅、荥经、木里、布拖、昭觉、甘洛、雷波。

◢ 酢浆草科 Oxalidaceae

酢浆草
Oxalis corniculata L.

酢浆草科 Oxalidaceae / 酢浆草属 *Oxalis*

*形态描述：草本。高 10~35 厘米，全株被柔毛。根茎稍肥厚。茎细弱，多分枝，直立或匍匐，匍匐茎节上生根。叶基生或茎上互生；托叶小，长圆形或卵形，边缘被密长柔毛，基部与叶柄合生；叶柄长 1~13 厘米，基部具关节；小叶 3，无柄，倒心形，先端凹入，基部宽楔形，沿脉被毛较密，边缘具贴伏缘毛。花单生或数朵集为伞形花序状，腋生，总花梗淡红色；小苞片 2 枚，披针形，膜质；萼片 5，披针形或长圆状披针形，背面和边缘被柔毛，宿存；花瓣 5，黄色，长圆状倒卵形；雄蕊 10，花丝白色半透明，基部合生，长短互间，长者花药较大且早熟；子房长圆形，5 室，被短伏毛，花柱 5，柱头头状。蒴果长圆柱形，5 棱。种子长卵形，褐色或红棕色，具横向肋状网纹。花果期 2—9 月。

*生境：生于山坡草地、河谷沿岸、路边、田边、荒地或林下阴湿处等。

*分布：四川广布。

红花酢浆草

Oxalis corymbosa DC.

酢浆草科 Oxalidaceae / 酢浆草属 *Oxalis*

＊**形态描述**：多年生直立草本。无地上茎，地下部分有球状鳞茎，外层鳞片膜质，褐色，背具 3 条肋状纵脉，被长缘毛，内层鳞片呈三角形，无毛。叶基生；叶柄长 5~30 厘米或更长，被毛；小叶 3，扁圆状倒心形，顶端凹入，两侧角圆形，基部宽楔形，表面绿色，被毛或几乎无毛；背面浅绿色，通常两面或仅边缘有干后呈棕黑色的小腺体；托叶长圆形，顶部狭尖，与叶柄基部合生。总花梗基生，二歧聚伞花序，通常排列成伞形花序；花梗、苞片、萼片均被毛；萼片 5，披针形，先端有暗红色长圆形的小腺体 2 枚，顶部腹面被疏柔毛；花瓣 5，倒心形，淡紫色至紫红色，基部颜色较深；雄蕊 10，长的 5 枚超出花柱，另外 5 枚长至子房中部，花丝被长柔毛；子房 5 室，花柱 5，被锈色长柔毛，柱头浅 2 裂。花果期 3—12 月。

＊**生境**：生于低海拔的山地、路旁、荒地或水田中。

＊**分布**：四川广布。

＊**其他信息**：全草药用。

▲ 金丝桃科 Hypericaceae

地耳草

Hypericum japonicum Thunb. ex Murray

金丝桃科 Hypericaceae / 金丝桃属 *Hypericum*

＊形态描述：茎单一或稍簇生，直立、外倾或匍地。基部生根，在花序下部不分枝或各式分枝，具 4 纵棱。叶无柄，叶片通常卵形或卵状三角形至长圆形或椭圆形，边缘全缘，纸质，具 1 条基生主脉和 1~2 条对侧脉。花序具 1~30 朵花，二歧或单歧；苞片及小苞片线形、披针形至叶状。花稍平展；花蕾圆柱状椭圆形；花梗长 2~5 毫米；萼片狭长圆形或披针形至椭圆形，果时伸直；花瓣白色、淡黄色至橙黄色，椭圆形或长圆形，宿存；雄蕊 5~30，不成束，宿存，花药黄色，具松脂状腺体；子房 1 室；花柱（2~）3，自基部离生，开展。蒴果短圆柱形至圆球形，无腺条纹。种子淡黄色，圆柱形，长约 0.5 毫米，两端锐尖，无龙骨状凸起和顶端的附属物，全面有细蜂窝纹。花期 3 月，果期 6—10 月。

＊生境：生于海拔 0~2800 米的田边、沟边、草地以及撂荒地。

＊分布：四川西南部。

＊其他信息：全草药用，有清热解毒、止血消肿的功效。

◢ 堇菜科 Violaceae

鸡腿堇菜

Viola acuminata Ledeb.

堇菜科 Violaceae / 堇菜属 *Viola*

＊形态描述：通常无基生叶。根状茎较粗，密生多条淡褐色根。茎直立，通常 2~4 条丛生。叶片心形至卵形，基部通常心形，边缘具钝锯齿及短缘毛，两面密生褐色腺点，沿叶脉被疏柔毛；托叶草质，叶状，边缘被缘毛，两面有褐色腺点，沿脉疏生柔毛。花淡紫色或近白色，具长梗；花梗细，被细柔毛，通常均超出叶，中部以上或在花附近具 2 枚线形小苞片；萼片线状披针形，基部附属物长 2~3 毫米，末端截形或有时具 1~2 个齿裂，上面及边缘有短毛，具 3 条脉；花瓣有褐色腺点；花距通常直，呈囊状，末端钝；子房圆锥状，无毛，花柱基部微向前膝曲，向上渐增粗，顶部具数列明显的乳头状凸起，先端具短喙，喙端微向上噘，具较大的柱头孔。蒴果椭圆形，无毛，通常有黄褐色腺点，先端渐尖。花果期 5—9 月。

＊生境：生于杂木林下、林缘、灌丛、山坡草地或溪谷湿地等。

＊分布：四川北部。

＊其他信息：全草药用，有清热解毒、排脓消肿的功效；嫩叶作蔬菜。

七星莲

Viola diffusa Ging.

董菜科 Violaceae / 董菜属 *Viola*

 ＊形态描述：全体被糙毛或白色柔毛，或几乎无毛。匍匐枝先端具莲座状叶丛，通常生不定根。根状茎短，具多条白色细根及纤维状根。基生叶丛生，呈莲座状，或于匍匐枝上互生；叶片卵形，基部宽楔形或截形，边缘具钝齿及缘毛，幼叶两面密被白色柔毛，后渐变稀疏，但叶脉上及两侧边缘仍被较密的毛。花较小，淡紫色或浅黄色，具长梗，生于基生叶或匍匐枝叶丛的叶腋间；花梗纤细，中部有 1 对线形苞片；萼片披针形，先端尖，基部附属物短，末端圆或具稀疏细齿，边缘疏生睫毛；下方花瓣连花距长约 6 毫米，较其他花瓣短；花距极短，稍露出萼片附属物外；子房无毛，花柱棍棒状，柱头两侧及后方具肥厚的缘边，中央部分稍隆起，前方具短喙。蒴果长圆形，无毛，顶端常具宿存的花柱。花期 3—5 月，果期 5—8 月。

 ＊生境：生于山地林下、林缘、草坡、溪谷旁、岩石缝隙中。

 ＊分布：四川广布。

 ＊其他信息：全草药用，能清热解毒、消肿排脓。

长萼堇菜

Viola inconspicua Blume

堇菜科 Violaceae / 堇菜属 *Viola*

＊**形态描述**：根状茎较粗壮，节密生，通常被残留的褐色托叶所包被。叶均基生，呈莲座状；叶片三角形、三角状卵形或戟形，最宽处在叶的基部，中部向上渐变狭，基部宽心形，弯缺呈宽半圆形，边缘具圆锯齿，两面通常无毛。花淡紫色，有暗色条纹；花梗细弱，中部稍上处有 2 枚线形小苞片；萼片卵状披针形或披针形，顶端渐尖，基部附属物伸长，末端具缺刻状浅齿，具狭膜质缘，无毛或具纤毛；花瓣长圆状倒卵形，侧方花瓣中基部有须毛；花距管状，末端钝；下方雄蕊背部的花距角状，顶端尖，基部宽；子房球形，无毛，花柱棍棒状，基部稍膝曲，顶端平，两侧具较宽的缘边，前方具明显的短喙，喙端具向上开口的柱头孔。蒴果长圆形，无毛。种子卵球形，深绿色。花果期 3—11 月。

＊**生境**：生于林缘、山坡草地、田边及溪旁等。

＊**分布**：四川雷波、峨眉山、夹江。

＊**其他信息**：全草药用，能清热解毒。

◢ 杨柳科 Salicaceae

垂柳
Salix babylonica L.

杨柳科 Salicaceae / 柳属 *Salix*

*形态描述：落叶乔木。小枝细长，下垂，无毛，有光泽，褐色或带紫色。叶矩圆形、狭披针形或条状披针形，长 9~16 厘米，宽 5~15 毫米，先端渐尖或长渐尖，基部楔形，有时歪斜，边缘有细锯齿，两面无毛，下面带白色，侧脉 15~30 对；叶柄长 6~12 毫米，有短柔毛。花序轴有短柔毛；雄花序长 1.5~2 厘米；苞片椭圆形，外面无毛，边缘有睫毛；雄蕊 2，离生，基部有长柔毛，腺体 2；雌花序长 5 厘米；苞片狭椭圆形，腹面有 1 腺体；子房无毛，柱头 2 裂。蒴果长 3~4 毫米，带黄褐色。花期 3—4 月，果期 4—5 月。

*生境：生于水边、河岸等。

*分布：四川广布。

*其他信息：行道树。有祛风除湿的功效。

硬叶柳

Salix sclerophylla Anderss.

杨柳科 Salicaceae / 柳属 *Salix*

＊**形态描述**：多年生直立灌木。小枝多节，呈珠串状，暗紫红色。芽卵形，微三棱状，褐红色。叶革质，形状多变化，椭圆形、倒卵形或广椭圆形，基部楔形至圆形，先端急尖至圆形，两面有柔毛或几乎无毛，上面绿色，下面浅绿色，全缘。花序椭圆形至长椭圆形，基部无小叶或有1~2枚小叶；雄蕊2，花丝基部有柔毛；苞片椭圆形或倒卵形，先端圆截形，褐色或褐紫色，常有短缘毛；腺体2，背腺有时分裂；子房狭卵形或卵形，有密柔毛，花柱短，柱头4裂；苞片同雄花；有背腺和腹腺（腺体偶有分裂），少数背腺缺。蒴果卵状圆锥形，长3.2毫米，有柔毛，无柄或有短柄。花期6月，果期6月下旬—7月初。

＊**生境**：生于海拔4000~4800米的高山水沟或高寒湿地边。

＊**分布**：四川西部、西北部，如红原、甘孜、马尔康、雅江、康定、得荣、乡城、稻城、色达、德格、九龙、小金、壤塘。

秋华柳

Salix variegata Franch.

杨柳科 Salicaceae / 柳属 *Salix*

＊**形态描述**：灌木。通常高 1 米。幼枝粉紫色，有绒毛，后无毛。叶通常
为长圆状倒披针形或倒卵状长圆形，形状多变化，长 1.5 厘米，宽约 4 毫米，
先端急尖或钝，上面散生柔毛，下面有伏生绢毛，少数脱落，几乎无毛，全
缘或有锯齿；叶柄短。花在叶后开放，少数同时开放；花序长 1.5~2.5 厘米，
粗 3~4 毫米，花序梗短，生 1~2 片小叶；雄蕊 2，花丝合生，无毛，花药黄色；
苞片椭圆状披针形，外面有长柔毛，长为花丝的一半，腺体 1，圆柱形；雌
花序较粗，直径 7~8 毫米，受粉后，不断伸长增粗，果序长达 4 厘米，花序梗
也伸长，子房卵形，无柄，有密柔毛，花柱无或几乎无，柱头 2 裂；苞片同雄花；
仅 1 腹腺。蒴果狭卵形，长 4 毫米。花期不定，通常在秋季开花，果期 10—12 月。

＊**生境**：生于河边。

＊**分布**：四川广布。

▲ 大戟科 Euphorbiaceae

铁苋菜

Acalypha australis L.

大戟科 Euphorbiaceae / 铁苋菜属 *Acalypha*

＊**形态描述：**一年生草本。小枝细长，被贴伏柔毛，毛逐渐稀疏。叶膜质，长卵形、近菱状卵形或阔披针形，顶端短渐尖，基部楔形，少数圆钝，边缘具圆锯，上面无毛，下面沿中脉具柔毛；基出脉3条，侧脉3对；叶柄长2~6厘米，具短柔毛；托叶披针形，具短柔毛。雌雄花同序，花序腋生，稀顶生，花序梗长0.5~3厘米，花序轴具短毛；雌花苞片1~2（4）枚，卵状心形，花后增大，边缘具三角形齿，外面沿掌状脉具疏柔毛；花梗无；雄花生于花序上部，排列呈穗状或头状，雄花苞片卵形，簇生；雄花花蕾时近球形，无毛，花萼裂片4，卵形，长约0.5毫米；雄蕊7~8；雌花萼片3，长卵形，具疏毛；子房具疏毛，花柱3，撕裂5~7条。蒴果直径4毫米，具3个分果爿，果皮具疏生毛和毛基变厚的小瘤体。种子近卵状，种皮平滑，假种阜细长。花果期4—12月。

＊**生境：**生于平原或山坡较湿润耕地和空旷草地，有时生于石灰岩山疏林下。

＊**分布：**四川广布。

裂苞铁苋菜

Acalypha supera Forsskal

大戟科 Euphorbiaceae / 铁苋菜属 *Acalypha*

＊形态描述：一年生草本。高 20~80 厘米，全株被短柔毛和散生的毛。叶膜质，卵形或菱状卵形，长 2~5.5 厘米，宽 1.5~3.5 厘米，顶端急尖或短渐尖，基部心形，有时楔形，上半部边缘具齿；基出脉 3~5 条；叶柄细长，长 2.5~6 厘米；托叶披针形。雌雄花同序，花序 1~3 个，腋生，雌花苞片 3~5 枚，长约 5 毫米，掌状深裂，中间裂片长圆形，侧面较小，具 1 朵花；雄花密生于花序上部，呈头状或短穗状，苞片卵形；有时花序轴顶端具 1 朵异形雌花；雄花花萼花蕾时球形，疏生短柔毛；雄蕊 7~8；雌花萼片 3，近长圆形，具缘毛；子房疏生长毛和柔毛，花柱 3，撕裂 3~5 条；花梗短；异形雌花萼片 4；子房陀螺状，1 室，被柔毛，膜质，花柱 1，位于子房基部。蒴果直径 2 毫米，3 室，果皮具疏生柔毛和毛基变厚的小瘤体。种子卵状，种皮稍粗糙。花果期 5—12 月。

＊生境：生于海拔 100~1900 米的山坡、路旁湿润草地、溪畔、林间小道旁草地。

＊分布：四川中部、东部，成都、平武、乐山、峨眉山、雅安、茂县、泸定等。

蓖麻

Ricinus communis L.

大戟科 Euphorbiaceae / 蓖麻属 *Ricinus*

＊**形态描述：**一年生粗壮草本或草质灌木。高 2~5（10）米。小枝、叶和花序通常被白霜。叶轮廓近圆形，长和宽达 40 厘米，掌状 7~11 裂，裂缺几乎达到中部，裂片卵状长圆形或披针形，顶端急尖或渐尖，边缘具锯齿。托叶长三角形，长 2~3 厘米，早落。总状花序或圆锥花序，长 15~30 厘米；苞片阔三角形，膜质，早落；雄花花萼裂片卵状三角形，长 5~8 毫米，宽 3~5 毫米；雄蕊束众多；雌花萼片卵状披针形，长 5~10 毫米，凋落；子房卵状，直径约 5 毫米，密生软刺或无刺，花柱红色，长约 4 毫米，顶部 2 裂，密生乳头状凸起。蒴果卵球形或椭圆形，长 1.5~2.5 厘米，果皮具软刺或平滑。种子椭圆形，微扁平，长 7~12 毫米，平滑，斑纹淡褐色或灰白色；种阜大。花果期 5—10 月。

＊**生境：**生于疏林或河流两岸冲积地。

＊**分布：**四川广泛栽培，成都、乐山、西昌、木里等。

◢ 叶下珠科 Phyllanthaceae

叶下珠

Phyllanthus urinaria L.

叶下珠科 Phyllanthaceae / 叶下珠属 *Phyllanthus*

　　＊形态描述：茎通常直立，基部多分枝，枝倾卧而后上升；枝具翅状纵棱，上部被纵列疏短柔毛。叶片纸质，因叶柄扭转而呈羽状排列，长圆形或倒卵形；侧脉每边 4~5 条，明显；托叶卵状披针形。花雌雄同株。雄花 2~4 朵簇生于叶腋，通常仅上面 1 朵开花；花梗基部有苞片 1~2 枚；萼片 6，倒卵形；雄蕊 3，花丝全部合生成柱状；花粉粒长球形，通常具 5 孔沟；花盘腺体 6，分离，与萼片互生。雌花单生于小枝中下部的叶腋内；萼片 6，近相等，卵状披针形；花盘圆盘状，边全缘；子房卵状，有鳞片状凸起，花柱分离，顶端 2 裂，裂片弯卷。蒴果圆球状，红色，表面具小凸刺，有宿存的花柱和萼片，开裂后轴柱宿存。种子橙黄色。花期 4—6 月，果期 7—11 月。

> **＊生境**：生于海拔 500 米以下的旷野平地、旱田、山地路旁、林缘或潮湿草地。
>
> **＊分布**：四川成都平原。
>
> **＊其他信息**：全草药用，有解毒、消炎、清热、止泻、利尿的功效。

◢ 千屈菜科 Lythraceae

耳基水苋

Ammannia auriculata Willd.

千屈菜科 Lythraceae / 水苋菜属 *Ammannia*

＊形态特征：一年生草本。高 15~40 厘米，无毛。茎有 4 棱，常多分枝。叶对生，无柄，条状披针形或狭披针形，长 1.5~5 厘米，宽 3~8 毫米，基部戟状耳形。聚伞花序腋生，有细总花梗；苞片和小苞片均极小，钻形；花稀疏排列，有细梗；花萼筒状钟形，长约 2 毫米，有 4 个三角形的齿；花瓣 4，小，淡紫色，长约 1.2 毫米；雄蕊 4~6；子房球形，花柱比子房长，长约 2 毫米，稍伸出于萼筒外。蒴果球形，直径约 3 毫米，不规则开裂。种子极小，三角形。花果期 8—12 月。

＊生境：生于湿地或稻田中。

＊分布：四川偶有栽培。

水苋菜

Ammannia baccifera L.

千屈菜科 Lythraceae / 水苋菜属 *Ammannia*

*　**形态描述**：一年生草本。无毛，高 10~50 厘米。茎直立，多分枝，带淡紫色，稍呈 4 棱，具狭翅。叶生于下部的对生，生于上部或侧枝的有时略成互生，长椭圆形、矩圆形或披针形，生于茎上的长可达 7 厘米，生于侧枝的较小，顶端短尖或钝形，基部渐狭，侧脉不明显，几乎无柄。花数朵组成腋生的聚伞花序或花束，结实时稍疏松，几乎无总花梗；花极小，绿色或淡紫色；通常无花瓣；雄蕊 4，贴生于萼筒中部，与花萼裂片等长或较短；子房球形，花柱极短或无花柱。蒴果球形，紫红色，中部以上不规则周裂。种子极小，形状不规则，近三角形，黑色。花期 8—10 月，果期 9—12 月。

*　**生境**：生于潮湿处或水田，冬春始见。

*　**分布**：四川偶有栽培。

千屈菜
Lythrum salicaria L.

千屈菜科 Lythraceae / 千屈菜属 *Lythrum*

　　*形态描述：多年生草本。根茎横卧于地下，茎直立，多分枝。全株青绿色，略被粗毛或密被柔毛，枝通常 4 棱。叶对生或三叶轮生，披针形或阔披针形，全缘，无柄。小聚伞花序，簇生，花枝全形似一个大型的穗状花序，苞片阔披针形至三角状卵形；萼筒有 12 条纵棱，裂片 6；附属体针状，直立；花瓣 6，红紫色或淡红色，基部楔形，生于萼筒上部，有短爪；雄蕊 12，6 长 6 短，伸出于萼筒外，子房 2 室。蒴果扁圆形。花果期 7—10 月。

　　*生境：生于河岸、湖畔、溪沟边及潮湿草地。
　　*分布：四川广布。

圆叶节节菜

Rotala rotundifolia (Buch.-Ham. ex Roxb.) Koehne

千屈菜科 Lythraceae / 节节菜属 *Rotala*

　　＊形态描述：一年生草本。根茎细长，匍匐向上。茎单一或稍分枝，直立丛生，带紫红色。叶对生，无柄或有短柄，近圆形、阔倒卵形或阔椭圆形，侧脉4对，纤细。花单生于苞片内，组成顶生稠密的穗状花序；苞片叶状，卵形；花小，萼筒阔钟形，膜质，半透明，裂片4，三角形；花瓣4，倒卵形，淡紫红色；子房近梨形，柱头盘状。蒴果椭圆形，3~4瓣裂。花果期12月至次年6月。

　　＊生境：生于水田或潮湿处。

　　＊分布：四川南部、北部。

欧菱

Trapa natans L.

千屈菜科 Lythraceae / 菱属 *Trapa*

＊**形态描述**：一年生浮水水生草本。根二型，着泥根细铁丝状，生于水底；同化根，羽状细裂，裂片丝状。叶二型，浮水叶互生，聚生于主茎或分枝茎的顶端，呈旋叠状镶嵌排列在水面，成莲座状的菱盘，叶菱圆形或三角状菱圆形，表面深亮绿色，无毛，背面灰褐色或绿色，叶缘中上部具不整齐的圆凹齿或锯齿，边缘中下部全缘，基部楔形或近圆形，叶柄中上部膨大不明显，被短毛；沉水叶小，早落。花小，单生于叶腋，两性，萼筒4深裂，花瓣4，白色；雄蕊4；子房半下位，2心皮，2室，每室有1枚倒生胚珠，仅1室胚珠发育，花盘鸡冠状。果三角状菱形。花期5—10月，果期7—11月。

＊**生境**：生于湖湾、池塘、河湾等。

＊**分布**：四川平坝地区。

▲ 柳叶菜科 Onagraceae

长柱柳叶菜

Epilobium blinii Lévl.

柳叶菜科 Onagraceae / 柳叶菜属 *Epilobium*

＊**形态描述**：多年生草本。直立，茎高10~45厘米。叶对生，上部的互生，基生的叶倒卵形至倒披针形；下部至中上部的叶狭椭圆形、长圆形或椭圆状披针形。花序近直立或下垂。花直立；花蕾长圆状卵球形；子房长1.5~2.5厘米，密被曲柔毛；花梗长1.2~3.5厘米；花管长1.2~2.5毫米；萼片狭披针形；花瓣玫瑰色或紫色，倒卵形；花丝外轮长3.5~7毫米，内轮长1.5~4毫米；

花药长圆形；花柱头直立；柱头深至浅4裂，裂片宽大长圆形或三角形。蒴果长3~5.5厘米；果梗长1.5~3.5厘米。种子褐色，长圆形至狭倒卵形；种缨灰白色，长7~10毫米，易脱落。花期4—7月，果期5—8（10）月。

＊**生境**：生于海拔1500~2000（3300）米的山地酸性沼泽地及湖泊水沟边阴湿处。

＊**分布**：四川南部（西昌）。

沼生柳叶菜

Epilobium palustre L.

柳叶菜科 Onagraceae / 柳叶菜属 *Epilobium*

　　＊形态描述：多年生直立草本。自茎基部底下或地上生出纤细的越冬匍匐枝，稀疏的节上生成对的叶。茎高（5）15~70 厘米，粗 0.5~5.5 毫米，不分枝或分枝。叶对生，花序上的互生，近线形至狭披针形，先端锐尖或渐尖，基部近圆形或楔形。花近直立；子房密被曲柔毛与稀疏的腺毛；花管喉部几乎无毛或有一环稀疏的毛；萼片长圆状披针形，先端锐尖，密被曲柔毛与腺毛；花瓣白色至粉红色或玫瑰紫色，倒心形；花药长圆状；花柱直立，无毛；柱头棍棒状至近圆柱状，开花时稍伸出外轮花药。蒴果长 3~9 厘米，被曲柔毛；果梗长 1~5 厘米。种子棱形至狭倒卵形，顶端具长喙，褐色，表面具细小乳突；种缨灰白色或褐黄色，不易脱落。花期 6—8 月，果期 8—9 月。

　　＊生境：生于湖塘、沼泽、河谷、溪沟旁、亚高山与高山草地湿润处。

　　＊分布：四川稻城、石渠、若尔盖、色达、德格、红原、阿坝、康定、乡城、道孚、甘孜。

假柳叶菜

Ludwigia epilobioides Maxim.

柳叶菜科 Onagraceae / 丁香蓼属 *Ludwigia*

＊形态描述：一年生粗状直立草本。茎高 30~150 厘米，四棱形，带紫红色，多分枝，无毛或被微柔毛。叶狭椭圆形至狭披针形，先端渐尖，基部狭楔形，侧脉每侧 8~13 条，两面隆起，脉上疏被微柔毛；叶柄长 4~13 毫米；托叶很小，卵状三角形。萼片 4~5（6），三角状卵形；花瓣黄色，倒卵形；雄蕊与萼片同数，花药宽长圆状，开花时以单花粉直接授在柱头上；花柱粗短，柱头球状，顶端微凹；花盘无毛。蒴果几乎无梗，初时具 4~5 棱，表面瘤状隆起，或熟时淡褐色，内果皮增厚变硬成木栓质，

表面变平滑，使果成圆柱状，每室有 1 列或 2 列稀疏嵌埋于内果皮的种子；果皮薄，成熟时不规则开裂。种子狭卵球状，顶端具钝突尖头，基部偏斜，淡褐色，表面具红褐色纵条纹。花期 8—10 月，果期 9—11 月。

＊生境：生于湖泊、池塘、稻田、溪边等湿润处。

＊分布：四川广布。

＊照片来源：教学标本资源共享平台（汪小凡）。

台湾水龙

Ludwigia×taiwanensis C. I. Peng

柳叶菜科 Onagraceae / 丁香蓼属 *Ludwigia*

　　*形态描述：多年生浮水草本。具匍匐或浮水的茎；茎长达 1 米，自节上生出多数须根，浮水茎节上常簇生白色向上纺锤状储气的根状浮器，无毛，多分枝，顶端上升。叶狭椭圆形至匙状长圆形，先端稍钝或微锐尖，基部狭楔形或渐狭，侧脉 9~11 对，无毛；托叶近正三角形，鳞片状，带褐紫色，先端锐尖。花单生于顶部叶腋；小苞片成对生于子房近基部或中部，宽卵形。萼片 5，三角状披针形，开花时上升，后脱落；花瓣 5，淡黄色，先端近截形或钝圆，微凹，基部宽楔形，每侧有 4 条明显侧脉；雄蕊 10，比花瓣稍短，花药未发育不开裂；花粉粒几乎全部败育；花盘隆起，基部生长毛；花柱黄色，无毛，柱头黄色，近球状，浅 5 裂。蒴果不发育。花果期 4—12 月。

　　*生境：生于水塘、江河、水田、水沟湿地等，成片生长。

　　*分布：四川南部。

　　*其他信息：全株可作饲料。

▲ 锦葵科 Malvaceae

苘麻

Abutilon theophrasti Medicus

锦葵科 Malvaceae / 苘麻属 *Abutilon*

　　＊**形态描述**：一年生亚灌木状草本。高 1~2 米。茎枝被柔毛。叶互生，先端长渐尖，基部心形，边缘有细圆锯齿，两面均密被星状柔毛。花单生于叶腋；花萼杯状，密被短柔毛，裂片 5；花黄色；心皮 15~20，顶端平截，具扩展、被毛的长芒 2，排列成轮状。蒴果半球形，分果爿 15~20，被粗毛，顶端有长芒 2。种子肾形，褐色，被星状毛。花期 7—8 月，果期 9—10 月。

　　＊**生境**：常生于路边荒地、田野及湖泊、河边等。
　　＊**分布**：四川广布。

◢ 十字花科 Brassicaceae

荠

Capsella bursa-pastoris (L.) Medic.

十字花科 Brassicaceae / 荠属 *Capsella*

*　**形态描述**：一年生或二年生草本。高（7）10~50 厘米。无毛、有单毛或分叉毛。茎直立，单一或从下部分枝。基生叶丛生呈莲座状，大头羽状分裂，顶裂片卵形至长圆形，侧裂片 3~8 对，长圆形至卵形，顶端渐尖，浅裂，有不规则粗锯齿或几乎全缘；茎生叶窄披针形或披针形，基部箭形，抱茎，边缘有缺刻或锯齿。总状花序顶生及腋生，果期延长达 20 厘米；花梗长 3~8 毫米；萼片长圆形；花瓣白色，卵形，有短爪；花柱长约 0.5 毫米。短角果倒三角形或倒心状三角形，扁平，无毛，顶端微凹，裂瓣具网脉；果梗长 5~15 毫米。种子 2 行，长椭圆形，浅褐色。花果期 4—6 月。

*　**生境**：生于山坡、田边及路旁。

*　**分布**：四川广布。

*　**其他信息**：全草药用，有利尿、止血、清热、明目、消积的功效。茎叶作蔬菜食用。种子含油 20% ~30%，属干性油，可制油漆、肥皂。

弹裂碎米荠

Cardamine impatiens L.

十字花科 Brassicaceae / 碎米荠属 *Cardamine*

***形态描述**：茎直立，不分枝或有时上部分枝，表面有沟棱，有少数短柔毛或无毛，羽状复叶。基生叶小叶 2~8 对，卵形，边缘有不整齐钝齿状浅裂，基部楔形，小叶柄显著，自上而下渐小，生于最下的 1~2 对通常近披针形，全缘；茎生叶有柄，顶端渐尖，小叶 5~8 对，卵形或卵状披针形；全部小叶边缘均有缘毛。总状花序顶生和腋生，花多数，果期花序极延长；花瓣白色，狭长椭圆形，基部稍狭；雌蕊柱状，无毛，花柱极短，柱头较花柱稍宽。长角果狭条形而扁；心皮无毛，成熟时自下而上弹性开裂；果梗直立或水平开展，无毛。种子椭圆形，边缘有极狭的翅。花期 4—6 月，果期 5—7 月。

***生境**：生于路旁、山坡、沟谷、水边或阴湿地。

***分布**：四川广布。

紫花碎米荠

Cardamine tangutorum O. E. Schulz

十字花科 Brassicaceae / 碎米荠属 *Cardamine*

＊形态描述：多年生草本。高 15~50 厘米。根状茎细长，呈鞭状，匍匐生长。茎单一，不分枝；基部倾斜，上部直立，表面具沟棱，下部无毛，上部有少数柔毛。基生叶有长叶柄，小叶 3~5 对，长椭圆形，顶端短尖，边缘具钝齿，基部呈楔形或阔楔形，无小叶柄；茎生叶通常只有 3 枚，着生于茎的中、上部，有叶柄，小叶 3~5 对，与基生的相似，但较狭小。总状花序；外轮萼片长圆形，内轮萼片长椭圆形，基部囊状，边缘白色膜质，外面带紫红色，有少数柔毛；花瓣紫红色或淡紫色，倒卵状楔形，顶端截形，基部渐狭成爪；花丝扁而扩大，花药狭卵形；雌蕊柱状，无毛，花柱与子房几乎等粗，柱头不显著。长角果线形，扁平，基部具长约 1 毫米的子房柄；果梗直立。种子长椭圆形，褐色。花期 5—7 月，果期 6—8 月。

＊生境：生于河漫滩、山谷草地及林下潮湿地。

＊分布：四川木里、汶川、理县、红原。

播娘蒿

Descurainia sophia (L.) Webb ex Prantl

十字花科 Brassicaceae / 播娘蒿属 *Descurainia*

　　*形态描述：一年生草本。高 20~80 厘米。有毛或无毛，毛为叉状毛，下部茎生叶多，向上渐少。茎直立，分枝多，常于下部成淡紫色。叶为 3 回羽状深裂，末端裂片条形或长圆形，下部叶具柄，上部叶无柄。花序伞房状，果期伸长；萼片直立，早落，长圆条形，背面有分叉细柔毛；花瓣黄色，长圆状倒卵形，或稍短于萼片，具爪；雄蕊 6，比花瓣长 1/3。长角果圆筒状，无毛，稍内曲，心皮中脉明显；果梗长 1~2 厘米。种子每室 1 行，种子小，多数，长圆形，稍扁，淡红褐色，表面有细网纹。花期 4—5 月，果期 6—7 月。

　　*生境：生于山坡、田野及农田。

　　*分布：四川广布。

　　*其他信息：种子含油 40%，油工业用，并可食用；种子可药用，有利尿消肿、祛痰定喘的功效。

豆瓣菜

Nasturtium officinale R. Br.

十字花科 Brassicaceae / 豆瓣菜属 *Nasturtium*

＊**形态描述**：多年生水生草本。高 20~40 厘米，全体光滑无毛。茎匍匐或浮水生，多分枝，节上生不定根。单数羽状复叶，小叶片 3~7（9）枚，宽卵形、长圆形或近圆形，顶端 1 枚较大，钝头或微凹，几乎全缘或呈浅波状，基部截平，小叶柄细而扁，叶柄基部成耳状，略抱茎。总状花序顶生，花多数；萼片长卵形，边缘膜质，基部略呈囊状；花瓣白色，倒卵形或宽匙形，具脉纹，顶端圆，基部渐狭成细爪。长角果圆柱形而扁；果柄纤细，开展或微弯；花柱短。种子每室 2 行，卵形，直径约 1 毫米，红褐色，表面具网纹。花期 4—5 月，果期 6—7 月。

＊**生境**：生于水中、水沟边、山涧河边、沼泽地或水田。

＊**分布**：四川冕宁、康定、泸定、道孚、天全、西昌、峨眉山、汉源、金川。

＊**其他信息**：广东及广西部分地区常栽培作蔬菜。全草药用，有解热、利尿的功效。

单花荠

Pegaeophyton scapiflorum (Hook. f. & Thoms.) Marq. et Shaw

十字花科 Brassicaceae / 单花荠属 *Pegaeophyton*

　　*形态描述：多年生草本。茎短缩，植株光滑无毛，高（3）5~15厘米。根粗壮，表皮多皱缩。叶多数，旋叠状着生于基部，叶片线状披针形或长匙形，长2~10厘米，宽（3）5~8（20）毫米，全缘或具稀疏浅齿；叶柄扁平，与叶片几乎等长，在基部扩大呈鞘状。花大，单生，白色至淡蓝色；花梗扁平，带状，长2~10厘米；萼片长卵形，内轮2枚基部略呈囊状，具白色膜质边缘；花瓣宽倒卵形，长5~8毫米，宽3~7毫米，顶端全缘或微凹，基部稍具爪。短角果宽卵形，扁平，肉质，具狭翅状边缘。种子每室2行，圆形而扁，长1.8~2毫米，宽约1.5毫米，褐色。花果期6—9月。

　　*生境：生于山坡潮湿地、高山草甸、林内水沟边及流水滩。
　　*分布：四川西南部。

高葶菜

Rorippa elata (Hook. f. et Thoms.) Hand.-Mazz.

十字花科 Brassicaceae / 葶菜属 *Rorippa*

　　*形态描述：二年生草本。茎直立，粗壮，下部单一，上部分枝，表面有纵沟。基生叶丛出，大头羽裂，顶裂片最大，长椭圆形，边缘具小圆齿，下部叶片3~5对，向下渐小，基部耳状抱茎；茎下部叶及中部叶为大头羽裂或浅裂，基部耳状抱茎；上部叶无柄，裂片边缘具浅齿或浅裂。总状花序顶生或腋生，花多数，黄色；萼片宽椭圆形；花瓣长倒卵形，顶端圆钝，边缘微波状，基部渐狭；雄蕊6，2枚稍短。长角果圆柱形，心皮隆起，具中肋，顶端具宿存花柱；果梗稍短于果实，直立而紧靠果轴生。种子每室2行，多数，卵形而扁，灰褐色，表面具细密网纹。花期5—7月，果期7—10月。

　　*生境：生于高原地区阳坡草地、林下水沟边、路旁及高山灌丛草地。

　　*分布：四川西北部。

沼生蔊菜

Rorippa palustris (L.) Besser

十字花科 Brassicaceae / 蔊菜属 *Rorippa*

　　*形态描述：一年生或二年生草本。高（5）0~100（140）厘米，无毛或稀有单毛。茎直立，单一成分枝，下部常带紫色，具棱。基生叶多数，具柄；叶片羽状深裂，长圆形至狭长圆形，长（4）6~20（30）厘米，宽1~5（8）厘米，裂片3~7对，边缘不规则浅裂或呈深波状，顶端裂片较大，基部耳状抱茎，有时有缘毛；茎生叶向上渐小，几乎无柄，叶片羽状深裂或具齿，基部耳状抱茎。总状花序顶生或腋生，果期长，花小，多数，黄色或淡黄色，具纤细花梗，长3~5毫米；萼片长椭圆形；花瓣长倒卵形至楔形；雄蕊6，几乎等长，花丝线形。短角果椭圆形或近圆柱形，有时稍弯曲。种子每室2行，多数，褐色，细小，近卵形而扁，一端微凹，表面具细网纹。花期4—7月，果期6—8月。

　　*生境：生于潮湿环境或近水处、溪岸、路旁、田边、山坡草地及草场。

　　*分布：四川天全、马尔康、康定、九龙、炉霍。

▲ 柽柳科 Tamaricaceae

疏花水柏枝

Myricaria laxiflora (Franch.) P. Y. Zhang et Y. J. Zhang

柽柳科 Tamaricaceae / 水柏枝属 *Myricaria*

＊**形态描述**：直立灌木。高约 1.5 米。老枝红褐色或紫褐色，光滑，当年生枝绿色或红褐色。叶密生于当年生绿色小枝上，叶披针形或长圆形，先端钝或锐尖，常内弯，基部略扩展，具狭膜质边。总状花序通常顶生，长 6~12 厘米，较稀疏；苞片披针形或卵状披针形，长约 4 毫米，宽约 1.5 毫米，渐尖，具狭膜质边；萼片披针形或长圆形，先端钝或锐尖，具狭膜质边；花瓣倒卵形，长 5~6 毫米，宽 2 毫米，粉红色或淡紫色；花丝 1/2 或 1/3 部分合生；子房圆锥形。蒴果狭圆锥形，长 6~8 毫米。种子顶端芒柱一半以上被白色长柔毛。花果期 6—8 月。

＊**生境**：生于路旁及河岸边。

＊**分布**：四川东部及中部。

＊**照片来源**：教学标本资源共享平台（汪小凡）。

柽柳

Tamarix chinensis Lour.

柽柳科 Tamaricaceae / 柽柳属 *Tamarix*

＊形态描述：乔木或灌木。高 3~6（8）米。老枝直立，暗褐红色，幼枝红紫色或暗紫红色，有光泽。每年开花两三次。春季开花：总状花序侧生于去年生木质化小枝上，花大而少；苞片线状长圆形，与花梗几乎等长；花梗纤细，较萼短；花 5 出；萼片 5，狭长卵形，外面 2 片，背面具隆脊，较花瓣略短；花瓣 5，粉红色，较花萼微长，果时宿存；花盘 5 裂，裂片先端圆或微凹，紫红色，肉质；雄蕊 5，长于或略长于花瓣，花丝着生于花盘裂片间；蒴果圆锥形。夏、秋季开花：总状花序长 3~5 厘米，较春生者细，生于当年生幼枝顶端，组成顶生圆锥花序，疏松而通常下弯；花 5 出，较春季花略小，密生；苞片绿色，草质，较春季花的苞片狭细，较花梗长；花萼三角状卵形；花瓣粉红色，远比花萼长；花盘 5 裂或 10 裂；雄蕊 5。花期 4—9 月。

＊生境：生于河流冲积平原、滩头、潮湿盐碱地等。

＊分布：四川广布。

▲ 蓼科 Polygonaceae

金荞麦

Fagopyrum dibotrys (D. Don) Hara

蓼科 Polygonaceae / 荞麦属 *Fagopyrum*

*形态描述：多年生草本。根状茎木质化，黑褐色茎直立，高 50~100 厘米，分枝，具纵棱，无毛，有时一侧沿棱被柔毛。叶三角形，长 4~12 厘米，宽 3~11 厘米，顶端渐尖，基部近戟形，边缘全缘，两面具乳头状凸起或被柔毛；叶柄长可达 10 厘米；托叶鞘筒状，膜质，褐色，长 5~10 毫米，偏斜，顶端截形，无缘毛。花序伞房状，顶生或腋生；苞片卵状披针形，顶端尖，边缘膜质，长约 3 毫米，每苞片内具花 2~4 朵；花梗中部具关节，与苞片几乎等长；花被 5 深裂，白色，花被片长椭圆形；雄蕊 8，花柱 3，柱头头状。瘦果宽卵形，具 3 锐棱，黑褐色，无光泽，超出宿存花被 2~3 倍。花期 7—9 月，果期 8—10 月。

*生境：生于山坡草地。

*分布：四川普格、木里、会东、成都、雅安、峨眉山、宝兴、天全、康定、汉源、广元、邛崃。

荞麦
Fagopyrum esculentum Moench

蓼科 Polygonaceae / 荞麦属 *Fagopyrum*

＊形态描述：一年生草本。茎直立，高 30~90 厘米，上部分枝，绿色或红色，具纵棱，无毛或于一侧沿纵棱具乳头状凸起。叶三角形或卵状三角形，长 2.5~7 厘米，宽 2~5 厘米，顶端渐尖，基部心形，两面沿叶脉具乳头状凸起；下部叶具长叶柄，上部较小，几乎无梗；托叶鞘膜质，短筒状，长约 5 毫米，顶端偏斜，无缘毛，易破裂脱落。花序总状或伞房状，顶生或腋生，花序梗一侧具小凸起；苞片卵形，绿色，边缘膜质，每苞内具 3~5 朵花；花梗比苞片长，无关节，花被 5 深裂，白色或淡红色，花被片椭圆形，长 3~4 毫米；雄蕊 8，比花被短，花药淡红色；花柱 3，柱头头状。瘦果卵形，具 3 锐棱，顶端渐尖，长 5~6 毫米，暗褐色，无光泽，比宿存花被长。花期 5—9 月，果期 6—10 月。

＊生境：生于水沟边或池边。

＊分布：四川广布。

＊其他信息：饲料、食品资源。

冰岛蓼

Koenigia islandica L. Mant.

蓼科 Polygonaceae / 冰岛蓼属 *Koenigia*

*形态描述：一年生草本。茎矮小，细弱，高 3~7 厘米，通常簇生，带红色，无毛，分枝开展。叶宽椭圆形或倒卵形，长 3~6 毫米，宽 2~4 毫米，无毛，顶端通常圆钝，基部宽楔形；叶柄长 1~3 毫米；托叶鞘短，膜质，褐色；花簇腋生或顶生，花被 3 深裂，淡绿色，花被片宽椭圆形，长约 1 毫米；雄蕊 3，比花被短；花柱 2，极短，柱头头状。瘦果长卵形，双凸镜状，黑褐色，具颗粒状小点，无光泽，比宿存花被稍长。花期 7—8 月，果期 8—9 月。

*生境：生于海拔 3000~4900 米的山顶草地、山沟边、山坡草地。

*分布：四川西康、甘孜、康定、理塘、稻城、乡城、木里、马尔康。

愉悦蓼

Polygonum jucundum Meisn.

蓼科 Polygonaceae / 蓼属 *Polygonum*

  ＊形态描述：一年生草本。茎直立，基部几乎平卧，多分枝，无毛，高60~90厘米。叶椭圆状披针形，长 6~10 厘米，宽 1.5~2.5 厘米，两面疏生硬伏毛或几乎无毛，顶端渐尖，基部楔形，边缘全缘，具短缘毛；叶柄长 3~6 毫米；托叶鞘膜质，淡褐色，筒状，长 0.5~1 厘米，疏生硬伏毛，顶端截形，缘毛长5~11 毫米。总状花序呈穗状，顶生或腋生，长 3~6 厘米，花排列紧密；苞片漏斗状，绿色，每苞内具花 3~5 朵；花梗长 4~6 毫米，明显比苞片长；花被5 深裂，花被片长圆形；雄蕊 7~8；花柱 3，下部合生，柱头头状。瘦果卵形，具 3 棱，黑色，有光泽，长约 2.5 毫米，包裹于宿存花被内。花期 8—9 月，果期 9—11 月。

  ＊生境：生于海拔 30~2000 米的山坡草地、山谷路旁及沟边湿地。

  ＊分布：四川广布。

两栖蓼

Polygonum amphibium L.

蓼科 Polygonaceae / 蓼属 *Polygonum*

＊**形态描述**：多年生草本。根状茎横走。生于水中者：茎漂浮，无毛，节部生不定根；叶长圆形或椭圆形，浮于水面，顶端钝或微尖，基部近心形，两面无毛，全缘，无缘毛；叶柄长 0.5~3 厘米，自托叶鞘近中部发出；托叶鞘筒状，薄膜质，顶端截形，无缘毛。生于陆地者：茎直立，不分枝或自基部分枝。总状花序呈穗状，顶生或腋生，苞片宽漏斗状；花被 5 深裂，淡红色或白色，花被片长椭圆形；雄蕊 5，比花被短；花柱 2，比花被长，柱头头状。瘦果近圆形，双凸镜状，黑色，有光泽，包裹于宿存花被内。花期 7—8 月，果期 8—9 月。

＊**生境**：生于海拔 50~3700 米的湖泊边缘的浅水中、沟边及田边湿地。

＊**分布**：四川松潘、若尔盖、木里。

萹蓄
Polygonum aviculare L.

蓼科 Polygonaceae / 蓼属 *Polygonum*

＊**形态描述**：一年生草本。高 10~40 厘米。茎平卧或上升，基部分枝，有棱角。叶有极短柄或几乎无柄；叶片狭椭圆形或披针形，长 1.5~3 厘米，宽 5~10 毫米，顶端钝或急尖，基部楔形，全缘；托叶鞘膜质，下部褐色，上部白色透明，有不明显脉纹。花腋生，1~5 朵簇生叶腋，遍布全植株；花梗细而短，顶部有关节；花被 5 深裂，裂片椭圆形，绿色，边缘白色或淡红色；雄蕊 8；花柱 3。瘦果卵形，有 3 棱，黑色或褐色，生不明显小点，无光泽。花果期 5—10 月。

＊**生境**：生于沟边湿地。

＊**分布**：四川广布。

＊**其他信息**：全草药用，有清热、利尿、解毒的功效。

头花蓼

Polygonum capitatum Buch.-Ham. ex D. Don

蓼科 Polygonaceae / 蓼属 *Polygonum*

　　*形态描述：多年生草本。茎匍匐，丛生，基部木质化，节部生根，节间比叶片短，多分枝，疏生腺毛或几乎无毛，一年生枝近直立，具纵棱。叶卵形或椭圆形，顶端尖，基部楔形，全缘，边缘具腺毛，两面疏生腺毛，上面有时具黑褐色新月形斑点；叶柄长 2~3 毫米，基部有时具叶耳；托叶鞘筒状，膜质，松散，具腺毛，顶端截形，有缘毛。花序头状，单生或成对顶生；花序梗具腺毛；苞片长卵形，膜质；花梗极短；花被 5 深裂，淡红色，花被片椭圆形；雄蕊 8，比花被短；花柱 3，中下部合生，与花被几乎等长；柱头头状。瘦果长卵形，具 3 棱，长 1.5~2 毫米，黑褐色，密生小点，微有光泽，包裹于宿存花被内。花期 6—9 月，果期 8—10 月。

　　*生境：生于山坡、山谷湿地。

　　*分布：四川广布。

　　*其他信息：可入药，也可作饲料。

火炭母

Polygonum chinense L.

蓼科 Polygonaceae / 蓼属 *Polygonum*

＊**形态描述**：多年生草本。高达 1 米。茎几乎直立或蜿蜒，无毛。叶有短柄；叶柄基部两侧常各有一耳垂形的小裂片，裂片通常早落；叶片卵形或矩圆状卵形，长 5~10 厘米，宽 3~6 厘米，顶端渐尖，基部截形，全缘，下面有褐色小点，两面都无毛，有时下面沿叶脉有毛；托叶鞘膜质，斜截形。花序头状，由数个头状花序排成伞房花序或圆锥花序；花序轴密生腺毛；苞片膜质，卵形，无毛；花白色或淡红色；花被 5 深裂，裂片在果期稍增大；雄蕊 8；花柱 3。瘦果卵形，有 3 棱，黑色，光亮。花期 7—9 月，果期 8—10 月。

＊**生境**：生于海拔 30~2400 米的山谷水边湿地。

＊**分布**：四川广布。

＊**其他信息**：全草药用，有清热、解毒的功效。

水蓼

Polygonum hydropiper L.

蓼科 Polygonaceae / 蓼属 *Polygonum*

　　＊形态描述：一年生草本。茎直立，多分枝，节部膨大。叶披针形或椭圆状披针形，顶端渐尖，基部楔形，边缘全缘，具缘毛，两面无毛，被褐色小点，有时沿中脉具短硬伏毛，具辛辣味，叶腋具闭花受精花；叶柄长 4~8 毫米；托叶鞘筒状，膜质，褐色，顶端截形，具短缘毛，通常托叶鞘内藏有花簇。总状花序呈穗状，顶生或腋生，长 3~8 厘米，通常下垂，花稀疏，下部间断；苞片漏斗状，绿色，边缘膜质，疏生短缘毛，每苞内具花 3~5 朵；花梗比苞片长；花被 5 深裂，少数 4 裂，绿色，上部白色或淡红色，被黄褐色透明腺点，花被片椭圆形；雄蕊 6，少数 8，比花被短；花柱 2~3，柱头头状。瘦果卵形，长 2~3 毫米，双凸镜状或具 3 棱，密被小点，黑褐色，无光泽，包裹于宿存花被内。花期 5—9 月，果期 6—10 月。

　　＊生境：生于海拔 50~3500 米的河滩、水沟边、山谷湿地。

　　＊分布：四川松潘、若尔盖、木里。

酸模叶蓼

Polygonum lapathifolium L.

蓼科 Polygonaceae / 蓼属 *Polygonum*

　　＊**形态描述**：一年生草本。高 30~100 厘米。茎直立，有分枝。叶柄有短刺毛；叶披针形或宽披针形，大小变化很大，顶端渐尖或急尖，基部楔形，上面绿色，常有黑褐色新月形斑点，无毛，下面沿主脉有贴生的粗硬毛，全缘，边缘生粗硬毛，托叶鞘筒状，膜质，淡褐色，无毛。花序由数个花穗构成，圆锥状；苞片膜质，边缘生稀疏短睫毛；花淡红色或白色；花被通常 4 深裂，裂片椭圆形；雄蕊 6；花柱 2，向外弯曲。瘦果卵形，扁平，两面微凹，黑褐色，光亮，全部包裹于宿存花被内。花期 6—8 月，果期 7—9 月。

　　＊**生境**：生于山谷湿地。

　　＊**分布**：四川广布。

　　＊**其他信息**：可入药。是田间危害性杂草。

圆穗蓼

Polygonum macrophyllum D. Don

蓼科 Polygonaceae / 蓼属 *Polygonum*

　　***形态描述**：多年生草本。高 10~35 厘米。根状茎肥厚。茎不分枝，直立，通常 2~3，自根状茎发出。基生叶有长柄；叶矩圆形或披针形，长 5~15 厘米，宽 1~2 厘米，顶端急尖，基部近圆形，边缘微向下反卷，无毛或下面有柔毛；茎生叶几乎无柄，较小，狭披针形或条形；托叶鞘筒状，膜质，有明显的脉。花序穗状，顶生；花排列紧密，白色或淡红色；花被 5 深裂，裂片矩圆形，背部有 1 条明显的脉；雄蕊 8，长于花被；花柱 3，柱头头状。瘦果卵形，有 3 棱，黄褐色，有光泽。花期 7—8 月，果期 9—10 月。

　　***生境**：生于山沟湿地边。

　　***分布**：四川广布。

　　***其他信息**：根状茎入药。

红蓼

Polygonum orientale L.

蓼科 Polygonaceae / 蓼属 *Polygonum*

　　＊形态描述：一年生草本。茎直立，粗壮，上部多分枝，密被开展的长柔毛。叶宽卵形、宽椭圆形或卵状披针形，顶端渐尖，基部圆形或近心形，微下延，边缘全缘，密生缘毛，两面密生短柔毛，叶脉上密生长柔毛；叶柄长 2~10 厘米，具开展的长柔毛；托叶鞘筒状，膜质，被长柔毛，具长缘毛，通常沿顶端具草质、绿色的翅。总状花序呈穗状，顶生或腋生，长 3~7 厘米，花紧密，微下垂，通常数个再组成圆锥状；苞片宽漏斗状，草质，绿色，被短柔毛，边缘具长缘毛，每苞内具花 3~5 朵；花梗比苞片长；花被 5 深裂，淡红色或白色；花被片椭圆形；雄蕊 7，比花被长；花盘明显；花柱 2，中下部合生，比花被长，柱头头状。瘦果近圆形，双凹，黑褐色，有光泽，包裹于宿存花被内。花期 6—9 月，果期 8—10 月。

　　＊生境：生于海拔 30~2700 米的沟边湿地、村边路旁。

　　＊分布：四川都江堰、天全、峨眉山、西昌、成都、金川、通江。

扛板归

Polygonum perfoliatum L.

蓼科 Polygonaceae / 蓼属 *Polygonum*

　　＊形态描述：一年生草本。茎攀援，多分枝，长 1~2 米，具纵棱，沿棱具稀疏的倒生皮刺。叶三角形，长 3~7 厘米，宽 2~5 厘米，顶端钝或微尖，基部截形或微心形，薄纸质，上面无毛，下面沿叶脉疏生皮刺；叶柄与叶片几乎等长，具倒生皮刺，盾状着生于叶片近基部；托叶鞘叶状，草质，绿色，圆形或近圆形，穿叶直径 1.5~3 厘米。总状花序呈短穗状，不分枝，顶生或腋生，长 1~3 厘米；苞片卵圆形，每苞片内具花 2~4 朵；花被 5 深裂，白色或淡红色，花被片椭圆形，长约 3 毫米，果期增大呈肉质，深蓝色；雄蕊 8，略短于花被；花柱 3，中上部合生，柱头头状。瘦果球形，直径 3~4 毫米，黑色，有光泽，包裹于宿存花被内。花期 6—8 月，果期 7—10 月。

　　＊生境：生于山坡、山谷湿地。

　　＊分布：四川康定、雷波、天全、峨眉山、屏山、宜宾、雅安、甘洛。

　　＊其他信息：具有抗菌作用。是田间危害性杂草。

习见蓼

Polygonum plebeium R. Br.

蓼科 Polygonaceae / 蓼属 *Polygonum*

＊**形态描述：**一年生草本。茎平卧，自基部分枝，长 10~40 厘米，具纵棱，沿棱具小凸起，通常小枝的节间比叶片短。叶狭椭圆形或倒披针形，长 0.5~1.5 厘米，宽 2~4 毫米，顶端钝或急尖，基部狭楔形，两面无毛，侧脉不明显；叶柄极短或几乎无柄；托叶鞘膜质，白色，透明，长 2.5~3 毫米，顶端撕裂。花 3~6 朵，簇生于叶腋，遍布全植株；苞片膜质；花梗中部具关节，比苞片短；花被 5 深裂；花被片长椭圆形，绿色，背部稍隆起，边缘白色或淡红色，长 1~1.5 毫米；雄蕊 5，花丝基部稍扩展，比花被短；花柱 3，少数 2，极短，柱头头状。瘦果宽卵形，双凸镜状，具 3 锐棱，长 1.5~2 毫米，黑褐色，平滑，有光泽，包裹于宿存花被内。花期 5—8 月，果期 6—9 月。

＊**生境：**生于海拔 30~2200 米的田边、路旁、水边湿地。

＊**分布：**四川广元、简阳、绵阳、内江、石棉、金川、峨眉山、会东、金阳、宁南、盐边、西昌。

西伯利亚蓼

Polygonum sibiricum Laxm.

蓼科 Polygonaceae / 蓼属 *Polygonum*

＊**形态描述**：多年生草本。根状茎细长。茎外倾或近直立，自基部分枝，无毛。叶片长椭圆形或披针形，无毛，顶端急尖或钝，基部戟形或楔形，边缘全缘，叶柄长 8~15 毫米；托叶鞘筒状，膜质，上部偏斜，开裂，无毛，易破裂。花序圆锥状，顶生，花排列稀疏，通常间断；苞片漏斗状，无毛，通常每 1 苞内具花 4~6 朵；花梗短，中上部具关节；花被 5 深裂，黄绿色，花被片长圆形，长约 3 毫米；雄蕊 7~8，稍短于花被，花丝基部较宽；花柱 3，较短，柱头头状。瘦果卵形，具 3 棱，黑色，有光泽，包裹于宿存花被内或凸出。花果期 6—9 月。

＊**生境**：生于海拔 30~5100 米的路边、湖边、河滩、山谷湿地、砂质盐碱地。

＊**分布**：四川阿坝、红原、若尔盖、雅江、炉霍、色达、德格、康定、马尔康、松潘、理塘、九寨沟等。

柔毛蓼

Polygonum sparsipilosum A. J. Li

蓼科 Polygonaceae / 蓼属 *Polygonum*

  *形态描述：一年生草本。茎细弱，高 10~30 厘米，上升或外倾，具纵棱，分枝，疏生柔毛或无毛。叶宽卵形，长 1~1.5 厘米，宽 0.8~1 厘米，顶端圆钝，基部宽楔形或近截形，纸质，两面疏生柔毛，边缘具缘毛；叶柄长 4~8 毫米；托叶鞘筒状，开裂，基部密生柔毛。花序头状，顶生或腋生，苞片卵形，膜质，每苞内具花 1 朵；花梗短；花被 4 深裂，白色，花被片宽椭圆形，长约 2 毫米，大小不等；雄蕊 2~5，花药黄色；花柱 3，极短，柱头头状。瘦果卵形，具 3 棱，长约 2 毫米，黄褐色，微有光泽，包裹于宿存花被内。花期 6—7 月，果期 8—9 月。

  *生境：生于海拔 2300~4300 米的山谷湿地。

  *分布：四川金川、康定、松潘、红原、炉霍、色达、德格、甘孜、道孚。

戟叶蓼

Polygonum thunbergii Sieb. et Zucc.

蓼科 Polygonaceae / 蓼属 *Polygonum*

＊**形态描述**：一年生草本。茎直立或上升，具纵棱，沿棱具倒生皮刺，基部外倾，节部生根，高 30~90 厘米。叶戟形，长 4~8 厘米，宽 2~4 厘米，顶端渐尖，基部截形或近心形，两面疏生刺毛，极少具稀疏的星状毛，边缘具短缘毛，中部裂片卵形或宽卵形，侧生裂片较小，卵形，叶柄长 2~5 厘米，具倒生皮刺，通常具狭翅；托叶鞘膜质，边缘具叶状翅，翅近全缘，具粗缘毛。花序头状，顶生或腋生，分枝，花序梗具腺毛及短柔毛；苞片披针形，顶端渐尖，边缘具缘毛，每苞内具花 2~3 朵；花梗无毛，比苞片短；花被 5 深裂，淡红色或白色，花被片椭圆形，长 3~4 毫米；雄蕊 8，成 2 轮，比花被短；花柱 3，中下部合生，柱头头状。瘦果宽卵形，具 3 棱，黄褐色，包裹于宿存花被内。花期 7—9 月，果期 8—10 月。

＊**生境**：生于沟边湿地。

＊**分布**：四川天全、峨眉山、都江堰、雷波、彭州、汶川、德昌。

珠芽蓼

Polygonum viviparum L.

蓼科 Polygonaceae / 蓼属 *Polygonum*

＊**形态描述**：多年生草本。高 15~60 厘米。根状茎肥厚，紫褐色。茎直立，不分枝，通常 2~4，生于根状茎上。基生叶有长柄，矩圆形或披针形，长 3~10 厘米，宽 8~25 毫米，革质，顶端尖或渐尖，基部圆形或楔形，边缘微向下反卷；茎生叶有短柄或几乎无柄，披针形，较小；托叶鞘筒状，膜质。花序穗状，顶生，中下部生珠芽；苞片卵形，膜质；花淡红色或白色；花被 5 深裂，裂片宽椭圆形；雄蕊通常 8；花柱 3，基部合生。瘦果卵形，具 3 棱，深褐色，有光泽。花期 5—7 月，果期 7—9 月。

＊**生境**：生于高山草原湿润地区。

＊**分布**：四川广布。

＊**其他信息**：瘦果和根状茎含淀粉，可酿酒。

虎杖

Reynoutria japonica Houtt.

蓼科 Polygonaceae / 虎杖属 *Reynoutria*

*形态描述：多年生草本。根状茎粗壮，横走。茎直立，空心，具明显的纵棱小凸起，无毛，散生红色或紫红斑点。叶宽卵形或卵状椭圆形，近革质，顶端渐尖，基部宽楔形、截形或近圆形，边缘全缘，疏生小凸起，两面无毛，沿叶脉具小凸起；叶柄长 1~2 厘米，具小凸起；托叶鞘膜质，偏斜，长 3~5 毫米，褐色，具纵脉，无毛，顶端截形，无缘毛，常破裂，早落。花单性，雌雄异株，花序圆锥状，长 3~8 厘米，腋生；苞片漏斗状，顶端渐尖，无缘毛，每苞内具花 2~4 朵；花梗中下部具关节；花被 5 深裂，淡绿色，雄花花被片具绿色中脉，无翅；雄蕊 8，比花被长；雌花花被片外面 3 片背部具翅，果期增大，翅扩展下延；花柱 3，柱头流苏状。瘦果卵形，具 3 棱，长 4~5 毫米，黑褐色，有光泽，包裹于宿存花被内。花期 8—9 月，果期 9—10 月。

*生境：生于山坡、山谷湿地。

*分布：四川广布。

苞叶大黄

Rheum alexandrae Batal.

蓼科 Polygonaceae 大黄属 *Rheum*

＊**形态描述**：中型草本。根状茎及根直而粗壮，内部黄褐色。茎单生，不分枝，中空，具细纵棱，常为黄绿色。基生叶 4~6 片，茎生叶及叶状苞片多数；下部叶卵形、倒卵状椭圆形，顶端圆钝，基部近心形或圆形，全缘，基出脉 5~7 条；叶柄与叶片近等长或稍长，半圆柱状；托叶鞘大，棕色；上部叶及叶状苞片的叶柄较短或无柄。花序分枝腋出，直立总状；花小，绿色，数朵簇生；花梗细长丝状，关节近基部，光滑无毛；花被（4~5）6，基部合生成杯状，裂片半椭圆形；雄蕊 7~9，花丝细长丝状，外露，着生于花被上，花药矩圆状椭圆形；花盘薄；子房略呈菱状倒卵形，常退化为 2 心皮；花柱 3 或 2，短而弯曲，柱头圆头状。果实菱状椭圆形，顶端微凹，翅极窄，光滑，具光泽，深棕褐色。花期 6—7 月，果期 9 月。

＊**生境**：生于海拔 3000~4500 米的山坡草地，常长在较潮湿处。

＊**分布**：四川稻城、九龙、康定、甘孜、新龙、木里、理塘、稻城、乡城、道孚。

药用大黄

Rheum officinale Baill.

蓼科 Polygonaceae / 大黄属 *Rheum*

＊**形态描述**：高大草本。根及根状茎粗壮，内部黄色。茎粗壮，中空，具细沟棱，被白色短毛，上部及节部较密。基生叶大型；叶片近圆形，顶端急尖，基部近心形，掌状浅裂，裂片齿状三角形，基出脉 5~7 条；叶柄粗圆柱状，与叶片等长或稍短，具楞棱线，被短毛；茎生叶向上逐渐变小，上部叶腋具花序分枝；托叶鞘宽大，长可达 15 厘米，初时抱茎，后开裂，内面光滑无毛，外面密被短毛。大型圆锥花序，分枝开展，花 4~10 朵成簇互生，绿色或黄白色；花梗细长，关节在中下部；花被片 6，内外轮几乎等大，椭圆形，边缘稍不整齐；雄蕊 9，不外露；花盘薄，瓣状；子房卵形或卵圆形；花柱反曲，柱头圆头状。果实长圆形，顶端圆，中央微下凹，基部浅心形，翅宽约 3 毫米，纵脉靠近翅的边缘。种子宽卵形。花期 5—6 月，果期 8—9 月。

＊**生境**：生于海拔 1200~4000 米的山沟或林下。

＊**分布**：四川南江、乡城、雷波、越西、万源。

＊**其他信息**：具有泻热通便的功效。

酸模
Rumex acetosa L.

蓼科 Polygonaceae / 酸模属 *Rumex*

＊**形态描述**：多年生草本。根为须根。茎直立，高 40~100 厘米，具深沟槽，通常不分枝。基生叶和茎下部叶箭形，长 3~12 厘米，宽 2~4 厘米，顶端急尖或圆钝，基部裂片急尖，全缘或微波状；叶柄长 2~10 厘米；茎上部叶较小，具短叶柄或无柄；托叶鞘膜质，易破裂。花序狭圆锥状，顶生，分枝稀疏；花单性，雌雄异株；花梗中部具关节；花被片 6，成 2 轮，雄花内花被片椭圆形，外花被片较小；雄蕊 6；雌花内花被片果期增大，近圆形，全缘，基部心形，网脉明显，基部具极小瘤，外花被片椭圆形，反折。瘦果椭圆形，具 3 锐棱，两端尖，黑褐色，有光泽。花期 5—7 月，果期 6—8 月。

＊**生境**：生于山谷沟边湿地。

＊**分布**：四川九龙、若尔盖、松潘、甘孜、康定、阿坝、木里、黑水、红原、雅江、巴塘、泸定、冕宁。

水生酸模

Rumex aquaticus L.

蓼科 Polygonaceae / 酸模属 *Rumex*

＊形态描述: 多年生草本。茎直立, 通常上部分枝, 具沟槽。基生叶长圆状卵形或卵形, 顶端尖, 基部心形, 边缘波状, 两面无毛或下面沿叶脉具乳头状凸起; 叶柄与叶片几乎等长, 无毛或具乳头状凸起; 茎生叶较小, 长圆形或宽披针形, 托叶鞘膜质, 易破裂。花序圆锥状, 狭窄, 分枝近直立; 花两性; 花梗纤细, 丝状, 中下部具关节, 关节果期不明显; 外花被片长圆形, 内花被片果期增大, 卵形, 顶端尖, 基部近截形, 边缘几乎全缘, 全部无小瘤。瘦果椭圆形, 两端尖, 具 3 锐棱, 长 3~4 毫米, 褐色, 有光泽。花期 5—6 月, 果期 6—7 月。

＊生境: 生于海拔 200~3600 米的山谷水边、沟边湿地。

＊分布: 四川阿坝、马尔康、雅江。

皱叶酸模

Rumex crispus L.

蓼科 Polygonaceae / 酸模属 *Rumex*

*形态描述：多年生草本。根粗壮，黄褐色。茎直立，不分枝或上部分枝，具浅沟槽。基生叶披针形或狭披针形，顶端急尖，基部楔形，边缘皱波状；茎生叶较小，狭披针形；叶柄长 3~10 厘米；托叶鞘膜质，易破裂。花序狭圆锥状，花序分枝近直立或上升；花两性；淡绿色；花梗细，中下部具关节，关节果期稍膨大；花被片 6，外花被片椭圆形，内花被片果期增大，宽卵形，网脉明显，顶端稍钝，基部近截形，边缘几乎全缘，具小瘤，小瘤卵形。果卵形，顶端急尖，具 3 锐棱，暗褐色，有光泽。花期 5—6 月，果期 6—7 月。

*生境：生于海拔 30~2500 米的河滩、沟边湿地。

*分布：四川若尔盖、松潘、甘孜、黑水。

*其他信息：能清热泻火、利湿、通便。

齿果酸模

Rumex dentatus L.

蓼科 Polygonaceae / 酸模属 *Rumex*

　　＊**形态描述**：一年生草木。茎直立，高 30~70 厘米，自基部分枝，枝斜上，具浅沟槽。茎下部叶长圆形或长椭圆形，顶端圆钝或急尖，基部圆形或近心形，边缘浅波状，茎生叶较小；叶柄长 1.5~5 厘米。花序总状，顶生和腋生，由数个再组成圆锥状花序，长 35 厘米，多花，轮状排列，花轮间断；花梗中下部具关节；外花被片椭圆形，长约 2 毫米，内花被片果期增大，三角状卵形，顶端急尖，基部近圆形，网纹明显，全部具小瘤，小瘤长 1.5~2 毫米，边缘每侧具刺状齿 2~4，齿长 1.5~2 毫米。瘦果卵形，具 3 锐棱，长 2~2.5 毫米，两端尖，黄褐色，有光泽。花期 5—6 月，果期 6—7 月。

　　＊**生境**：生于山坡、沟边湿地。

　　＊**分布**：四川泸定、康定、红原、九龙、金川、成都、乡城、会理、普格。

　　＊**其他信息**：根叶可入药，有祛毒、清热、杀虫的功效。

羊蹄
Rumex japonicus Houtt.

蓼科 Polygonaceae / 酸模属 *Rumex*

＊**形态描述**：多年生草本。茎直立，高50~100厘米，上部分枝，具沟槽。基生叶长圆形或披针状长圆形，长8~25厘米，宽3~10厘米，顶端急尖，基部圆形或心形，边缘微波状，下面沿叶脉具小凸起；茎上部叶狭长圆形；叶柄长2~12厘米；托叶鞘膜质，易破裂。花序圆锥状，花两性，多花轮生；花梗细长，中下部具关节；花被片6，淡绿色，外花被片椭圆形，内花被片果期增大，宽心形，顶端渐尖，基部心形，网脉明显，边缘具不整齐的小齿，全部具小瘤，小瘤长卵形。瘦果宽卵形，具3锐棱，两端尖，暗褐色，有光泽。花期5—6月，果期6—7月。

＊**生境**：生于山坡山谷湿地。

＊**分布**：四川泸定、成都、若尔盖、峨眉山、康定。

▲ 石竹科 Caryophyllaceae

鹅肠菜

Myosoton aquaticum (L.) Moench

石竹科 Caryophyllaceae /
鹅肠菜属 *Myosoton*

＊**形态描述：** 二年生或多年生草本。具须根。茎上升，多分枝，长 50~80 厘米，上部被腺毛。叶片卵形或宽卵形，长 2.5~5.5 厘米，宽 1~3 厘米，顶端急尖，基部稍心形，有时边缘具毛；叶柄长 5~15 毫米，疏生柔毛。顶生二歧聚伞花序；苞片叶状，边缘具腺毛；花梗细，长 1~2 厘米，花后伸长并向下弯，密被腺毛；萼片卵状披针形或长卵形，顶端较钝，边缘狭膜质，外面被腺柔毛；花瓣白色，2 深裂至基部，裂片线形或披针状线形；雄蕊 10，稍短于花瓣；子房长圆形，花柱 5，短，线形。蒴果卵圆形，稍长于宿存萼。种子近肾形，稍扁，褐色，具小疣。花期 5—8 月，果期 6—9 月。

＊**生境：** 生于山坡、山谷湿地。

＊**分布：** 四川平武、黑水、雷波、天全、峨眉山、泸定、越西、宝兴、普格、广元、绵阳、简阳、内江、资阳。

无毛漆姑草
Sagina saginoides (L.) H. Karsten

石竹科 Caryophyllaceae / 漆姑草属 *Sagina*

＊形态描述：多年生草本。高 7 厘米。茎密丛生，无毛。叶片狭线形或锥状，长 0.5~10 毫米，宽约 1 毫米，无毛。花单生茎顶，花后常下垂；花梗长（0.6）1.5~3 厘米；萼片 5，卵状披针形，长 1.5~3 毫米，宽约 1.5 毫米，顶端钝；花瓣 5，卵形，稍短于萼片或短至其 1/2；雄蕊 10，少数为 5；花柱 5。蒴果锥状卵圆形，有光泽，长 3~5 毫米，5 瓣裂。种子肾状三角形，脊具槽，长约 0.3 毫米，表面具尖瘤状凸起。花期 5—7 月，果期 7—8 月。

＊生境：生于河边、湖边。

＊分布：四川泸定、宝兴、峨眉山、都江堰。

雀舌草

Stellaria alsine Grimm

石竹科 Caryophyllaceae / 繁缕属 *Stellaria*

＊形态描述：二年生草本。高 15~30 厘米。茎单一，细弱，有多数疏散分枝，无毛。叶无柄，矩圆形至卵状披针形，长 5~20 毫米，宽 2~3 毫米，无毛或边缘基部疏生睫毛，全缘或边缘浅波状。花序聚伞状，常有少数（常 3 朵）顶生，或单花腋生；花梗细，长 5~15 毫米；萼片 5，披针形，长约 2 毫米；花瓣 5，白色，2 深裂几乎达基部；雄蕊 5，比花瓣稍短；子房卵形，花柱 2 或 3，短。蒴果 6 裂，有多数种子。种子肾形，微扁，表面有皱纹凸起。花期 5—6 月，果期 7—8 月。

＊生境：生于田间、溪岸或潮湿地区。

＊分布：四川红原、都江堰、康定、木里、邻水、平武、峨眉山。

＊其他信息：有祛风散寒、续筋接骨、活血止痛、解毒的功效。

中国繁缕

Stellaria chinensis Regel

石竹科 Caryophyllaceae / **繁缕属** *Stellaria*

＊**形态描述**：多年生草本。高 30~100 厘米。茎细弱，铺散或上升，具 4 棱，无毛。叶片卵形至卵状披针形，长 3~4 厘米，宽 1~1.6 厘米，顶端渐尖，基部宽楔形或近圆形，全缘，两面无毛，有时带粉绿色，下面中脉明显凸起；叶柄短，被长柔毛。聚伞花序疏散，具细长花序梗；苞片膜质；花梗细，长约 1 厘米或更长；萼片 5，披针形，长 3~4 毫米，顶端渐尖，边缘膜质；花瓣 5，白色，2 深裂，与萼片几乎等长；雄蕊 10，稍短于花瓣；花柱 3。蒴果卵圆形，比宿存萼稍长或等长，6 齿裂。种子卵圆形，稍扁，褐色，具乳头状凸起。花期 5—6 月，果期 7—8 月。

＊**生境**：生于山谷湿地。

＊**分布**：四川荣经、汉源、宝兴、峨眉山、石棉、泸定。

＊**其他信息**：有清热解毒、活血止痛的功效。

繁缕
Stellaria media (L.) Vill.

石竹科 Caryophyllaceae / 繁缕属 *Stellaria*

　　* **形态描述**：一年生或二年生草本。茎俯仰或上升，基部稍分枝。叶片宽卵形或卵形，顶端渐尖或急尖，基部渐狭或近心形，全缘；基生叶具长柄，上部叶常无柄或具短柄。疏聚伞花序顶生；花梗细弱，具 1 列短毛，花后伸长，下垂，长 7~14 毫米；萼片 5，卵状披针形，长约 4 毫米，顶端稍钝或近圆形，边缘宽膜质，外面被短腺毛；花瓣白色，长椭圆形，比萼片短，2 深裂达基部，裂片近线形；雄蕊 3~5，短于花瓣；花柱 3，线形。蒴果卵形，稍长于宿存萼，顶端 6 裂，具多数种子。种子卵圆形至近圆形，稍扁，红褐色。花期 6—7 月，果期 7—8 月。

　　* **生境**：生于田间、路旁或溪边草地。

　　* **分布**：四川广布。

　　* **其他信息**：茎、叶及种子药用。

箐姑草

Stellaria vestita Kurz

石竹科 Caryophyllaceae / 繁缕属 *Stellaria*

　　* 形态描述：草本。全体具星状毛，基部分枝。茎细弱，草黄色，高30~60 厘米，基部被疏毛，节间长 3~5.5 厘米。叶宽卵形，长 1~3 厘米，宽8~20 毫米，顶端尖或钝尖，基部圆形或近心形，渐狭成短柄，背面中脉明显，嫩时两面具星状柔毛，老时渐稀疏。疏散聚伞花序生枝端或叶腋；苞片及小苞片叶质，狭锥形；花梗纤细，长 10~30 毫米，被星状柔毛；萼片 5，披针形，长 4~6 毫米，被星状柔毛，具 3 条脉，顶端膜质；花瓣稍长或短于萼片；雄蕊10，花丝白色线形；子房具 3 个细长花柱。蒴果卵圆形。种子多数，肾形，稍扁，边缘具疣状凸起。花期 4—6 月，果期 6—8 月。

　　* 生境：生于山坡草地。

　　* 分布：四川广布。

　　* 其他信息：全草药用，可舒筋活血。

湿地繁缕

Stellaria uda Williams

石竹科 Caryophyllaceae / 繁缕属 *Stellaria*

  ＊**形态描述**：多年生草本。高 5~15 厘米。根茎细，具分枝。茎丛生，纤细，基部匍匐，上部几乎直立，被成列柔毛。叶近基部短小而密集，茎上部叶片线状披针形，挺直，长 5~10 毫米，宽约 1 毫米，顶端渐尖，基部楔形，无柄，半抱茎，两面无毛或被疏柔毛，下面中脉凸起。聚伞花序顶生；苞片草质；萼片 5，披针形，顶端渐尖，具 3 条脉，中脉较明显，边缘膜质；花瓣 5，白色，2 深裂几乎达基部，微短于萼片 1/3；雄蕊 10；子房卵圆形，花柱 3，线形，约具 10 粒胚珠。蒴果长圆形，稍长于宿存萼片。种子肾形，褐色。花期 5—6 月，果期7—8 月。

  ＊**生境**：生于海拔 1160~4750 米的水沟边、坡地或高原地区。

  ＊**分布**：四川西部，天全、康定、道孚。

▲ 苋科 Amaranthaceae

喜旱莲子草

Alternanthera philoxeroides (Mart.) Griseb.

苋科 Amaranthaceae / 莲子草属 *Alternanthera*

＊**形态描述**：多年生草本。茎基部匍匐，上部上升，管状，具不明显4棱，分枝。叶片矩圆形、矩圆状倒卵形或倒卵状披针形，顶端急尖或圆钝，具短尖，基部渐狭，全缘，上面有贴生毛及缘毛，下面有颗粒状凸起；叶柄微有柔毛。花密生，成具总花梗的头状花序，单生在叶腋，球形；苞片及小苞片白色，顶端渐尖，具1条脉；苞片卵形，小苞片披针形；花被片矩圆形，白色，光亮，无毛，顶端急尖，背部侧扁；雄蕊花丝基部连合成杯状；退化雄蕊矩圆状条形，和雄蕊几乎等长，顶端裂成窄条；子房倒卵形，具短柄，背面侧扁，顶端圆形。花果期5—10月。

＊**生境**：生于池沼、水沟内。

＊**分布**：四川广布。

＊**其他信息**：全草药用，有清热利水、凉血解毒的功效；可作饲料。

莲子草

Alternanthera sessilis (L.) DC.

苋科 Amaranthaceae / 莲子草属 *Alternanthera*

　　*形态描述：多年生草本。圆锥根粗；茎上升或匍匐，绿色或稍带紫色，有条纹及纵沟，沟内有柔毛，在节处有一行横生柔毛。叶片呈条状披针形、矩圆形、倒卵形或卵状矩圆形，顶端急尖、圆形或圆钝，基部渐狭。头状花序 1~4，腋生，无总花梗，初为球形，后渐成圆柱形，直径 3~6 毫米；花密生，花轴密生白色柔毛；苞片及小苞片白色，顶端短渐尖，无毛，苞片卵状披针形，小苞片钻形；花被片卵形，白色，顶端渐尖或急尖，无毛，具 1 条脉；雄蕊 3，花丝基部连合成杯状，花药矩圆形；退化雄蕊三角状钻形，比雄蕊短，顶端渐尖，全缘；花柱极短，柱头短裂。胞果倒心形，侧扁，翅状，深棕色，包裹于宿存花被片内。种子卵球形。花期 5—7 月，果期 7—9 月。

　　*生境：生于村庄附近的草坡、水沟、田边或沼泽、海边潮湿处。

　　*分布：四川攀枝花、成都、隆昌、内江。

　　*其他信息：有清热凉血、利湿消肿的功效。

反枝苋

Amaranthus retroflexus L.

苋科 Amaranthaceae / 苋属 *Amaranthus*

＊形态描述：一年生草本。高 20~80 厘米。茎直立，稍具钝棱，密生短柔毛。叶菱状卵形或椭圆卵形，长 5~12 厘米，宽 2~5 厘米，顶端微凸，具小芒尖，两面和边缘有柔毛；叶柄长 1.5~5.5 厘米。花单性或杂性，集成顶生和腋生的圆锥花序；苞片和小苞片干膜质，钻形，花被片白色，具 1 条淡绿色中脉；雄花雄蕊比花被片稍长；雌花花柱 3，内侧有小齿。胞果扁球形，小，淡绿色，盖裂，包裹于宿存花被内。花期 7—8 月，果期 8—9 月。

＊生境：常生于田野及农地旁、人家附近、河岸、河滩、水田埂等。

＊分布：四川东部、南部。

＊其他信息：为田间杂草。嫩茎叶可作野菜，也可作家畜饲料。

青葙

Celosia argentea L.

苋科 Amaranthaceae / 青葙属 *Celosia*

＊**形态描述**：一年生草本。全体无毛。茎直立，有分枝，绿色或红色，具明显条纹。叶片矩圆披针形、披针形或披针状条形，少数卵状矩圆形，绿色常带红色，顶端急尖或渐尖，具小芒尖。花多数，密生，在茎端或枝端成单一、无分枝的塔状或圆柱状穗状花序；苞片及小苞片披针形，白色，光亮，顶端渐尖，延长成细芒，具1条中脉，在背部隆起；花被片矩圆状披针形，初为白色顶端带红色或全部粉红色，后成白色，顶端渐尖，具1条中脉，在背面凸起；花丝、花药紫色；子房有短柄，花柱紫色。胞果卵形，包裹于宿存花被片内。种子凸透镜状肾形。花期5—8月，果期6—10月。

＊**生境**：生于平原田边、丘陵、山坡、河漫滩或河岸。

＊**分布**：四川广布。

＊**其他信息**：有清热利湿的功效；嫩茎叶作蔬菜、饲料。

藜
Chenopodium album L.

苋科 Amaranthaceae / 藜属 *Chenopodium*

***形态描述**：一年生草本。茎直立，粗壮，具条棱及绿色或紫红色色条，多分枝；枝条斜升或开展。叶片菱状卵形至宽披针形，长3~6厘米，宽2.5~5厘米，先端急尖或微钝，基部楔形至宽楔形，上面通常无粉，有时嫩叶的上面有紫红色粉，下面有粉，边缘具不整齐锯齿；叶柄与叶片几乎等长。花两性，花簇于枝上部排列成穗状圆锥形或圆锥花序；花被裂片5，宽卵形至椭圆形，背面具纵隆脊，有粉，边缘膜质；雄蕊5，花药伸出花被，柱头2。果皮与种子贴生。种子横生，双凸镜状，边缘钝，黑色，有光泽，表面具浅沟纹，胚环形。花果期5—10月。

***生境**：常生于田野及农地旁、人家附近、河岸、河滩、水田埂等。

***分布**：四川广布。

灰绿藜

Chenopodium glaucum L.

苋科 Amaranthaceae / 藜属 *Chenopodium*

＊形态描述：一年生草本。高 20~40 厘米。茎平卧或外倾，具条棱及绿色或紫红色色条。叶片矩圆状卵形至披针形，长 2~4 厘米，宽 6~20 毫米，肥厚，先端急尖或钝，基部渐狭，边缘具缺刻状牙齿，上面无粉，平滑，下面有粉而呈灰白色或稍带紫红色；中脉明显，黄绿色；叶柄长 5~10 毫米。花两性，通常数花聚成团伞花序，再于分枝上排列成有间断而通常短于叶的穗状或圆锥状花序；花被裂片 3~4，浅绿色，稍肥厚，通常无粉，狭矩圆形或倒卵状披针形，先端通常钝；雄蕊 1~2，花丝不伸出花被，花药球形；柱头 2，极短。胞果顶端露出于花被外，果皮膜质，黄白色。种子扁球形，横生、斜生或直立，暗褐色或红褐色，边缘钝，表面有细纹。花果期 5—10 月。

＊生境：生于沟边湿地。

＊分布：四川若尔盖、康定、松潘。

＊其他信息：是农田危害性杂草。

土荆芥

Dysphania ambrosioides (L.) Mosyakin & Clemants

苋科 Amaranthaceae / 腺毛藜属 *Dysphania*

＊形态描述：一年生或多年生草本。芳香。茎直立，有棱，多分枝；分枝细弱，有柔毛或无毛。叶矩圆状披针形至披针形，长15厘米，宽约5厘米，先端渐尖，基部渐狭成短叶柄，边缘具不整齐的大锯齿，下面有黄色腺点，沿脉疏生柔毛。花序穗状，腋生，分枝或不分枝；花两性或雌性，通常3~5朵簇生于叶腋；花被5裂；雄蕊5。胞果扁球形。种子横生或斜生，红黑色或暗红色，光亮，直径0.7毫米。花果期5—9月。

＊生境：生于水边。

＊分布：四川广布。

＊其他信息：有祛风除湿、杀虫、止痒的功效。

菊叶香藜

Dysphania schraderiana (Roem. & Schult.) Mosyakin & Clemants

苋科 Amaranthaceae / 腺毛藜属 *Dysphania*

＊形态描述：一年生草本。高 20~60 厘米。全株具腺体及腺毛，有强烈气味。茎直立，分枝。单叶互生，具柄，长 0.5~1 厘米；叶片矩圆形，长 2~4 厘米，宽 1~2 厘米，羽状浅裂至深裂，先端钝，基部楔形，两面被短柔毛和棕黄色腺点。花单生于小枝腋内或末端，组成二歧聚伞花序，再集成塔形圆锥花序；花两性，花被片 5，卵状披针形，被黄色腺点及刺状凸起，边缘膜质；雄蕊 5，不外露。胞果扁球形。种子横生，扁球形，黑色或红褐色。花期 7—9 月，果期 9—10 月。

＊生境：生于水边。

＊分布：四川广布。

＊其他信息：全草药用，味微甘，性平。

◢ 粟米草科 Molluginaceae

粟米草

Trigastrotheca stricta (L.) Thulin

粟米草科 Molluginaceae / 粟米草属 *Trigastrotheca*

***形态描述：** 铺散一年生草本。高 10~30 厘米。茎纤细，多分枝，有棱角，无毛，老茎通常淡红褐色。叶 3~5 片假轮生或对生，叶片披针形或线状披针形，长 1.5~4 厘米，宽 2~7 毫米，顶端急尖或长渐尖，基部渐狭，全缘，中脉明显；叶柄短或几乎无柄。花极小，组成疏松聚伞花序，花序梗细长，顶生或与叶对生；花被片 5，淡绿色，椭圆形或近圆形，脉达花被片 2/3，边缘膜质；雄蕊通常 3，花丝基部稍宽；子房宽椭圆形或近圆形，3 室；花柱 3，短，线形。蒴果近球形，与宿存花被等长，3 瓣裂。种子多数，肾形，栗色，具多数颗粒状凸起。花期 6—8 月，果期 8—10 月。

***生境：** 生于空旷荒地、农田、河滩和海岸沙地。

***分布：** 四川广布。

***其他信息：** 全草药用，有清热、解毒的功效。

◢ 马齿苋科 Portulacaceae

马齿苋

Portulaca oleracea L.

马齿苋科 Portulacaceae / 马齿苋属 *Portulaca*

***形态描述**：一年生草本。全株无毛。茎平卧或斜倚，伏地铺散，多分枝，圆柱形，长 10~15 厘米，淡绿色或带暗红色。叶互生，叶片扁平、肥厚，倒卵形，似马齿状，顶端圆钝或平截，有时微凹，基部楔形，全缘，上面暗绿色，下面淡绿色或带暗红色，中脉微隆起；叶柄粗短。花常 3~5 朵簇生枝端，午时盛开；苞片 2~6，叶状，膜质，近轮生；萼片 2，对生，绿色，盔形，左右压扁，顶端急尖，背部具龙骨状凸起，基部合生；花瓣 5，少数 4，黄色，倒卵形，长 3~5毫米，顶端微凹，基部合生；雄蕊通常 8，长约 12 毫米，花药黄色；子房无毛，花柱比雄蕊稍长，柱头 4~6 裂，线形。蒴果卵球形，长约 5 毫米，盖裂。种子细小，多数，偏斜球形，黑褐色，有光泽，具小疣状凸起。花期 5—8 月，果期6—9 月。

***生境**：生于田边、河滩沙草地。

***分布**：四川平坝地区广布。

◢ 凤仙花科 Balsaminaceae

菱叶凤仙花

Impatiens rhombifolia Y. Q. Lu et Y. L. Chen

凤仙花科 Balsaminaceae / 凤仙花属 *Impatiens*

＊**形态描述**：一年生草本。高 20~30 厘米，光滑无毛，具匍匐生根茎。叶互生，具短柄；叶片菱形或近菱形，长 2~5 厘米，宽 1.2~1.6 厘米，顶端渐尖或锐尖，基部楔形，具有柄腺，边缘具锯齿，侧脉 5~6 对。总花梗长 2~3 厘米，花序上部叶腋单生，常 2 朵花；花梗细，长 1 厘米，基生 1 苞片；苞片钻形。花黄色，宽 1.5 厘米，侧生萼片 2 枚，小，卵圆形，顶端锐尖，黄绿色；旗瓣大，圆形，宽 1.5 厘米，长 1.3 厘米，顶端微 2 裂，裂片间有小微尖头，基部凹陷；翼瓣长 1.8 厘米，基部裂片圆，具枣红色斑点，上部裂片斧状，顶端下背部常有刻缺，背耳狭，反折；唇瓣长 2 厘米，檐部舟形，口部平展而钝，花距细长，花时开展变直，花丝细；花药微尖；子房长纺锤形，直，锐尖。蒴果线形，长 2 厘米，少种子。种子小，卵球形，褐色，长约 2 毫米。花期 8—9 月，果期 10 月。

＊**生境**：生于海拔 800~1000 米的路旁草地。

＊**分布**：四川峨眉山、都江堰、洪雅、马边等。

◢ 报春花科 Primulaceae

海乳草

Lysimachia maritima (L.) Galasso, Banfi & Soldano

报春花科 Primulaceae / 珍珠菜属 *Lysimachia*

　　＊**形态描述**：茎高 3~25 厘米，直立或下部匍匐，节间短，通常有分枝。叶近于无柄，交互对生或互生，间距极短或有时稍疏离，间距可达 1 厘米，近茎基部的 3~4 对鳞片状，膜质，上部叶肉质，线形、线状长圆形或近匙形，先端钝或稍锐尖，基部楔形，全缘。花单生于茎中上部叶腋；花梗不明显；花萼钟形，白色或粉红色，花冠状，分裂达中部，裂片倒卵状长圆形，先端圆形；雄蕊 5，稍短于花萼；子房卵珠形，上半部密被小腺点；花柱与雄蕊等长或稍短。蒴果卵状球形，先端稍尖，略呈喙状。花期 6 月，果期 7—8 月。

　　＊**生境**：生于河滩和沼泽草甸。

　　＊**分布**：四川新龙、德格、若尔盖、松潘、马尔康、道孚等。

泽珍珠菜

Lysimachia candida Lindl.

报春花科 Primulaceae / 珍珠菜属 *Lysimachia*

　　＊形态描述：一年生或二年生草本。茎单生或数条簇生。基生叶匙形或倒披针形；茎叶互生，很少对生，叶片倒卵形、倒披针形或线形，先端渐尖或钝，基部渐狭，下延，两面均有黑色或带红色的小腺点。总状花序顶生；苞片线形；花萼分裂几乎达基部，裂片披针形，边缘膜质，背面沿中肋两侧有黑色短腺条；花冠白色，裂片长圆形或倒卵状长圆形，先端圆钝；雄蕊稍短于花冠，花丝贴生至花冠的中下部；花药近线形；花粉粒具 3 孔沟，长球形，表面具网状纹饰；子房无毛，花柱长约 5 毫米。蒴果球形。花期 3—6 月，果期 4—7 月。

　　＊生境：生于田边、溪边和山坡路旁潮湿处，垂直分布上限可达海拔 2100 米。

　　＊分布：四川平坝地区及中低山区广布。

　　＊其他信息：全草药用。

过路黄

Lysimachia christinae Hance

报春花科 Primulaceae / 珍珠菜属 *Lysimachia*

*****形态描述：**茎柔弱，平卧延伸，下部节间较短，常育不定根，中部节间长。叶对生，卵圆形，鲜时稍厚，透光可见密布的透明腺条，干时腺条变黑色，两面无毛或密被糙伏毛；花单生叶腋；花梗长 1~5 厘米，通常不超过叶长，具褐色无柄腺体；花萼分裂几乎达基部，裂片披针形，先端锐尖或稍钝，无毛、被柔毛或仅边缘具缘毛；花冠黄色，裂片狭卵形至近披针形，先端锐尖或钝，质地稍厚，具黑色长腺条；花丝下半部合生成筒；花药卵圆形；花粉粒具 3 孔沟，近球形，表面具网状纹饰；子房卵珠形，花柱长 6~8 毫米。蒴果球形，无毛，有稀疏黑色腺条。花期 5—7 月，果期 7—10 月。

*****生境：**生于沟边、路旁阴湿处和山坡林下，垂直分布上限可达海拔 2300 米。

*****分布：**四川广布。

*****其他信息：**民间常用草药，有清热解毒、利尿排石的功效。

临时救

Lysimachia congestiflora Hemsl.

报春花科 Primulaceae / 珍珠菜属 *Lysimachia*

　　＊**形态描述**：多年生草本。茎匍匐或上部倾斜，长 15~25 厘米，初被黄褐色皱曲柔毛，后渐平滑，下部常生不定根。叶对生，卵形至宽卵形，长 1.5~3.5 厘米，宽 7~20 毫米，两面疏生稍紧贴的短柔毛。花通常 2~4 朵集生于茎端；苞片近圆形，较花长或稍短；花萼 5 深裂，裂片狭披针形，长约 6 毫米；花冠黄色，喉部紫色，裂片顶端有紫色小腺点；雄蕊稍短于花冠裂片，花丝基部连合成筒。蒴果球形。花期 5—6 月，果期 7—10 月。

　　＊**生境**：生于水沟边、潮湿草地等。

　　＊**分布**：四川广布。

　　＊**其他信息**：全草药用。

束花报春

Primula fasciculata Balf. f. et Ward

报春花科 Primulaceae / 报春花属 *Primula*

＊形态描述：多年生小草本，常多数聚生成丛。根状茎粗短，具多数须根。叶丛基部外围有褐色膜质枯叶柄；叶片矩圆形、椭圆形或近圆形；叶柄纤细。花葶高 2.5 厘米，花 1~6 朵生于花葶端；苞片线形；花梗长 1.5~3 厘米；有时花葶不发育，花 1 朵至数朵自叶丛中抽出，无苞片，花梗长达 10 厘米，花萼筒状，长 4~6.5 毫米，明显具 5 棱，分裂深达全长的 1/3~1/2，裂片狭长圆形或三角形，先端稍钝；花冠淡红色或鲜红色，冠筒口周围黄色，花冠筒长 4.5~8 毫米，仅稍长于花萼，冠檐开展，直径 1~1.5 厘米，裂片阔倒卵形，先端深 2 裂。长花柱花雄蕊着生于花冠筒中部，花柱长达花冠筒口；短花柱花雄蕊着生于花冠筒上部，花药顶端微露出花冠筒口，花柱长约 2 毫米。蒴果筒状，长 5~10 毫米。花期 6 月，果期 7—8 月。

＊生境：生于海拔 2900~4800 米的沼泽草甸和水边、池边草地。

＊分布：四川西部。

偏花报春

Primula secundiflora Franch.

报春花科 Primulaceae / 报春花属 *Primula*

＊**形态描述**：多年生草本。根状茎粗短，具多数肉质长根。叶通常多枚丛生；叶片矩圆形、狭椭圆形或倒披针形。花葶高 10~60（90）厘米，顶端被白色粉（干后常呈乳黄色）；伞形花序 5~10 朵花，有时出现第 2 轮花序；苞片披针形，长 5~10 毫米；花梗长 1~5 厘米，稍被粉，开花时下弯，果时直立；花萼窄钟状，整个花萼形成紫白相间的 10 条纵带；花冠红紫色至深玫瑰红色，裂片倒卵状矩圆形。蒴果稍长于宿存花萼。花期 6—7 月，果期 8—9 月。

＊**生境**：生于海拔 3200~4800 米的水沟边、河滩地、高山沼泽和湿草地。

＊**分布**：四川西部，红原、壤塘、马尔康、道孚、巴塘、理塘、康定、雅江、稻城、九龙、乡城、木里。

钟花报春

Primula sikkimensis Hook.

报春花科 Primulaceae / 报春花属 *Primula*

＊**形态描述**：多年生草本。具粗短的根状茎和多数纤维状须根。叶丛高 7~30 厘米；叶片椭圆形，边缘具锐尖或稍钝的锯齿，被稀疏小腺体，中肋宽扁，侧脉 10~18 对；叶柄很短或稍长于叶片。花葶稍粗壮，顶端被黄粉；伞形花序通常 1 轮，2 朵至多朵花；苞片披针形，稍被粉；花梗被黄粉，开花时下弯，果时直立；花萼钟状，具明显的 5 条脉，内、外两面均被黄粉，分裂约达中部；花冠黄色，稀为乳白色，干后常变为绿色，花冠筒部稍长于花萼，筒口周围被黄粉，裂片倒卵形。长花柱花雄蕊距花冠筒基部 2~3 毫米着生，花柱长达花冠筒口；短花柱花雄蕊近花冠筒口着生。蒴果长圆形，约与宿存花萼等长。花期 6 月，果期 9—10 月。

＊**生境**：生于海拔 3200~4400 米的林缘湿地、沼泽草甸和水沟边。

＊**分布**：四川西部，壤塘、德格、甘孜、理县、康定、九龙、乡城、稻城、木里。

＊**其他信息**：全草药用。

◢ 茜草科 Rubiaceae

拉拉藤

Galium apurium L.

茜草科 Rubiaceae / 拉拉藤属 *Galium*

＊**形态描述：**多枝、蔓生或攀援状草本。高 90 厘米。茎有 4 棱，棱上、叶缘、叶脉均有倒生的小刺毛。叶纸质或近膜质，（4~5）6~8 片轮生，带状倒披针形或长圆状倒披针形，长 1~5.5 厘米，宽 1~7 毫米，先端有针状凸尖头，基部渐窄，两面常有紧贴刺毛，常菱软状，干后常卷缩，具 1 条脉；几乎无柄；聚伞花序腋生或顶生；花 4 朵，花梗纤细；花萼被钩毛；花冠黄绿色或白色，辐状，裂片长圆形，长不及 1 毫米，镊合状排列。果干燥，有 1 个或 2 个近球状分果，肿胀，密被钩毛。花期 3—7 月，果期 4—11 月。

＊**生境：**生于海拔 20~4600 米的沟边、河滩和草地等。

＊**分布：**四川广布。

▲ 龙胆科 Gentianaceae

刺芒龙胆

Gentiana aristata Maxim.

龙胆科 Gentianaceae / 龙胆属 *Gentiana*

＊**形态描述：**一年生草本。茎黄绿色。基生叶大，卵形或卵状椭圆形；茎生叶对折。花多数，单生于小枝顶端；花梗黄绿色，光滑，裸露；花萼漏斗形，光滑，裂片线状披针形；花冠下部黄绿色，上部蓝色、深蓝色或紫红色，喉部具蓝灰色宽条纹，倒锥形，裂片卵形或卵状椭圆形，先端钝，褶宽矩圆形，先端弯垂，花药弯拱，矩圆形至肾形；子房椭圆形，两端渐狭，柄粗；花柱线形，柱头狭矩圆形。蒴果外露，少数内藏，矩圆形或倒卵状矩圆形，先端钝圆，有宽翅，两侧边缘有狭翅，基部渐狭成柄，柄粗壮。种子黄褐色，矩圆形或椭圆形，表面具致密细网纹。花果期6—9月。

＊**生境：**生于海拔1800~4600米的河滩草地、河滩灌丛、草滩、草甸。

＊**分布：**四川北部。

反折花龙胆

Gentiana choanantha Marq.

龙胆科 Gentianaceae / 龙胆属 *Gentiana*

 ＊形态描述：一年生草本。茎黄绿色，光滑，在基部多分枝。基生叶大，在花期枯萎，宿存，卵形，边缘软骨质，密生细乳突，叶柄膜质，光滑；茎生叶对折疏离，下部叶与基生叶同形，中、上部叶线状披针形至细线形，先端渐尖，具小尖头，边缘膜质，叶柄光滑。花多数，单生于小枝顶端；花梗黄绿色，光滑，藏于叶中；花萼漏斗形，光滑，裂片线状披针形，先端急尖，边缘膜质，平滑，两面光滑；花冠上部紫红色，下部黄绿色，喉部具蓝灰色椭圆形花纹，倒锥形，花后期冠檐常外翻，裂片卵圆形；雄蕊着生于花冠筒中部，整齐，花丝丝状钻形，花药近肾形；子房椭圆形，花柱线形；柱头外翻。蒴果内藏，倒卵状矩圆形，具宽翅。种子淡褐色，椭圆形。花果期4—8月。

 ＊生境：生于海拔 2700~4600 米的高山草甸、沼泽地、河滩及水沟边。
 ＊分布：四川西部。

麻花艽

Gentiana straminea Maxim.

龙胆科 Gentianaceae / 龙胆属 *Gentiana*

　　*形态描述：多年生草本。全株光滑无毛，基部包裹纤维状叶鞘。须根多数，并扭结成圆锥状且粗壮的根。枝多数丛生，近圆形。基生叶莲座状丛生，宽披针形或卵状椭圆形，叶脉 3~5 条，两面均明显，并在下面凸起，叶柄宽，长 2~4 厘米，包被于纤维状叶鞘中；茎生叶较小，线状披针形至线形，叶柄宽，越向茎上部，叶越小，柄越短。聚伞花序顶生和腋生，排列疏松；花梗斜伸，不等长，总花梗长 9 厘米，小花梗长 4 厘米；花萼筒膜质，黄绿色，一侧开裂呈佛焰苞状，萼齿 2~5 个，较小，呈钻形，少数呈线形，不等长；花冠黄绿色，喉部具多数绿色斑点，有时外面带紫色或蓝灰色，漏斗形，裂片卵形或卵状三角形，全缘或边缘啮蚀形；雄蕊着生于冠筒中下部，整齐，花丝线状钻形，花药狭矩圆形；子房披针形或线形，花柱线形，柱头 2 裂。蒴果内藏，椭圆状披针形。种子褐色，有光泽。花果期 7—10 月。

　　*生境：生于海拔 2000~4900 米的高山草甸、灌丛、山沟、河滩。
　　*分布：四川西部、北部和西北部。
　　*其他信息：根可入药。

湿生扁蕾

Gentianopsis paludosa (Hook.f.) Ma

龙胆科 Gentianaceae / 扁蕾属 *Gentianopsis*

*形态描述：一年生草本。高 3.5~40 厘米。茎单生、直立或斜升，近圆形。基生叶 3~5 对，匙形；茎生叶 1~4 对，无柄，矩圆形或椭圆状披针形。花单生茎及分枝顶端；花梗直立，长 1.5~20 厘米，果期略伸长；花萼筒形，长为花冠的一半，长 1~3.5 厘米，裂片几乎等长，外对狭三角形，内对卵形，全部裂片先端急尖，有白色膜质边缘，背面中脉明显，并向萼筒下延成翅；花冠蓝色或下部黄白色、上部蓝色，宽筒形，长 1.6~6.5 厘米，裂片宽矩圆形，长 1.2~1.7 厘米，先端圆形，有微齿，下部两侧边缘有细条裂齿；腺体近球形，下垂；花丝线形，长 1~1.5 厘米；花药黄色，矩圆形；子房具柄，线状椭圆形，长 2~3.5 厘米。蒴果具长柄，椭圆形，与花冠等长或超出。种子黑褐色，矩圆形至近圆形，直径 0.8~1 毫米。花果期 7—10 月。

*生境：生于海拔 1180~4900 米的河滩、山坡草地。

*分布：四川广布。

卵萼花锚

Halenia elliptica D.Don

龙胆科 Gentianaceae / 花锚属 *Halenia*

＊**形态描述**：一年生草本。高 15~60 厘米。根具分枝，黄褐色。茎直立，无毛，四棱形，上部具分枝。基生叶椭圆形；茎生叶卵形、椭圆形、长椭圆形或卵状披针形，先端圆钝或急尖，基部圆形或宽楔形，全缘，叶脉 5 条，无柄或茎下部叶具极短而宽扁的柄，抱茎。聚伞花序腋生和顶生；花梗长短不相等；花 4 朵；花萼裂片椭圆形或卵形，先端通常渐尖，常具小尖头，具 3 条脉；花冠蓝色或紫色，裂片卵圆形或椭圆形，先端具小尖头，花距长 5~6 毫米，向外水平开展；雄蕊内藏，花药卵圆形；子房卵形，长约 5 毫米，花柱极短，柱头 2 裂。蒴果宽卵形，上部渐狭，淡褐色。种子褐色，椭圆形或近圆形。花果期 7—9 月。

＊**生境**：生于海拔 700~4100 米的山坡草地、山谷水沟边。

＊**分布**：四川广布。

＊**其他信息**：全草药用，有清热利湿的功效。

肋柱花

Lomatogonium carinthiacum (Wulf.) Reichb.

龙胆科 Gentianaceae / 肋柱花属 *Lomatogonium*

*形态描述：一年生草本。高 3~30 厘米。茎带紫色，自下部多分枝。基生叶早落；茎生叶无柄，披针形、椭圆形至卵状椭圆形。聚伞花序，生于分枝顶端；花梗斜上升，近四棱形；花 5 朵，大小不相等；花萼裂片卵状披针形或椭圆形，先端钝或急尖，边缘微粗糙，叶脉 1~3 条，细而明显；花冠蓝色，裂片椭圆形或卵状椭圆形，长 8~14 毫米，先端急尖，基部两侧各具 1 个腺窝，腺窝管形，下部浅囊状，上部具裂片状流苏；花丝线形，花药蓝色，矩圆形，柱头下延至子房中部。蒴果无柄，圆柱形，与花冠等长或稍长。种子褐色，近圆形，直径 1 毫米。花果期 8—10 月。

*生境：生于海拔 430~5400 米的灌丛草甸、河滩草地、高山草甸。

*分布：四川西部广布。

大钟花

Megacodon stylophorus (C.B.Clarke) H.Smith

龙胆科 Gentianaceae / 大钟花属 *Megacodon*

﹡**形态描述**：多年生草本。全株光滑。茎直立，粗壮，黄绿色，中空，近圆形，具细棱形，不分枝。基部叶 2~4 对，膜质，黄白色，卵形；中、上部叶大，草质，先端钝，基部钝或圆形，半抱茎，叶脉细而明显，并在下面凸起，中部叶卵状椭圆形，上部叶卵状披针形。花顶生及叶腋生，组成假总状聚伞花序；花梗黄绿色，具 2 枚苞片；花萼钟形，裂片整齐，卵状披针形；花冠黄绿色，钟形，裂片矩圆状匙形，全缘；雄蕊着生于花冠筒中上部，与裂片互生，花丝白色，扁平；花药椭圆形；花柱粗壮，柱头不膨大，裂片椭圆形。蒴果椭圆状披针形。种子黄褐色，表面具纵脊状凸起。花果期 6—9 月。

﹡**生境**：生于海拔 3000~4400 米的山坡草地及水沟边。

﹡**分布**：四川南部，木里、盐源、泸定、马边等。

华北獐牙菜

Swertia wolfangiana Gruning

龙胆科 Gentianaceae / 獐牙菜属 *Swertia*

*形态描述：多年生草本。具短根茎。茎直生，中空，近圆形，有细条棱，不分枝。基生叶具长柄，叶片矩圆形或椭圆形；聚伞花序具 2~7 朵花或单花顶生；花梗黄绿色，直立或斜伸，不整齐；花萼绿色，长为花冠的 1/2~2/3，裂片卵状披针形，先端急尖，具明显的白色膜质边缘，脉不明显；花冠黄绿色，背面中央蓝色，裂片矩圆形或椭圆形，先端钝或圆形，稍呈啮蚀状，基部具 2 个腺窝，腺窝下部囊状，边缘具长 3~4 毫米的柔毛状流苏；花丝线形，基部背面具流苏状短毛，花药蓝色，矩圆形；子房无柄，椭圆形；花柱不明显，柱头小，2 裂。蒴果无柄，椭圆形，与宿存花冠等长。种子深褐色，矩圆形，具纵皱折。花果期 7—9 月。

*生境：生于海拔 1500~5260 米的高山草甸、沼泽草甸、潮湿地。

*分布：四川广布。

▲ 紫草科 Boraginaceae

湿地勿忘草

Myosotis caespitosa Schultz

紫草科 Boraginaceae / 勿忘草属 *Myosotis*

＊**形态描述**：多年生草本。茎高 12~32 厘米，疏生糙伏毛，自下部或上部
分枝。茎下部叶具柄，中部以上叶无柄，倒披针形或条状倒披针形，长 2.5~6.5
厘米，宽 4~10 毫米，顶端钝，基部渐狭，两面疏生短伏毛。花序长 10 厘米，
无苞片或下部数朵花有条形苞片；花萼长约 2.5 毫米，外面有短伏毛，5 裂近中部，
裂片狭三角形；花冠淡蓝色，檐部直径约 3 毫米，喉部黄色，有 5 个附属物，
裂片 5，旋转状排列；雄蕊 5；子房 4 裂；柱头扁球形。小坚果卵形，长约 1.5
毫米，扁，光滑。花果期 6—8 月。

＊**生境**：生于溪边、水湿地及山坡湿润地。

＊**分布**：四川广布。

附地菜

Trigonotis peduncularis (Trev.) Benth. ex Baker et Moore

紫草科 Boraginaceae / 附地菜属 *Trigonotis*

＊**形态描述**：草本。茎通常多条丛生，基部多分枝，被短糙伏毛。基生叶呈莲座状，有叶柄，叶片匙形，先端圆钝，基部楔形或渐狭，两面被糙伏毛，茎上部叶长圆形。花序生于茎顶，只在基部具 2~3 个叶状苞片；花梗短，花后伸长，顶端与花萼连接部分变粗呈棒状；花萼裂片卵形，先端急尖；花冠淡蓝色或粉色，筒部很短，裂片平展，倒卵形，先端圆钝，喉部附属物 5 个，白色或带黄色；花药卵形，先端具短尖。小坚果 4，斜三棱锥状四面体，背面三角状卵形，具 3 锐棱，腹面的两个侧面几乎等大而基底面略小，凸起，具短柄，向一侧弯曲。花期 4—6 月，果期 5—7 月。

＊**生境**：生于平原、丘陵草地、林缘、田间及荒地。

＊**分布**：四川广布。

＊**其他信息**：全草药用，有温中健胃、消肿止痛、止血的功效。

◢ 旋花科 Convolvulaceae

打碗花

Calystegia hederacea Wall.

旋花科 Convolvulaceae / 打碗花属 *Calystegia*

    *形态描述：一年生草本。全体不被毛，植株通常矮小，常自基部分枝，具细长白色的根。茎细，平卧，有细棱。基部叶片长圆形，顶端圆，基部戟形，上部叶片 3 裂，中裂片长圆形或长圆状披针形，侧裂片近三角形，全缘或 2~3 裂，叶片基部心形或戟形；叶柄长 1~5 厘米。花腋生，1 朵，花梗长于叶柄，有细棱；苞片宽卵形，长 0.8~1.6 厘米，顶端钝或锐尖至渐尖；萼片长圆形，顶端钝，具短小尖头，内萼片稍短；花冠淡紫色或淡红色，钟状，长 2~4 厘米，冠檐近截形或微裂；雄蕊几乎等长，花丝基部扩大，贴生花冠管基部，被小鳞毛；子房无毛；柱头 2 裂，裂片长圆形，扁平。蒴果卵球形，长约 1 厘米，宿存萼片与之几乎等长或稍短。种子黑褐色，长 4~5 毫米，表面有小疣。花期 5—6 月，果期 8—10 月。

    *生境：生于水边。

    *分布：四川广布。

菟丝子
Cuscuta chinensis Lam.

旋花科 Convolvulaceae / 菟丝子属 *Cuscuta*

＊形态描述：一年生寄生草本。茎缠绕，黄色，纤细，直径约 1 毫米，无叶。花序侧生，少花或多花簇生成小伞形或小团伞花序，近于无总花序梗；苞片及小苞片小，鳞片状；花梗稍粗壮，长 1 毫米；花萼杯状，中部以下连合，裂片三角状，顶端钝；花冠白色，壶形，长约 3 毫米，裂片三角状卵形，顶端锐尖或钝，向外反折，宿存；雄蕊着生于花冠裂片弯缺处；鳞片长圆形，边缘长流苏状；子房近球形；花柱 2，等长或不等长，柱头球形。蒴果球形，直径约 3 毫米，几乎全被宿存的花冠包围，成熟时整齐地周裂。种子 2~49 粒，淡褐色，卵形，长约 1 毫米，表面粗糙。花果期 7—10 月。

＊生境：生于水边。

＊分布：四川广布。

＊其他信息：种子药用。

蕹菜

Ipomoea aquatica Forsskal

旋花科 Convolvulaceae / 虎掌藤属 *Ipomoea*

＊**形态描述**：一年生草本。蔓生或漂浮于水。茎圆柱形，有节，节间中空，节上生根，无毛。叶片卵形、长卵形、长卵状披针形或披针形，顶端锐尖或渐尖，具短小尖头，基部心形、戟形或箭形，偶尔截形，全缘或波状；叶柄长 3~14 厘米，无毛。聚伞花序腋生花序梗长 1.5~9 厘米，基部被柔毛，向上无毛，具 1~3（5）朵花；苞片小鳞片状；花梗长 1.5~5 厘米，无毛；萼片几乎等长，卵形，长 7~8 毫米，顶端钝，具短小尖头，外面无毛；花冠白色、淡红色或紫红色，漏斗状，长 3.5~5 厘米；雄蕊不等长，花丝基部被毛；子房圆锥状，无毛。蒴果卵球形至球形，直径约 1 厘米，无毛。种子密被短柔毛或有时无毛。花果期 9—10 月。

＊**生境**：生于水边田埂或水中。

＊**分布**：四川广布。

＊**其他信息**：除作为蔬菜食用外，可药用，还是一种较好的饲料。

牵牛
Ipomoea nil (Linnaeus) Roth

旋花科 Convolvulaceae / 虎掌藤属 *Ipomoea*

＊形态描述: 一年生缠绕草本。叶宽卵形或近圆形，深或浅的3裂，偶有5裂，基部圆心形，中裂片长圆形或卵圆形，渐尖或骤尖，侧裂片较短，三角形，裂口锐或圆；叶柄长2~15厘米，毛被同茎。花腋生，单一或通常2朵着生于花序梗顶，花序梗长短不一，有时较长；苞片线形或叶状；小苞片线形；萼片几乎等长，披针状线形，内面2片稍狭，外面被开展的刚毛，基部更密，有时有短柔毛；花冠漏斗状，蓝紫色或紫红色，花冠筒色淡；雄蕊及花柱内藏，雄蕊不等长；花丝基部被柔毛；子房无毛；柱头头状。蒴果近球形，直径0.8~1.3厘米，3瓣裂。种子卵状三棱形，黑褐色或米黄色，被褐色短绒毛。花果期6—9月。

＊生境: 生于水边或山地路边。

＊分布: 四川广布。

＊其他信息: 种子为常用中药，有泻水利尿、逐痰、杀虫的功效。

圆叶牵牛

Ipomoea purpurea Lam.

旋花科 Convolvulaceae / 虎掌藤属 *Ipomoea*

＊**形态描述**：一年生缠绕草本。茎上被倒向的短柔毛，杂有倒向或开展的长硬毛。叶圆心形或宽卵状心形，顶端锐尖、骤尖或渐尖，通常全缘，偶有 3 裂，两面被刚伏毛。花腋生，单一或 2~5 朵着生于花序梗顶端成伞形聚伞花序；苞片线形，被开展的长硬毛；花梗长 1.2~1.5 厘米，被倒向短柔毛及长硬毛；萼片几乎等长，长 1.1~1.6 厘米，外面 3 片长椭圆形，渐尖，内面 2 片线状披针形，外面均被开展的硬毛，基部更密；花冠漏斗状，长 4~6 厘米，紫红色、红色或白色，花冠管通常白色，花瓣内侧颜色深，外面颜色淡；雄蕊与花柱内藏，雄蕊不等长；花丝基部被柔毛；子房无毛，3 室，每室 2 枚胚珠；柱头头状；花盘环状。蒴果近球形，直径 9~10 毫米，3 瓣裂。种子卵状三棱形，长约 5 毫米，黑褐色或米黄色，被极短的糠秕状毛。花期 5—10 月，果期 8—11 月。

＊**生境**：生于水边。

＊**分布**：四川广布。

◢ 茄科 Solanaceae

龙葵

Solanum nigrum L.

茄科 Solanaceae / 茄属 *Solanum*

***形态描述**：一年生直立草本。高 0.25~1 米，茎绿色或紫色。叶卵形，先端短尖，基部楔形或阔楔形而下延至叶柄，全缘或每边具不规则的波状粗齿，光滑或两面均被稀疏短柔毛，叶脉每边 5~6 条，叶柄长 1~2 厘米。蝎尾状花序腋外生，由 3~6（10）朵花组成，总花梗长 1~2.5 厘米，花梗长约 5 毫米，几乎无毛或具短柔毛；萼小，浅杯状，齿卵圆形，先端圆，基部两齿间连接处成角度；花冠白色，筒部隐于萼内，冠檐长约 2.5 毫米，5 深裂，裂片卵圆形，长约 2 毫米；花丝短；花药黄色；子房卵形；花柱中部以下被白色绒毛，柱头小，头状。浆果球形，成熟时黑色。种子多数，近卵形，直径 1.5~2 毫米，两侧压扁。花果期 9—10 月。

***生境**：生于水边湿地。

***分布**：四川广布。

◢ 车前科 Plantaginaceae

水马齿

Callitriche palustris L.

车前科 Plantaginaceae / 水马齿属 *Callitriche*

　　＊形态描述：一年生草本。高 30~40 厘米，茎纤细，多分枝。叶互生，在茎顶常密集呈莲座状，浮于水面，倒卵形或倒卵状匙形，长 4~6 毫米，宽约 3 毫米，先端圆形或微钝，基部渐狭，两面疏生褐色细小斑点，具 3 条脉；茎生叶匙形或线形，长 6~12 毫米，宽 2~5 毫米；无柄。花单性，同株，单生叶腋，为两个小苞片所托；雄花雄蕊 1，花丝细长，长 2~4 毫米，花药心形，小，长约 0.3 毫米；雌花子房倒卵形，长约 0.5 毫米，顶端圆形或微凹，花柱 2，纤细。果倒卵状椭圆形，长 1~1.5 毫米，仅上部边缘具翅，基部具短柄。花期 5—8 月，果期 6—9 月。

　　＊生境：生于海拔 700~3800 米的静水水域、沼泽地或湿地。

　　＊分布：四川广布。

杉叶藻

Hippuris vulgaris L.

车前科 Plantaginaceae / 杉叶藻属 *Hippuris*

＊**形态描述**：多年生水生草本。全株光滑无毛。茎直立，多节，常带紫红色，上部不分枝，下部合轴分枝。叶条形，轮生，二型，无柄。沉于水中的根茎粗大，圆柱形，白色或棕色，节上生多数须根；叶线状披针形，全缘，较弯曲细长；露出水面的根茎较沉于水中的细小；叶条形。花细小，两性，少数单性，无梗，单生叶腋；萼与子房大部分合生成卵状椭圆形；雄蕊 1；花丝细；花药红色，椭圆形，"个"字着生；子房下位，1 室，内有 1 枚倒生胚珠。果为小坚果状，外果皮薄，内果皮厚而硬，不开裂，内有 1 粒种子，外种皮具胚乳。花期 4—9 月，果期 5—10 月。

＊**生境**：多生于海拔 40~5000 米的池塘、沼泽、湖泊、溪流、江河两岸等浅水处。

＊**分布**：四川稻城、甘孜、道孚、红原、若尔盖、阿坝、理塘等。

＊**其他信息**：全草细嫩、柔软，产量较高，适于作猪、禽类及草食性鱼类的饲料。

车前
Plantago asiatica L.

车前科 Plantaginaceae / 车前属 *Plantago*

　　*形态描述：草本。须根多数。根茎短，稍粗。叶基生呈莲座状；叶片薄纸质，宽卵形，边缘波状，基部宽楔形，两面疏生短柔毛；叶柄基部扩大成鞘，疏生短柔毛。花序3~10个，花序梗有纵条纹，疏生白色短柔毛；穗状花序细圆柱状；苞片狭卵状三角形，长大于宽，龙骨突宽厚，无毛；花具短梗，萼片先端钝圆，龙骨突不延至顶端，前对萼片椭圆形，龙骨突较宽，后对萼片宽倒卵状椭圆形；花冠白色，无毛，花冠筒与萼片几乎等长，裂片狭三角形，先端渐尖，具明显的中脉，于花后反折；雄蕊着生于花冠筒内面近基部，与花柱明显外伸；花药卵状椭圆形。蒴果纺锤状卵形，于基部上方周裂。种子卵状椭圆形，具角，黑褐色。花期4—8月，果期6—9月。

　　*生境：生于草地、沟边、河岸湿地、田边、路旁或村边空旷处。
　　*分布：四川广布。

平车前

Plantago depressa Willd.

车前科 Plantaginaceae / 车前属 *Plantago*

＊形态描述：草本。直根长，根茎短。叶基生，呈莲座状；叶片纸质，椭圆形、椭圆状披针形或卵状披针形，两面疏生白色短柔毛；叶柄基部扩大成鞘状。花序 3~10 个；花序梗有纵条纹，疏生白色短柔毛。穗状花序细圆柱状；苞片三角状卵形，内凹，无毛；花萼无毛，龙骨突宽厚，前对萼片狭倒卵状椭圆形至宽椭圆形，后对萼片倒卵状椭圆形至宽椭圆形；花冠白色，无毛，花冠筒等长或略长于萼片；雄蕊着生于花冠筒内面近顶端，同花柱明显外伸；花药卵状椭圆形或宽椭圆形，先端具宽三角状小凸起；胚珠 5 枚。蒴果卵状椭圆形至圆锥状卵形，于基部上方周裂。种子椭圆形，腹面平坦；子叶背腹向排列。花期 5—7 月，果期 7—9 月。

＊生境：生于海拔 4500 米以下的草地、河滩、沟边、草甸、田间及路旁。

＊分布：四川广布。

大车前

Plantago major L.

车前科 Plantaginaceae / 车前属 *Plantago*

***形态描述**：二年生或多年生草本。须根多数。根茎粗短。叶基生呈莲座状，平卧、斜展或直立；叶片草质、薄纸质或纸质，宽卵形至宽椭圆形，先端钝尖或急尖，边缘波状、疏生不规则牙齿或几乎全缘，两面疏生短柔毛或近无毛，少数被较密的柔毛；叶柄基部鞘状，常被毛。穗状花序细圆柱状；苞片宽卵状三角形；花萼先端圆形，边缘膜质，龙骨状凸起不达顶端，前对萼片椭圆形，后对萼片宽椭圆形；花冠白色，无毛，花冠筒等长或略长于萼片，裂片披针形至狭卵形，于花后反折；雄蕊着生于花冠筒内面近基部，与花柱明显外伸；花药椭圆形。蒴果周裂。种子具角，腹面隆起或近平坦，黄褐色；子叶背腹向排列。花期6—8月，果期7—9月。

***生境**：生于海拔 500~2800 米的草地、河滩、沟边、沼泽地、山坡、田边或荒地。

***分布**：四川广布。

北水苦荬

Veronica anagallis-aquatica L.

车前科 Plantaginaceae / 婆婆纳属 *Veronica*

＊**形态描述**：多年生（稀为一年生）草本。根茎斜走。茎直立或基部倾斜，不分枝或分枝，高 10~100 厘米。叶无柄，上部的半抱茎，多为椭圆形或长卵形，全缘或有疏而小的锯齿。花序比叶长，多花；花梗与苞片几乎等长，上升，与花序轴成锐角，果期弯曲向上，使蒴果靠近花序轴，花序通常不宽于 1 厘米；花萼裂片卵状披针形，急尖，果期直立或叉开，不紧贴蒴果；花冠浅蓝色、浅紫色或白色，裂片宽卵形；雄蕊短于花冠。蒴果近圆形，长、宽几乎相等，几乎与萼等长，顶端圆钝而微凹，花柱长约 2 毫米。花期 4—9 月。

＊**生境**：常生于水边、沼泽地。

＊**分布**：四川广布。

＊**其他信息**：嫩苗可蔬食。果常因昆虫寄生而异常肿胀，这种具虫瘿的植株名为"仙桃草"，可药用。

水苦荬

Veronica undulata Wall.

车前科 Plantaginaceae / 婆婆纳属 *Veronica*

***形态描述**：一年生或二年生草本。叶对生；叶片长圆状披针形或披针形、有时线状披针形，长 3~8 厘米，宽 0.5~1.5 厘米，先端近急尖，基部圆形或心形，呈耳状微抱茎，通常叶缘有尖锯齿。茎、花序轴、花萼和蒴果上有大头针状腺毛；花多朵排列成疏散的总状花序；花梗在果期挺直，横叉开，与花序轴几乎成直角，花序宽 1.5 厘米；苞片宽线形，短于或几乎等长于花梗；花萼 4 深裂，裂片狭长圆形，先端钝；花冠白色、淡红色或淡蓝紫色；花柱较短，长 1~1.5 毫米。蒴果圆形，直径约 3 毫米，宿存花柱长 1.5 毫米。花期 6—8 月，果期 7—9 月。

***生境**：生于海拔 4000 米以下的水边、沼泽地。

***分布**：四川广布。

***其他信息**：全草药用，带虫瘿的有活血止痛、通经止血的功效。

▲ 玄参科 Scrophulariaceae

醉鱼草

Buddleja lindleyana Fortune

玄参科 Scrophulariaceae / 醉鱼草属 *Buddleja*

　　***形态描述**：灌木。高约 2 米。小枝具 4 棱，稍有翅；嫩枝、嫩叶背面及花序被细棕黄色星状毛。叶对生，卵形至卵状披针形，长 5~10 厘米，宽 2~4 厘米，顶端渐尖，基部楔形，全缘或疏生波状牙齿。花序穗状，顶生，直立，长 7~20 厘米；花萼、花冠均密生细鳞片；花萼裂片三角形；花冠紫色，稍弯曲，长约 1.5 厘米，直径约 2 毫米，筒内面白紫色，具细柔毛；雄蕊着生于花冠筒下部。蒴果矩圆形，长约 5 毫米，被鳞片。种子多数，细小，无翅。花期 4—10 月，果期 8 月至次年 4 月。

　　***生境**：生于海拔 200~2700 米的山地路旁、河边灌木丛或林缘。

　　***分布**：四川广布。

　　***其他信息**：花、叶及根供药用，有祛风除湿、止咳化痰、散瘀的功效。

密蒙花

Buddleja officinalis Maxim.

玄参科 Scrophulariaceae / 醉鱼草属 *Buddleja*

　　*****形态描述：**灌木。高 1~3 米。小枝略呈四棱形，密被灰白色绒毛。叶对生，矩圆状披针形至条状披针形，长 5~10 厘米，宽 1~3 厘米，顶端渐尖，基部楔形，全缘或有小锯齿，上面被细星状毛，下面密被灰白色至黄色星状绒毛。聚伞圆锥花序顶生，长 5~10 厘米，密被灰白色柔毛；花芳香；花萼 4 裂，外被毛；花冠淡紫色至白色，筒状，长 1~1.2 厘米，直径 2~3 毫米，筒内面黄色，疏生绒毛，外面密被绒毛；雄蕊 4，着生于花冠筒中部；子房顶端被绒毛。蒴果卵形，2 瓣裂。种子多数，具翅。花期 3—4 月，果期 5—8 月。

　　*****生境：**生于海拔 200~2800 米的向阳山坡、河边、村旁灌木丛或林缘。

　　*****分布：**四川广布。

　　*****其他信息：**花供药用，可清肝、明目、退翳、止咳。

◢ 狸藻科 Lentibulariaceae

黄花狸藻

Utricularia aurea Lour.

狸藻科 Lentibulariaceae / 狸藻属 *Utricularia*

　　*形态描述：水生草本。匍匐枝圆柱形，具分枝。叶器多数，互生。捕虫囊通常多数，侧生于叶器裂片上，斜卵球形，侧扁，具短梗。花序直立；花序梗圆柱形；苞片基部着生，宽卵圆形；无小苞片；花梗丝状，背腹扁，横断面呈椭圆形。花萼2裂达基部，裂片几乎相等，上唇稍长，卵形；花冠黄色，上唇宽卵形，顶端圆形，下唇较大，横椭圆形，喉凸隆起呈浅囊状；花距近筒状，基部圆锥状，顶端钝形；雄蕊无毛，花丝线形，药室汇合；子房球形，密生腺点，无毛；花柱长约为子房的一半，柱头下唇半圆形，边缘具缘毛，上唇极短，钝形，无毛。蒴果球形，顶端具喙状宿存花柱，周裂。种子多数，淡褐色。花期6—11月，果期7—12月。

　　*生境：生于海拔300~3500米的湖泊、池塘和稻田。

　　*分布：四川广布。

狸藻

Utricularia vulgaris L.

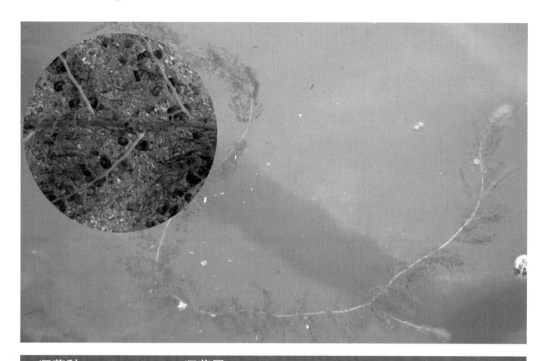

狸藻科 Lentibulariaceae / 狸藻属 *Utricularia*

　　***形态描述**：水生草本。匍匐枝圆柱形。叶器多数，互生，2 裂达基部，裂片轮廓呈卵形、椭圆形或长圆状披针形，先羽状深裂，后二至四回二歧状深裂。秋季于匍匐枝及其分枝的顶端产生冬芽，冬芽球形或卵球形。捕虫囊通常多数，侧生于叶器裂片上。花序直立，中部以上具 3~10 朵疏离的花，无毛；花序梗圆柱状；苞片与鳞片同形，基部着生；花梗丝状；花萼 2 裂达基部，裂片几乎相等，卵形至卵状长圆形；花冠黄色；花距筒状；雄蕊无毛，花丝线形；子房球形；花柱稍短于子房；柱头下唇半圆形，边缘流苏状，上唇微小，正三角形。蒴果球形。种子扁压，具六角和细小的网状凸起。花期 6—8 月，果期 7—9 月。

　　***生境**：生于湖泊、池塘、沼泽及水田。
　　***分布**：四川西北部。

◢ 马鞭草科 Verbenaceae

过江藤

Phyla nodiflora (L.) E. L. Greene

马鞭草科 Verbenaceae / 过江藤属 *Phyla*

＊**形态描述**：多年生草本。有木质宿根，多分枝，全体有紧贴丁字状短毛。叶几乎无柄，匙形、倒卵形至倒披针形，顶端钝或近圆形，基部狭楔形，中部以上的边缘有锐锯齿；穗状花序腋生，卵形或圆柱形，长 0.5~3 厘米，宽约 0.6 厘米，有长 1~7 厘米的花序梗；苞片宽倒卵形，宽约 3 毫米；花萼膜质，长约 2 毫米；花冠白色、粉红色至紫红色，内外无毛；雄蕊短小，不伸出花冠外；子房无毛。果淡黄色，长约 1.5 毫米，内藏于膜质的花萼内。花果期 6—10 月。

＊**生境**：生于河滩、湖边等。

＊**分布**：四川广布。

＊**其他信息**：全草药用。

马鞭草

Verbena officinalis L.

马鞭草科 Verbenaceae / **马鞭草属** *Verbena*

✱**形态描述**：多年生草本。高 30~120 厘米。茎四方形，近基部为圆形，节和棱上有硬毛。叶片卵圆形、倒卵形或长圆状披针形，长 2~8 厘米，宽 1~5 厘米，基生叶的边缘通常有粗锯齿和缺刻，茎生叶多数 3 深裂，裂片边缘有不整齐锯齿，两面均有硬毛，背面脉上尤多。穗状花序顶生和腋生，细弱，花小，无柄，最初密集，结果时疏离；苞片稍短于花萼，具硬毛；花萼有硬毛，具 5 条脉，脉间凹穴处质薄而色淡；花冠淡紫色至蓝色，长 4~8 毫米，外面有微毛，裂片 5；雄蕊 4，着生于花冠管中部；花丝短；子房无毛。果长圆形，长约 2 毫米，外果皮薄，成熟时 4 瓣裂。花期 6—8 月，果期 7—10 月。

✱**生境**：生于溪边、河边、湖边等。

✱**分布**：四川广布。

✱**其他信息**：全草药用，性凉，有凉血、散瘀、通经、清热、解毒、止痒、驱虫、消胀的功效。

▲ 唇形科 Lamiaceae (Labiatae)

白苞筋骨草

Ajuga lupulina Maxim.

唇形科 Lamiaceae / 筋骨草属 *Ajuga*

　　＊**形态描述**：多年生草本。根状茎。茎粗壮，直立，有棱，节具长柔毛。叶柄狭翅，基部抱茎；叶片披针形，长 5~11 厘米，宽 1.8~3 厘米，基部楔形下延，边缘具波状圆齿，近全缘，先端钝。穗状聚伞花序由多数轮伞花序组成，苞叶白黄色、带绿色或紫色，卵形至宽卵形，基部圆形，抱茎，先端渐尖，全缘。花萼钟状或漏斗状，基部稍膨大，具不明显的附件脉，萼齿 5，狭三角形，长为花萼的一半，整齐，顶部渐尖，具缘毛；花冠白色、白绿色或白黄色，具紫色斑纹，狭漏斗状，长 1.8~2.5 厘米，被疏长柔毛；花冠筒基部稍膨胀，内面具毛环，弯；冠檐二唇形，2 裂，裂片近圆形，中裂片狭扇形，下唇延伸，先端微缺，侧裂片长圆形；雄蕊 4，二强，着生于花冠筒中部；花丝细，挺直，被长柔毛或疏柔毛；花药肾形，1 室；花柱无毛，先端 2 浅裂；子房 4 裂，被长柔毛。小坚果倒卵状，背部具网状皱纹，腹部中间微凸。花期 7—9 月，果期 8—10 月。

　　＊**生境**：生于河滩沙地、高山草地或陡坡石缝。

　　＊**分布**：四川西部、西北部。

　　＊**其他信息**：全草药用，有解热消炎、活血消肿的功效。

美花圆叶筋骨草

Ajuga ovalifolia var. calantha (Diels ex Limpricht) C. Y. Wu & C. Chen

唇形科 Lamiaceae / 筋骨草属 *Ajuga*

＊**形态描述**：与原变种圆叶筋骨草的不同在于，叶宽卵形或近菱形，长 4~6 厘米，宽 3~7 厘米，基部下延；花冠长 1.5~2（3）厘米；植株具短茎，高 3~6（12）厘米，通常有叶 2 对，少数为 3 对。花期 6—8 月，果期 8 月以后。

＊**生境**：生于沙质草坡或瘠薄山坡。

＊**分布**：四川西部、西北部，康定、道孚等。

水棘针

Amethystea caerulea L.

唇形科 Lamiaceae / 水棘针属 *Amethystea*

＊**形态描述**：一年生草本。茎四棱形。叶柄有沟，具狭翅，被疏长硬毛；叶片纸质，边缘具粗锯齿。花序为由松散具长梗的聚伞花序组成的圆锥花序；花梗被疏腺毛；花萼钟形，果期花萼增大；花冠蓝色或紫蓝色，外面无毛，冠檐二唇形，外面被腺毛，上唇2裂，下唇略大，3裂；雄蕊4，前对能育，着生于下唇基部，花芽时内卷，花时向后伸长，自上唇裂片间伸出，花丝细弱，无毛，伸出雄蕊约1/2，花药2室，室叉开，纵裂，后对为退化雄蕊，着生于上唇基部；花柱细弱，先端不相等2浅裂；花盘环状，具相等浅裂片。小坚果倒卵状三棱形，背面具网状皱纹，腹面具棱，两侧平滑。花期8—9月，果期9—10月。

＊**生境**：生于海拔200~3400米的田边旷野、河岸沙地、开阔路边及溪旁。

＊**分布**：四川广布。

密花香薷
Elsholtzia densa Benth.

唇形科 Lamiaceae / 香薷属 *Elsholtzia*

＊形态描述：草本。高 20~60 厘米。茎直立，自基部多分枝，茎及枝均为四棱形，具槽，被短柔毛。叶长圆状披针形至椭圆形，先端急尖或微钝，基部宽楔形或近圆形，边缘在基部以上具齿，草质；叶柄被短柔毛。穗状花序长圆形或近圆形，密被紫色串珠状长柔毛，由密集的轮伞花序组成；苞片卵圆状圆形，先端圆，外面及边缘被长柔毛；花萼钟状，被紫色串珠状长柔毛，萼齿5，后3齿稍长，近三角形，果时花萼膨大，近球形，外面密被串珠状紫色长柔毛；花冠小，淡紫色，被紫色串珠状长柔毛，内面在花丝基部具不明显小疏柔毛环，花冠筒向上渐宽大，冠檐二唇形，上唇直立，先端微缺，下唇稍开展，3 裂，中裂片较侧裂片短；雄蕊4，花药近圆形；花柱微伸出，先端几乎相等，2 裂。小坚果卵球形，长 2 毫米，宽 1.2 毫米，暗褐色，被极细微柔毛，腹面略具棱。花果期 7—10 月。

＊生境：生于林缘、高山草甸、林下、河边及山坡荒地。

＊分布：四川北部。

鼬瓣花

Galeopsis bifida Boenn.

唇形科 Lamiaceae / 鼬瓣花属 *Galeopsis*

*形态描述：草本。茎直立，高 20~60（100）厘米，粗壮。茎生叶卵圆状披针形或披针形，先端锐尖或渐尖，基部渐狭至宽楔形，边缘有规则的圆齿状锯齿，上面贴生具节刚毛，下面疏生微柔毛；叶柄腹平背凸，被短柔毛。轮伞花序单生，密集；小苞片线形至披针形，基部稍膜质，先端刺尖，边缘有刚毛；花萼管状钟形，外面有平伸的刚毛，内面被微柔毛，齿 5，与萼筒几乎等长，狭三角形，先端为长刺状；花冠白色、黄色或粉紫红色，花冠筒漏斗状，冠檐二唇形，上唇卵圆形，先端钝，具不等数齿，外被刚毛，下唇 3 裂，中裂片长圆形，宽度与侧裂片几乎相等，先端明显微凹，基部略收缩，侧裂片长圆形，全缘；雄蕊 4，均延伸至上唇片之下，花丝丝状；花柱先端几乎相等，2裂；子房无毛，褐色。小坚果倒卵状三棱形，褐色，有秕鳞。花期 7—9 月，果期 9 月。

*生境：生于林缘、路旁、田边、灌丛、草地等。

*分布：四川西部、南部广布。

*其他信息：种子富含脂肪油，适用于工业。

活血丹

Glechoma longituba (Nakai) Kupr.

唇形科 Lamiaceae / 活血丹属 *Glechoma*

*形态描述：多年生草本。具匍匐茎，茎高 10~20 厘米，幼嫩部分被疏长柔毛。茎下部叶较小，心形或近肾形，上部叶较大，心形，上面被疏粗伏毛，下面常带紫色，被疏柔毛；叶柄长为叶片的 1~2 倍。轮伞花序少花；苞片刺芒状；花萼筒状，长 0.9~1.1 厘米，齿 5，长披针形，顶端芒状，呈 3/2 式二唇形，上唇 3 齿较长；花冠淡蓝色至紫色，下唇具深色斑点，花冠筒有长、短两型，长者长 1.7~2.2 厘米，短者长 1~1.4 厘米，冠檐二唇形，下唇中裂片肾形。小坚果矩圆状卵形。花期 4—5 月，果期 5—6 月。

*生境：生于海拔 50~2000 米的林缘、疏林下、草地、溪边等阴湿处。

*分布：四川广布。

*其他信息：全草或茎叶入药。

独一味

Lamiophlomis rotate (Benth. ex Hook. f.) Kudo

唇形科 Lamiaceae / 独一味属 *Lamiophlomis*

*形态描述: 草本。根茎伸长, 粗厚。叶片常4枚, 辐状两两相对, 菱状圆形, 先端钝, 基部宽楔形, 下延至叶柄, 边缘具圆齿, 密被白色疏柔毛, 具皱褶。轮伞花序密集排列成有短葶的头状, 序轴密被短柔毛; 苞片披针形, 下部最大, 向上渐小, 全缘, 具缘毛, 上面被疏柔毛, 小苞片针刺状; 花萼管状, 萼齿5, 短三角形, 先端具刺尖, 自内面被丛毛; 花冠外被微柔毛, 内面在花冠筒中部密被微柔毛, 花冠筒管状, 冠檐二唇形, 上唇近圆形, 边缘具齿, 自内面密被柔毛, 下唇外面除边缘全缘外被微柔毛, 内面在中裂片中部被髯毛, 3裂, 裂片椭圆形。花期6—7月, 果期8—9月。

*生境: 生于海拔2700~4500米的高原强度风化的碎石滩, 或石质高山草甸、河滩地。

*分布: 四川西部。

*其他信息: 全草药用。

宝盖草

Lamium amplexicaule L.

唇形科 Lamiaceae / 野芝麻属 *Lamium*

＊形态描述：一年生或二年生草本。基部多分枝。茎下部叶具长柄，上部叶无柄，叶片圆形或肾形，先端圆，基部截形或截状阔楔形，半抱茎，边缘具深圆齿，上面暗橄榄绿色，下面稍淡，两面均疏生小糙伏毛。轮伞花序6~10朵花；苞片披针状钻形，具缘毛；花萼管状钟形，外面密被白色直伸的长柔毛，内面除萼上被白色直伸的长柔毛外，余部无毛，萼齿5，披针状锥形，边缘具缘毛；花冠紫红色或粉红色，外面除上唇被较密带紫红色的短柔毛外，余部均被微柔毛，花冠筒细长，冠檐二唇形，上唇直伸，长圆形，先端微弯，下唇稍长，3裂，中裂片倒心形，先端深凹，基部收缩，侧裂片浅圆裂片状；雄蕊花丝无毛，花药被长硬毛；花柱丝状，先端不相等2浅裂；子房无毛。小坚果倒卵圆形，具3棱，先端近截状，基部收缩，表面有白色大疣状凸起。花期3—5月，果期7—8月。

＊生境：生于路旁、林缘、沼泽、田地。

＊分布：四川分布。

＊其他信息：全草药用。

夏枯草

Prunella vulgaris L.

唇形科 Lamiaceae / 夏枯草属 *Prunella*

＊形态描述：多年生草本。茎高 10~30 厘米，被稀疏糙毛或几乎无毛。叶柄长 0.7~2.5 厘米，叶片卵状矩圆形或卵形，长 1.5~6 厘米。轮伞花序密集排列成顶生假穗状花序；苞片心形，具骤尖头；花萼钟状，长 10 毫米，二唇形，上唇扁平，顶端几乎截平，有 3 个不明显的短齿，中齿宽大，下唇 2 裂，裂片披针形，果期花萼由于下唇 2 齿斜伸而闭合；花冠紫色、蓝紫色或红紫色，长约 13 毫米，下唇中裂片宽大，边缘具流苏状小裂片；花丝 2 齿，一齿具花药。小坚果矩圆状卵形。花期 4—6 月，果期 7—10 月。

＊生境：生于荒坡、草地、溪边及路旁等湿润处，海拔可达 3000 米。

＊分布：四川广布。

＊其他信息：全草药用。

荔枝草
Salvia plebeia R. Br.

唇形科 Lamiaceae / 鼠尾草属 *Salvia*

*形态描述：一年生或二年生草本。主根肥厚，有多数须根。茎直立，多分枝，被向下的灰白色疏柔毛。叶椭圆状卵圆形。总状或总状圆锥花序；苞片披针形；花梗与花序轴密被疏柔毛；花萼钟形，上唇全缘，下唇深裂成 2 齿，齿三角形，锐尖；花冠淡红色、淡紫色、紫色、蓝紫色至蓝色，花冠筒外面无毛，内面中部有毛环，冠檐二唇形，上唇长圆形，下唇外面被微柔毛，3 裂，中裂片最大，阔倒心形，顶端微凹或呈浅波状，侧裂片近半圆形；能育雄蕊 2，着生于下唇基部，上臂具药室，下臂不育，膨大，互相联合。小坚果倒卵圆形。花期 4—5 月，果期 6—7 月。

*生境：生于山坡、路旁、沟边、田野潮湿的土壤，海拔可达 2800 米。

*分布：四川广布。

*其他信息：全草药用。

半枝莲

Scutellaria barbata D. Don

唇形科 Lamiaceae / 黄芩属 *Scutellaria*

＊**形态描述**：茎直立，高12~35（55）厘米，无毛或疏被紧贴的小毛。叶柄1~3毫米，腹凹背凸，疏被小毛；叶片三角状卵圆形或卵圆状披针形，先端急尖，基部宽楔形或近截形，边缘生有疏而钝的浅牙齿。花单生于茎或分枝上部叶腋内；苞叶似叶，但较小，椭圆形至长椭圆形，全缘；花梗被微柔毛，中部有一对长约0.5毫米具纤毛的针状小苞片；花萼花期长约2毫米，外面沿脉被微柔毛，边缘具短缘毛，盾片高约1毫米，果期花萼长4.5毫米，盾片高2毫米；花冠紫蓝色，长9~13毫米，外被短柔毛，内在喉部被疏柔毛，花冠筒基部囊状，宽1.5毫米，向上渐宽，至喉部宽达3.5毫米，冠檐二唇形，2侧裂片三角状卵圆形，宽1.5毫米，先端急尖；雄蕊4，前对较长，微露出，具能育药花，退化药花不明显，后对较短，内藏，具全药；花丝扁平，前对内侧、后对两侧下部被疏柔毛；花柱细长，端锐尖，微裂；子房4裂，裂片等大。小坚果褐色，扁球形，直径约1毫米，具小疣状凸起。花果期4—7月。

＊**生境**：生于水田边、溪边或湿润草地。

＊**分布**：四川中部，成都、中江、泸定等。

＊**其他信息**：全草药用。

韩信草

Scutellaria indica L.

唇形科 Lamiaceae / 黄芩属 *Scutellaria*

＊形态描述: 多年生草本。茎高 8~28 厘米，上升直立，常暗紫色，被微柔毛，尤以茎上部及沿棱角密集。叶草质至近坚纸质，心状卵圆形或圆状卵圆形至椭圆形。花对生，总状花序顶生；花梗与花序轴均被微柔毛；最下部一对苞片叶状，卵圆形，长 1.7 厘米，边缘具圆齿，其余苞片均细小；花萼花期长约 2.5 毫米，被硬毛及微柔毛，盾片花时高约 1.5 毫米，果期竖起，增大 1 倍；花冠蓝紫色，长 1~1.8 厘米，外疏被微柔毛，内面仅唇片被短柔毛，花冠筒前方基部膝曲，其后直伸，向上逐渐增大，至喉部宽约 4.5 毫米，冠檐二唇形，上唇盔状，内凹，先端微缺，下唇中裂片圆状卵圆形，两侧中部微内缢，先端微缺，具深紫色斑点，两侧裂片卵圆形；雄蕊 4，二强，花丝扁平；子房柄短；花柱细长；子房光滑，4 裂。小坚果暗褐色，卵形，长约 1 毫米，具瘤，腹面近基部具 1 果脐。花果期 2—6 月。

＊生境: 生于山地、丘陵、疏林或草地。

＊分布: 四川广元、南充、资阳、金阳、越西等。

＊其他信息: 全草药用，有平肝消热的功效。

▲ 通泉草科 Mazaceae

匍茎通泉草

Mazus miquelii Makino

通泉草科 Mazaceae / 通泉草属 *Mazus*

　　*形态描述：一年生草本。高 3~30 厘米。无毛或疏生短柔毛。主根伸长，垂直向下或短缩，须根纤细，多数，散生或簇生。本种在体态上变化幅度很大，茎 1~5 或有时更多，直立。基生叶少数至多数，有时成莲座状或早落，倒卵状匙形至卵状倒披针形，膜质至薄纸质，顶端全缘或有不明显的疏齿，基部楔形，下延成带翅的叶柄，边缘具不规则的粗齿或基部有 1~2 片浅羽裂；茎生叶对生或互生，少数。总状花序生于茎、枝顶端，常在近基部生花，伸长或上部成束状，通常 3~20 朵，花疏稀；花梗在果期长达 10 毫米，上部较短；花萼钟状，花期长约 6 毫米，萼片与萼筒几乎等长，卵形急尖，脉不明显；花冠白色、紫色或蓝色，上唇裂片卵状三角形，下唇中裂片较小，稍突出，倒卵圆形；子房无毛。蒴果球形。种子小而多数，黄色，种皮上有不规则的网纹。花果期 4—10 月。

　　*生境：生于海拔 2500 米以下的湿润草坡、沟边、路旁及林缘。

　　*分布：四川广布。

◢ 透骨草科 Phrymaceae

沟酸浆

Mimulus tenellus Bunge

透骨草科 Phrymaceae / 沟酸浆属 *Mimulus*

　　*形态描述：多年生草本。柔弱，常铺散状，无毛。茎长可达40厘米，多分枝，下部匍匐生根，四方形，角处具窄翅。叶卵形、卵状三角形至卵状矩圆形，长1~3厘米，宽4~15毫米，顶端急尖，基部截形，边缘具明显的疏锯齿，羽状脉；叶柄细长，与叶片等长或较短，偶被柔毛。花单生叶腋；花萼圆筒形，长约5毫米，果期肿胀成囊泡状，增大近1倍，沿肋偶被绒毛，或有时稍具窄翅，萼口平截，萼齿5，细小，刺状；花冠较花萼长1.5倍，漏斗状，黄色，喉部有红色斑点，唇短，端圆形，竖直，咽喉部密被髯毛；雄蕊同花柱无毛，内藏。蒴果椭圆形，较花萼稍短。种子卵圆形，具细微的乳头状凸起。花果期6—9月。

　　*生境：生于海拔700~1200米的水边、湿地。

　　*分布：四川东部。

　　*其他信息：可食，可做酸菜。

▲ 列当科 Orobanchaceae

短腺小米草

Euphrasia regelii Wettst.

列当科 Orobanchaceae / 小米草属 *Euphrasia*

　　*形态描述：茎直立，不分枝或分枝，被白色柔毛。叶和苞叶无柄，下部楔状卵形，顶端钝，每边有钝齿 2~3 个，中部稍大，卵形至卵圆形，基部宽楔形，每边有锯齿 3~6 个，锯齿急尖或渐尖，有时为芒状，同时被刚毛和顶端为头状的短腺毛，腺毛的柄仅 1 个细胞，少数有 2 个细胞。花序通常在花期短，果期伸长，可达 15 厘米；花萼管状，与叶被同类毛，果期长达 8 毫米，裂片披针状渐尖至钻状渐尖；花冠白色，上唇常带紫色，背面长 5~10 毫米，外面被白色柔毛，背部最密，下唇比上唇长，裂片顶端明显凹缺，中裂片宽 3 毫米。蒴果长矩圆形。花果期 5—9 月。

　　*生境：生于海拔 2000~2700 米的亚高山及高山草地、湿草地及林中。

　　*分布：四川广布。

管状长花马先蒿

Pedicularis longiflora Rudolph var. *tulaiformis* (Klotz.) Tsoong

列当科 Orobanchaceae / 马先蒿属 *Pedicularis*

＊**形态描述**: 低矮草本。全身少毛。根束生，几乎不增粗，下端渐细成须状。茎多数短，很少伸长。叶基生与茎生，常成密丛，有长柄，柄在基生叶中较长，在茎生叶中较短，下半部常膜质膨大，叶片羽状浅裂至深裂，披针形至狭长圆形，有重锯齿，齿常有胼胝而反卷。花均腋生，有短梗；花萼管状，花一般较小；花冠黄色，管外面有毛，上端转向前上方变成膨大的含有雄蕊的部分，其前端形成一半环状卷曲的细喙，约 6 毫米，其端指向花喉，下唇较小，近倒心形，约向前凸出一半，下唇近花喉处有棕红色斑点 2 个；花丝 2 对均有密毛，着生于花管端；花柱明显伸出于喙端。蒴果披针形。种子狭卵圆形。花果期 5—10 月。

＊**生境**: 生于高山沼泽草甸、湿草地。

＊**分布**: 四川西部。

管花马先蒿台氏变种

Pedicularis siphonantha Ikon var. *delavayi* (Franch.) Tsoong

列当科 Orobanchaceae / 马先蒿属 *Pedicularis*

＊形态描述：多年生草本。根为圆锥状主根；根茎短，常有少数宿存鳞片。茎直立。叶基生与茎生，均有长柄，两侧有明显的膜质翅；叶片披针状长圆形，羽状全裂。花全部腋生；苞片完全叶状，向上渐小；花萼圆筒形，有毛，脉多而细，2 齿，有柄，上方膨大有裂片或深齿，有时萼齿不减退，仍为 5 个；花冠玫瑰红色，花冠管长多变，有细毛，强烈扭折，使含有雄蕊部分顶向下而缘向上，后者略膨大，前方渐细为卷，成半环状的喙，有时稍作"S"形扭旋，端浅 2 裂，下唇宽大于长，基部深心形，裂片均凹头或浅 2 裂，中裂稍较小，裂片两侧边缘均互相盖叠；雄蕊着生于花冠管端，前方 1 对花丝有毛；柱头在喙端伸出。蒴果卵状长圆形，伸直而锐尖。花果期 6—9 月。

＊生境：生于海拔 3000~4600 米的高山湿草地和沼泽草甸。

＊分布：四川西部。

桔梗科 Campanulaceae

半边莲

Lobelia chinensis Lour.

桔梗科 Campanulaceae / 半边莲属 *Lobelia*

＊**形态描述**：多年生草本。有白色乳汁。茎平卧，在节上生根，分枝直立，高 6~15 厘米，无毛。叶无柄或几乎无柄，狭披针形或条形，长 8~25 毫米，宽 2~5 毫米，顶端急尖，边全缘或有波状小齿，无毛。花通常 1 朵生于分枝上部叶腋；花梗长 1.2~1.8 厘米，无小苞片；花萼无毛，裂片 5，狭三角形，长 3~6 毫米；花冠粉红色，近一唇形，长约 12 毫米，裂片 5，无毛；雄蕊 5，长约 8 毫米，花丝上部及花药均合生，下面 2 花药顶端有髯毛；子房下位，2 室。花果期 5—10 月。

＊**生境**：生于水田边、沟边或潮湿草地。

＊**分布**：四川广布。

＊**其他信息**：有毒，全草药用。

◢ 睡菜科 Menyanthaceae

荇菜

Nymphoides peltata (S. G. Gmelin) Kuntze

睡菜科 Menyanthaceae / 荇菜属 *Nymphoides*

　　*形态描述：根状茎水平。茎圆筒状，不分枝，有时从节生细根。上部叶对生，下部叶互生，叶片飘浮，近革质，圆形或卵圆形，直径 1.5~8 厘米，基部心形，全缘，有不明显的掌状叶脉，下面紫褐色。花常多数，簇生于节上，5 数；花萼分裂近基部，裂片椭圆形或椭圆状披针形；花冠金黄色，花冠筒短，喉部具 5 束长柔毛，裂片宽倒卵形；花丝疏生柔毛。短花柱花：花柱 1~2 毫米，柱头小，花药弯曲，箭头形；长花柱花：柱头 2 裂，近圆形，花丝 1~2 毫米，花药 2~3.5 毫米，腺体金黄色。蒴果无柄，椭圆形。种子大。花果期 4—10 月。

　　*生境：生于海拔 100~1800 米的池塘、沼泽、湖泊、沟渠、稻田、河流或河口的平稳水域。

　　*分布：四川广布。

◢ 菊科 Asteraceae

藿香蓟

Ageratum conyzoides L.

菊科 Asteraceae / 藿香蓟属 *Ageratum*

*＊形态描述：一年生草本。茎稍带紫色，被白色多节长柔毛，幼茎、幼叶及花梗上的毛较密。叶卵形或菱状卵形，长 4~13 厘米，宽 2.5~6.5 厘米，两面被稀疏的白色长柔毛，基部钝，圆形或宽楔形，边缘有钝圆锯齿；叶柄长 1~3 厘米。头状花序较小，直径约 1 厘米，在茎或分枝顶端排成伞房花序；总苞片矩圆形，顶端急尖，外面被稀疏白色多节长柔毛；花淡紫色或浅蓝色；冠毛鳞片状，上端渐狭成芒状，5 枚。花果期全年。

＊生境：生于池塘、河滩、沼泽等。

＊分布：常见入侵植物，原产南美，四川低山、丘陵及平原广布。

＊其他信息：全草药用，有臭味，能清热解毒、消肿止血。

甘青蒿

Artemisia tangutica Pamp.

菊科 Asteraceae / 蒿属 *Artemisia*

　　＊形态描述：多年生草本。茎直立，被蛛丝状绒毛，上部常有开展的花序枝。下部叶在花期枯萎；叶矩圆形，二次羽状深裂，长 10 厘米，宽 6~8 厘米，下面被蛛丝状毛，上面被微腺毛，侧裂片 4~6 对，羽状浅裂，小裂片全缘或浅裂，基部的裂片常抱茎，上部叶 3 裂或不裂。头状花序多数，密集于腋生和顶生的花枝上成狭长的复总状花序，有细长苞叶；总苞卵形，长 3~4 毫米，直径 3 毫米，无梗，常下倾；总苞片 3~4 层，卵形，边缘宽膜质，有绿色中脉，几乎无毛；花浅黄色，外层雌性，内层两性。瘦果长 1.3 毫米，无毛。花果期 7—9 月。

　　＊生境：生于河边沙地。

　　＊分布：四川稻城、若尔盖、天全、雷波、康定等。

柳叶鬼针草

Bidens cernua L.

菊科 Asteraceae / 鬼针草属 *Bidens*

＊**形态描述**：一年生草本。高 10~100 厘米。茎直立，近圆柱形，麦秆色或带紫色，无毛或嫩枝上有疏毛。叶对生，极少轮生，通常无柄，不分裂，披针形至条状披针形，边缘具疏锯齿，两面稍粗糙，无毛。头状花序单生茎、枝端，开花时下垂，有较长的花序梗；总苞盘状，外层苞片 5~8 枚，条状披针形，内层苞片膜质，长椭圆形或倒卵形，先端锐尖或钝，背面有黑色条纹；具黄色薄膜质边缘，无毛；托片条状披针形，约与瘦果等长，膜质，透明，先端带黄色，背面有数条褐色纵条纹。舌状花中性，舌片黄色，卵状椭圆形，先端锐尖或有小齿 2~3 个，盘花两性，筒状，花冠管细窄，冠檐扩大呈壶状，顶端 5 齿裂。瘦果狭楔形，具 4 棱，棱上有倒刺毛，顶端芒刺 4 个，长 2~4 毫米，有倒刺毛。花果期 8—10 月。

＊**生境**：生于草甸、沼泽边缘或沉于水中。

＊**分布**：四川阿坝、炉霍、甘孜。

狼耙草

Bidens tripartita L.

菊科 Asteraceae / 鬼针草属 *Bidens*

＊形态描述：一年生草本。叶对生，无毛，叶柄有狭翅；中部叶通常羽状3~5裂，顶端裂片较大，椭圆形或矩椭圆状披针形，边缘有锯齿；上部叶3深裂或不裂。头状花序顶生或腋生，直径1~3厘米；总苞片多数，外层倒披针形，叶状，有睫毛；花黄色，全为两性筒状花。瘦果扁平，两侧边缘各有1列倒钩刺。冠毛芒状，2枚，少数有3~4枚，具倒钩刺。花果期8—10月。

＊生境：喜生于水边。

＊分布：四川广布。

＊其他信息：全草药用。

节毛飞廉

Carduus acanthoides L.

菊科 Asteraceae / 飞廉属 *Carduus*

　　＊形态描述：二年生或多年生植物。茎单生，有棱，全部茎枝被稀疏或下部稍稠密的多细胞长节毛。基部及下部茎生叶长椭圆形或长倒披针形，羽状浅裂至深裂，侧裂片边缘有钝三角形刺齿，齿顶及齿缘有针刺。全部茎生叶两面同色，沿脉有稀疏的多细胞长节毛，基部渐狭，两侧沿茎下延成茎翼；茎翼齿裂，齿顶及齿缘有长3毫米的针刺，头状花序下部的茎翼有时为针刺状。头状花序几乎无花序梗，总苞卵形或卵圆形，总苞片多层，覆瓦状排列，向内层渐变长，中外层苞片顶端有长1~2毫米的褐色或淡黄色的针刺，最内层及近最内层无针刺，全部苞片无毛或被稀疏蛛丝毛；小花红紫色，5深裂，裂片线形，细管部长8毫米。瘦果长椭圆形，但中部收窄，有多数横皱纹，有蜡质果缘。冠毛多层，白色或稍带褐色，不等长，向内层渐变长；冠毛刚毛锯齿状，顶端稍扁平扩大。花果期5—10月。

　　＊生境：生于湖泊、水塘、沟渠、沼泽。
　　＊分布：四川广布。

天名精

Carpesium abrotanoides L.

菊科 Asteraceae / 天名精属 *Carpesium*

　　*形态描述：多年生草本。高 50~100 厘米。茎直立，上部多分枝，密生短柔毛，下部几乎无毛。下部叶宽椭圆形或矩圆形，顶端尖或钝，基部狭成具翅的叶柄，边缘有不规则的锯齿或全缘，上面有贴短毛，下面有短柔毛和腺点，上部叶渐小，矩圆形，无叶柄。头状花序多数，沿茎枝腋生，有短梗或几乎无梗，直径 6~8 毫米，平立或稍下垂；总苞钟状球形，总苞片 3 层，外层极短，卵形，顶端尖，有短柔毛，中层和内层矩圆形，顶端圆钝，无毛；花黄色，外围的雌花花冠丝状，3~5 齿裂，中央的两性花花冠筒状，顶端 5 齿裂。瘦果条形，具细纵条，顶端有短喙，有腺点。花期 6—8 月，果期 9—10 月。

　　*生境：喜生于溪边、库塘淤泥中。

　　*分布：四川广布。

　　*其他信息：全草药用，味甘性寒，有止血、利尿、清热解毒等功效。

小蓬草

Erigeron canadensis L.

菊科 Asteraceae / 飞蓬属 *Erigeron*

***形态描述**：一年生草本。根纺锤状，具纤维状根。茎直立，圆柱状，具棱，有条纹，被疏长硬毛，上部多分枝。叶密集，基部叶花期常枯萎，下部叶倒披针形，顶端尖或渐尖，基部渐狭成柄，边缘具疏锯齿或全缘，中部和上部叶较小，线状披针形或线形，全缘或少数具 1~2 个齿，两面或仅上面被疏短毛，边缘常被上弯的硬缘毛。头状花序多数，直径 3~4 毫米，排列成顶生多分枝的大圆锥花序；总苞近圆柱状，总苞片 2~3 层，淡绿色，线状披针形或线形，顶端渐尖；雌花多数，舌状，白色，舌片线形，顶端具 2 个钝小齿；两性花淡黄色，花冠管状，管部上部被疏微毛。瘦果线状披针形，稍扁压，被贴微毛；冠毛污白色，1 层，糙毛状。花果期 5—10 月。

***生境**：生于河滩、田边、库塘边。

***分布**：四川广布。

***其他信息**：为田间常见的杂草。全草药用，有消炎止血、祛风湿的功效。

野茼蒿

Crassocephalum crepidioides (Benth.) S. Moore

菊科 Asteraceae / 野茼蒿属 *Crassocephalum*

＊**形态描述**：直立草本。高 20~100 厘米。茎有纵条纹，光滑无毛。叶互生，膜质，矩圆状椭圆形，长 7~12 厘米，宽 4~5 厘米，顶端渐尖，基部楔形，边缘有重锯齿或有时基部羽状分裂，两面几乎无毛；叶柄长 2~2.5 厘米。头状花序直径约 2 厘米，排成圆锥状，生于枝顶；总苞圆柱形，苞片 2 层，条状披针形，长约 1 厘米，膜质，顶端有小束毛，基部有数片小苞片；花全为两性，筒状，粉红色，花冠顶端 5 齿裂，花柱基部小球状，分枝顶端有线状被毛的尖端。瘦果狭圆柱形，赤红色，有条纹，被毛；冠毛丰富，白色。花果期 7—12 月。

＊**生境**：生于水边、草丛。

＊**分布**：四川广布。

＊**其他信息**：全草药用，味辛，性平，有行气利尿、清热健脾的功效。

褐毛垂头菊

Cremanthodium brunneopiloesum S. W. Liu

菊科 Asteraceae / 垂头菊属 *Cremanthodium*

＊**形态描述**：多年生草本。全株灰绿色或蓝绿色。根肉质。茎单生，直立。丛生叶多达 7 枚，与茎下部叶均具宽柄，光滑，基部具宽鞘，叶片长椭圆形至披针形，先端急尖，全缘或有骨质小齿，基部楔形，下延成柄，上面光滑，下面至少在脉上有点状柔毛，叶脉羽状平行或平行；茎中上部叶 4~5，向上渐小，狭椭圆形，基部具鞘；最上部茎生叶苞叶状，披针形，先端渐尖。头状花序辐射状，下垂，1 枚至数枚，通常排列成总状花序，偶有单生，花序梗长 1~9 厘米，被褐色有节长柔毛；总苞半球形，被密的褐色有节长柔毛，基部具披针形至线形、草质的小苞片，总苞片 10~16，2 层，披针形或长圆形，宽 3~5 毫米，先端长渐尖，内层具褐色膜质边缘；舌状花黄色，舌片线状披针形，长 2.5~6 厘米，宽 2~5 毫米，先端长渐尖或尾状，膜质近透明；管状花多数，褐黄色，长 8~10 毫米，管部长约 2 毫米，檐部狭筒形。冠毛白色，与花冠等长。瘦果圆柱形，光滑。花果期 6—9 月。

＊**生境**：生于高山沼泽草甸、河滩草甸、水边。

＊**分布**：四川西北部，高海拔地区常见。

条叶垂头菊
Cremanthodium lineare Maxim.

菊科 Asteraceae / 垂头菊属 *Cremanthodium*

＊**形态描述**：草本。高 15~30 厘米。茎基部有多数纤维状的残存叶柄，上部有短柔毛。叶纸质，条形，长 9~15 厘米，宽 5~10 毫米，基部近膜质，鞘状，全缘；茎生叶条形或条状钻形，基部稍抱茎，无毛。头状花序单生于茎顶端，下垂；总苞半球状，直径 1.5~2 厘米；总苞片暗绿色，披针形，长 10 毫米，无毛或被疏短柔毛；花异型，舌状花黄色，舌片条形或条状披针形，全缘或有小齿 2 个；筒状花淡褐黄色，长 5~6 毫米。瘦果矩圆形，长约 3 毫米；冠毛白色。花果期 7—10 月。

＊**生境**：生于高山草原、沼泽草地。

＊**分布**：四川西部，高海拔地区常见。

＊**其他信息**：全草药用，有清热消肿、健胃止吐的功效。

鳢肠

Eclipta prostrata (L.) L.

菊科 Asteraceae / 鳢肠属 *Eclipta*

　　*形态描述：一年生草本。高 15~60 厘米。茎直立或平卧，被伏毛，节上易生根。叶披针形、椭圆状披针形或条状披针形，长 3~10 厘米，全缘或有细锯齿，无叶柄或基部叶有叶柄，被糙伏毛。头状花序直径约 9 毫米，有梗，腋生或顶生；总苞片 5~6，草质，被毛；托片披针形或刚毛状；花杂性；舌状花雌性，白色，舌片小，全缘或 2 裂；筒状花两性，有裂片 4。筒状花的瘦果 3 棱，舌状花的瘦果扁四棱形。表面具瘤状凸起，无冠毛。花果期 7—10 月。

　　*生境：生于路旁、河岸、库塘边。

　　*分布：四川广布。

　　*其他信息：全草药用，有凉血、止血、消肿、强壮的功效。

白头婆

Eupatorium japonicum Thunb.

菊科 Asteraceae / 泽兰属 *Eupatorium*

＊形态描述：多年生草本。高50~200厘米。根茎短，有多数细长侧根。茎直立，下部（至中部）或全部淡紫红色，被白色皱波状短柔毛。叶对生，有柄，质地稍厚；茎生叶椭圆形或披针形，自中部向上部及下部的叶渐小，基部花期枯萎；全部茎生叶两面粗涩，被皱波状长柔毛或短柔毛及黄色腺点，下面及叶柄上的毛较密，边缘有粗或重粗锯齿。头状花序在茎顶或枝端排成紧密的伞房花序；总苞钟状，长5~6毫米，含小花5朵；总苞片覆瓦状排列，3层，绿色或带紫红色，顶端钝或圆形；花白色或带红紫色，花冠外面有较稠密的黄色腺点。瘦果淡黑褐色，椭圆状，具5棱，被多数黄色腺点，无毛。冠毛白色，长约5毫米。花果期6—11月。

本种另有一3裂叶变种var. *tripartitum*，叶3全裂，与原变种易于区别。

＊生境：生于水边。

＊分布：四川广布。

＊其他信息：全草药用，性凉，有清热、消炎的功效。

泥胡菜

Hemisteptia lyrata (Bunge) Fischer & C. A. Meyer

菊科 Asteraceae / 泥胡菜属 *Hemisteptia*

＊形态描述：一年生草本。茎直立，高 30~80 厘米，无毛或有白色蛛丝状毛。基生叶莲座状，具柄，倒披针形或倒披针状椭圆形，长 7~21 厘米，提琴状羽状分裂，顶裂片三角形，较大，有时 3 裂，侧裂片 7~8 对，长椭圆状倒披针形，下面被白色蛛丝状毛；中部叶椭圆形，无柄，羽状分裂，上部叶条状披针形至条形。头状花序多数；总苞球形，长 12~14 毫米，宽 18~22 毫米，总苞片 5~8 层，外层较短，卵形，中层椭圆形，内层条状披针形，背面顶端下具 1 紫红色鸡冠状附片；花紫色。瘦果圆柱形，长 2.5 毫米，具 15 条纵肋。冠毛白色，2 层，羽状。花果期 3—8 月。

＊生境：常生于河边、湿地。

＊分布：四川广布。

＊其他信息：全草药用，味辛，性平，有消肿散结、清热解毒的功效。

东俄洛紫菀

Aster tongolensis Franch.

菊科 Asteraceae / 紫菀属 *Aster*

　　＊形态描述：多年生草本。高 14~42 厘米。根状茎细，常有细匍枝。茎直立与莲座状叶丛丛生，不分枝或有 1 个至数个分枝，具长毛。基部叶矩圆状匙形或匙形，长 4~12 厘米，宽 0.5~1.8 厘米，顶端钝或圆形，基部渐狭或急狭成具翅半抱茎的柄，全缘或上半部有浅齿；上部叶渐小，顶端稍尖，两面被长粗毛。头状花序直径 3~5 厘米；总苞半球形，宽 0.8~1.2 厘米，总苞片 2~3 层，几乎等长，顶端尖，上部草质，下部革质，有密粗毛；舌状花蓝色或浅红色，筒状花黄色。瘦果倒卵圆形，长 2 毫米，有短粗毛；冠毛 1 层，紫褐色，长稍超过花冠筒部。花期 6—8 月，果期 7—9 月。

　　＊生境：生于高山和亚高山水边、林下、草地。

　　＊分布：四川康定、金川、小金、阿坝、雅江、黑水、甘孜、九龙等。

马兰

Aster indicus L.

菊科 Asteraceae / 紫菀属 *Aster*

　　＊形态描述：根状茎有匍枝，有时具直根。茎直立，上部有短毛，上部或从下部起有分枝。基生叶在花期枯萎；茎生叶倒披针形或倒卵状矩圆形，顶端钝或尖，基部渐狭成具翅的长柄，上部叶小，全缘，基部急狭无柄，两面或上面有疏微毛或几乎无毛，边缘及下面沿脉有短粗毛，中脉在下面凸起。头状花序单生于枝端，并排列成疏伞房状；总苞半球形，总苞片2~3层，覆瓦状排列；花托圆锥形；舌状花15~20朵，1层，舌片浅紫色，长10毫米，宽1.5~2毫米；管状花长3.5毫米，管部长1.5毫米，被短密毛；瘦果倒卵状矩圆形，极扁，褐色，边缘浅色而有厚肋，上部被腺及短柔毛。冠毛长0.1~0.8毫米，弱而易脱落，不等长。花期5—9月，果期8—10月。

　　＊生境：生于河边、池塘边、水田边、林下阴湿地。

　　＊分布：四川广布。

　　＊其他信息：全草药用，有清热解毒、散瘀止血的功效。幼叶常作野菜食用，称为"马兰头"。

美头火绒草

Leontopodium calocephalum (Franch.) Beauv.

菊科 Asteraceae / 火绒草属 *Leontopodium*

***形态描述**：多年生草本。根状茎稍细，不育茎被密集的叶鞘，有顶生的叶丛。茎高 10~50 厘米，被蛛丝状毛或上部被白色绵毛。下部叶披针形、矩披针形或条伏披针形，渐狭，有长柄或在基部有长鞘部；中上部叶渐短，抱茎。苞叶多数，从鞘状宽大的基部向上渐狭，两面被绒毛，上面较厚或脱毛，开展成密集或有时分枝的直径 4~12 厘米的苞叶群。头状花序直径 5~12 毫米；总苞长 4~6 毫米，被柔毛。冠毛基部稍黄色。瘦果被短粗毛。花期 7—9 月，果期 9—10 月。

***生境**：生于高海拔地区高山沼泽、草甸、湖边等。

***分布**：四川西部、西北部、西南部。

***其他信息**：青海地区作药用。

大黄橐吾

Ligularia duciformis (C. Winkl.) Hand.-Mazz.

菊科 Asteraceae / 橐吾属 *Ligularia*

*形态描述：多年生草本。茎直立，粗壮，高约 60 厘米，直径 1 厘米，有沟纹，被密短毛。下部叶有长柄，叶片宽圆形、肾形或心形，基部常盾状着生于柄上，宽 30 厘米，边缘有不整齐锯齿，有掌状脉；中部叶有扩大抱茎的宽鞘；上部叶宽鞘状；叶柄及叶脉被短密毛。头状花序极多数排列成复总状伞房状，多分枝，有短梗及丝状苞叶；总苞圆柱形，长 6~8 毫米，总苞片 5 枚，条状披针形，边缘膜质，顶端厚质，外有数个条形苞叶；小花 4~6 朵，筒状，檐部超出总苞之上，黄色。瘦果矩圆柱形，两端较狭；冠毛白色，约与花冠筒部等长。花果期 7—9 月。

*生境：生于河边。

*分布：四川西部、西北部。

*其他信息：全草药用，松潘等地称为"大黄"，味甘、苦，性凉，有清热解毒的功效。

侧茎橐吾

Ligularia pleurocaulis (Franch.) Hand.-Mazz.

菊科 Asteraceae / 橐吾属 *Ligularia*

＊**形态描述**：草本。高 30~80 厘米。茎侧生，基部被纤维状的残存叶柄围裹，上部被疏短柔毛和蛛丝状毛。叶纸质；基生叶常密集成莲座状，几乎无柄，窄椭圆状倒披针形或宽披针形，长 10~20 厘米，宽 1~3 厘米，顶端渐尖，基部膜质，鞘状，全缘，有平行脉；茎生叶条形或钻形，无柄，顶端尖，基部稍抱茎。头状花序小，常数个在茎上部排列成总状；总苞半球形，直径 8~15 毫米，总苞片卵状披针形或披针形，无毛或有时基部疏生蛛丝状毛；花异型，舌状花黄色，舌片圆匙形，顶端有小齿 2~3 个，筒状花黄色，长 5~6 毫米。瘦果矩圆形，长约 3 毫米；冠毛白色。花果期 7—11 月。

＊**生境**：生于高山溪边、沼泽草甸。

＊**分布**：四川西部。

褐毛橐吾

Ligularia purdomii (Turrill) Chittenden

菊科 Asteraceae / 橐吾属 *Ligularia*

*形态描述：多年生草本。茎直立，高 45~60 厘米，被褐色密短毛。下部叶宽心状肾形，宽 20 余厘米，长 10 余厘米，边缘稍波状，有浅齿，质厚，有掌状脉，上面无毛，下面特别是沿脉有褐色微毛，有下部渐宽而抱茎的长柄；上部叶渐狭小。头状花序多数密集成复伞房状，有短梗，花序枝被褐色微毛；总苞倒锥状圆柱形，长 10~12 毫米，宽约 9 毫米，总苞片 1 层，约 8 枚，矩圆状条形，顶部草质，被褐色密毛，边缘膜质；小花 10~20 朵，筒状。瘦果长圆柱形，长约 5 毫米；冠毛污白色，长约 9 毫米。花果期 7—9 月。

*生境：生于高海拔地区高山林缘、坡地及溪岸。

*分布：四川西部、西北部。

箭叶橐吾

Ligularia sagitta (Maxim.) Mattf.

菊科 Asteraceae / 橐吾属 *Ligularia*

  ＊形态描述：多年生草本。高 40~80 厘米。茎直立，直径约 6 毫米，上部稍被绵毛。下部叶基部急狭成具翅而基部扩大抱茎的长柄，叶片淡绿色，三角状卵圆形，长 7~12 厘米，宽 5~8 厘米，基部戟形或稍心形，顶端钝或有小尖头，边缘有细锯齿，下面初被蛛丝状毛，后两面无毛，有羽状脉，侧脉 7~8 对；中部叶有扩大而抱茎的短柄；上部叶狭长至条形。花序总状，长 20 余厘米，有 30 个或更多的头状花序；花梗长，被蛛丝状毛，有条形苞叶；总苞圆柱形，长 6~7 毫米，果熟时下垂，总苞片约 8 枚，矩圆状条形，顶端尖，边缘膜质；舌状花 5~9 朵，舌片黄色，矩圆状条形，有时长达 1 厘米。瘦果圆柱形，有纵沟；冠毛白色。花果期 7—9 月。

  ＊生境：生于高山水边。

  ＊分布：四川西部。

黄帚橐吾

Ligularia virgaurea (Maxim.) Mattf.

菊科 Asteraceae / 橐吾属 *Ligularia*

    *形态描述：多年生草本。高 30~50 厘米。茎直立，细，无毛。叶灰绿色；下部叶常直立，椭圆状、矩圆状披针形或卵形，长 10~18 厘米，下部渐狭成翅状抱茎的长柄，几乎全缘或有稀疏微齿，有羽状叶脉，顶端尖；中部叶渐狭，顶端渐细尖；上部叶狭或条形。花序总状，有数个至 20 余个初直立后下倾的头状花序；总花梗短，有细条形苞叶；总苞宽钟状，长 8~10 毫米，总苞片 10~12 枚，条状矩圆形，顶端稍尖，边缘膜质，无毛；舌状花 10 余朵，舌片黄色，条形，长约 15 毫米，筒状花约 20 朵。瘦果狭圆柱形，有纵沟；冠毛白色。花果期 7—9 月。

    *生境：生于高海拔地区高山草原、沼泽草甸。

    *分布：四川西部。

    *其他信息：全草药用，有清热解毒、健脾和胃的功效。

褐花雪莲

Saussurea phaeantha Maxim.

菊科 Asteraceae / 风毛菊属 *Saussurea*

　　*形态描述：多年生草本。根状茎斜升。茎直立，密被或疏被长柔毛，基部被褐色的叶柄残迹。基生叶披针形，顶端渐尖，基部渐狭成长1厘米的短叶柄或无叶柄，边缘有细齿，上面被白色柔毛，下面被棉毛或蛛丝状毛；茎生叶渐小，披针形或线状披针形，无柄，基部半抱茎；最上部叶苞叶状，包围头状花序，椭圆形或披针形，膜质，紫色，边缘全缘。头状花序小，5~15个在茎顶密集成伞房状总花序，无小花梗或有极短的小花梗；总苞卵状钟形，总苞片4层，外面被白色长柔毛，顶端急尖或钝，外层卵状披针形，中层披针形或椭圆状披针形，内层长披针形或线状披针形，全部苞片紫褐色；小花褐紫色，长1.2厘米，管部与檐部等长。瘦果长圆形，紫褐色，长3~4毫米；冠毛污白色，外层短，糙毛状，内层长，羽毛状。花果期6—9月。

　　*生境：生于沼泽草甸。
　　*分布：四川西部。

杨叶风毛菊

Saussurea populifolia Hemsl.

菊科 Asteraceae / 风毛菊属 *Saussurea*

　　＊形态描述：多年生草本。根状茎细，斜升。茎直立。基生叶在花期常凋落，下部叶和中部叶心形或卵状心形，顶端长渐尖，边缘有具小尖头的齿，上面疏生糙伏毛，下面几乎无毛，叶柄长 2~5 厘米，具狭翅，基部半抱茎；上部叶渐小，几乎无柄或具短柄，卵形或卵状披针形。头状花序单生于茎顶，直径 2~2.5 厘米，花梗长，有 1 个至数个苞叶；总苞钟状，总苞片 5~7 层，带紫色，被短微毛，除了外层，全为披针形，顶端渐尖，中部以上反折，内层条形，顶端有羽毛状硬毛；花粉紫色，长约 14 毫米。瘦果长 4.5 毫米；冠毛淡褐色，外层少数，脱落，内层羽毛状。花果期 7—10 月。

　　＊生境：生于中高海拔地区高山草原、沼泽草甸。

　　＊分布：四川阿坝、松潘、茂县、理县、九寨沟等。

　　＊照片来源：教学标本共享平台（汪小凡）。

星状雪兔子

Saussurea stella Maxim.

菊科 Asteraceae / 风毛菊属 *Saussurea*

　　*形态描述：一年生或二年生草本。几乎无茎。叶多数，密集成星形莲座状，草质，条形，长 6~19 厘米，宽 5~15 毫米，顶端钻形，长渐尖，基部常扩大，紫红色，全缘，两面无毛。头状花序，无梗，直径 7~10 毫米，通常 25~30 朵或更多密集成圆球状；总苞圆筒状，长 10~12 毫米，总苞片约 5 层，草质，顶端紫红色，有睫毛，外层矩圆形，中层狭矩圆形，内层条形，钝或稍尖，边缘膜质；托片刚毛状；花冠长 12~15 毫米，檐部狭钟状，长约为筒部的一半。瘦果长 3~4 毫米，无毛，顶端有膜质的小冠；冠毛白色，外层短，内层羽毛状。花果期 7—9 月。

　　*生境：生于高海拔地区高山草原、沼泽草甸。

　　*分布：四川西部。

千里光

Senecio scandens Buch.-Ham. ex D. Don

菊科 Asteraceae / 千里光属 *Senecio*

＊**形态描述**：多年生草本。茎曲折，攀援，长 2~5 米，多分枝，常被密柔毛，后脱毛。叶有短柄，叶片长三角形，长 6~12 厘米，宽 2~4.5 厘米，顶端长渐尖，基部截形或近斧形至心形，边缘有浅齿或深齿，或叶的下部有 2~4 对深裂片，少数近全缘，两面无毛或下面被短毛。头状花序多数，在茎及枝端排列成复总状的伞房花序，总花梗常反折或开展，被密微毛，有细条形苞叶；总苞筒状，长 5~7 毫米，基部有数个条形小苞片，总苞片 1 层，12~13 枚，条状披针形，顶端渐尖；舌状花黄色，筒状花多数。瘦果圆柱形，有纵沟，被短毛；冠毛白色，约与筒状花等长。花果期 10—12 月至次年春。

＊**生境**：生于溪边、山坡。

＊**分布**：四川广布。

＊**其他信息**：全草药用，味苦，性寒，具有清热解毒、明目、抗菌止痒的功效。

腺梗豨莶

Sigesbeckia pubescens (Makino) Makino

菊科 Asteraceae / 豨莶属 *Sigesbeckia*

　　＊形态描述：一年生草本。茎直立，高 30~110 厘米，被开展的灰白色长柔毛和糙毛。基部叶卵状披针形，花期枯萎；中部叶卵圆形或卵形，开展，基部宽楔形，下延成具翼而长 1~3 厘米的柄，先端渐尖，边缘有尖头状粗齿；上部叶渐小，披针形或卵状披针形；全部叶两面被平伏短柔毛，沿脉有长柔毛。头状花序直径 18~22 毫米，多数生于枝端，排列成松散的圆锥花序；花梗密生紫褐色头状，具柄腺毛和长柔毛；总苞宽钟状，总苞片 2 层，叶质，背面密生紫褐色头状具柄腺毛；舌状花舌片先端 2~3 齿裂，有时 5 齿裂；两性管状花长约 2.5 毫米，冠檐钟状，先端 4~5 裂。瘦果倒卵圆形，具 4 棱，顶端有灰褐色环状凸起。花期 5—8 月，果期 6—10 月。

　　＊生境：生于水边湿地。

　　＊分布：四川广布。

　　＊其他信息：地上部分入药，味辛微苦，性寒，有祛风湿、利关节、解毒的功效。

蒲儿根

Sinosenecio oldhamianus (Maxim.) B. Nord.

菊科 Asteraceae / 蒲儿根属 *Sinosenecio*

*形态描述：一年生或二年生草本。茎直立，下部及叶柄着生处被蛛丝状棉毛或几乎无毛，多分枝。下部叶有长柄，干后膜质，叶片近圆形，基部浅心形，长、宽 3~5 厘米，顶端急尖，边缘有重锯齿，上面几乎无毛，下面稍被白色蛛丝状毛，有掌状脉；上部叶渐小，有短柄，三角状卵形，顶端渐尖。头状花序复伞房状排列，常多数，花梗细长，有时具细条形苞叶；总苞宽钟状，直径 4~5 毫米，长 3~4 毫米，总苞片 10 余枚，顶端细尖，边缘膜质；舌状花 1 层，舌片黄色，条形；筒状花多数，黄色。瘦果倒卵状圆柱形，长稍超过 1 毫米。管状花冠毛白色，舌状花无冠毛。花期 1—12 月。

*生境：生于水边湿地。

*分布：四川广布。

*其他信息：全草药用，味辛微苦，性凉，有清热解毒的功效。

钻叶紫菀

Symphyotrichum subulatum (Michx.) G. L. Nesom

菊科 Asteraceae / 联毛紫菀属 *Symphyotrichum*

＊形态描述：一年生草本。茎直立，高 25~100 厘米，无毛，有棱，基部略带红色，上部稍有分枝。叶互生，无柄；基生叶倒披针形，花后凋落；茎中部叶线状披针形，长 6~10 厘米，宽 5~10 厘米，主脉明显，侧脉不显著，无柄，光滑无毛；上部叶渐狭窄如线。头状花序多数于茎顶端排列成圆锥状；总苞钟状，总苞片 3~4 层，外层较短，内层渐长，线状钻形，边缘膜质，无毛；舌状花舌片细狭，白色或边缘粉红色；管状花多数，花冠短于冠毛。瘦果长卵圆形，具 2~6 条纵棱，疏被硬毛；冠毛白色至淡褐色，疏被糙毛。花果期 9—11 月。

＊生境：生于田边、河边、河滩等湿地。

＊分布：四川广布，尤以平坝地区常见。

＊其他信息：外来入侵物种，原产北美。

毛柄蒲公英

Taraxacum eriopodum (D. Don) DC.

菊科 Asteraceae / 蒲公英属 *Taraxacum*

＊**形态描述**：多年生矮小草本。叶倒披针形，羽状浅裂至半裂，侧裂片3~4 对，少数不分裂；裂片钝三角形或线形，相互连接或稍有间距，平展或倒向，全缘，顶端裂片略宽，先端钝，通常长 1~3 厘米。花葶 1 个至数个，与叶几乎等长，上部疏生淡褐色蛛丝状柔毛；头状花序直径 30~40 毫米；总苞钟状，总苞片干后墨绿色，外层总苞片伏贴，直立，披针形至卵状披针形，先端增厚或有较小的角，无膜质边缘或具极狭的膜质边缘，内层总苞片暗绿色，常具红色边缘，先端增厚或具小角；舌状花黄色，边缘花舌片背面有暗紫色条纹，花柱和柱头干时黑色。瘦果淡麦秆黄色，长 4.5~5 毫米，上部 1/3~1/2 具小刺，顶端逐渐收缩为长约 1 毫米的圆锥形喙基，喙长 4.5~7 毫米；冠毛长 5~7 毫米，淡黄色。花果期 6—8 月。

＊**生境**：生于高山溪边、湖边、沼泽。

＊**分布**：四川西部高海拔地区。

＊**其他信息**：全草药用。

川甘蒲公英

Taraxacum lugubre Dahlst.

菊科 Asteraceae / 蒲公英属 *Taraxacum*

＊形态描述：多年生草本。根垂直，颈部有褐色残叶基。叶基生，莲座状，条状披针形，长 10~25 厘米，宽 2.5~3.5 厘米，羽状深裂，侧裂片多数，短三角形或宽三角形，下倾，全缘，顶裂片较大，戟状三角形或戟形，下面被疏蛛丝状长柔毛；叶柄长，常粉紫色。花葶数个；头状花序直径 3.5~5 厘米；总苞长 15~20 毫米，暗紫色，外层总苞片宽卵状披针形或卵形，顶端短渐尖，无小角，边缘白色，内层宽条形，长约为内层的 2 倍，顶端钝；舌状花黄色，外围的舌片同色或仅脉稍具色，外面有紫色条纹。瘦果黄褐色，长约 4 毫米，仅顶端有短而尖的小瘤，喙长 3~4 毫米。冠毛白色。花果期 6—8 月。

＊生境：生于沼泽边缘、湿润草地。

＊分布：四川西北部。

＊其他信息：全草药用。

蒲公英

Taraxacum mongolicum Hand.-Mazz.

菊科 Asteraceae / 蒲公英属 *Taraxacum*

＊**形态描述**：多年生草本。根垂直。叶莲座状平展，矩圆状倒披针形或倒披针形，长 5~15 厘米，宽 1~5.5 厘米，羽状深裂，侧裂片 4~5 对，矩圆状披针形或三角形，具齿，顶裂片较大，戟状矩圆形，羽状浅裂或仅具波状齿，基部狭成短叶柄，被疏蛛丝状毛或几乎无毛。花葶数个，与叶等长，上端被密蛛丝状毛；总苞淡绿色，外层总苞片卵状披针形至披针形，边缘膜质，被白色长柔毛，内层条状披针形，长于外层，顶端有小角；舌状花黄色。瘦果褐色，长 4 毫米，上半部有尖小瘤，喙长 6~8 毫米。冠毛白色。花期 4—9 月，果期 5—10 月。

＊**生境**：生于湿润草地。

＊**分布**：四川广布。

＊**其他信息**：全草药用，有清热解毒、消肿散结等功效。

藏蒲公英

Taraxacum tibetanum Hand.-Mazz.

菊科 Asteraceae / 蒲公英属 *Taraxacum*

*形态描述：多年生草本。叶倒披针形，长 4~8 厘米，宽 5~10 毫米，通常羽状深裂，少为浅裂，具 4~7 对侧裂片；侧裂片三角形，相互连接或稍有间距，倒向，近全缘。花葶 1 个或数个，高 3~7 厘米，无毛或在顶端有蛛丝状柔毛；头状花序直径 28~32 毫米；总苞钟状，长 10~12 毫米，总苞片干后变墨绿色至黑色，外层总苞片宽卵形至卵状披针形，宽于内层总苞片，先端稍扩大，无膜质边缘或为极窄的不明显的膜质边缘；舌状花黄色，边缘花舌片背面有紫色条纹，柱头和花柱干后黑色。瘦果倒卵状长圆形至长圆形，淡褐色，长 2.8~3.5 毫米，上部 1/3 具小刺，顶端常突然缢缩成长约 0.5 毫米的圆锥形至圆柱形喙基，喙纤细，长 2.5~4 毫米。冠毛长约 6 毫米，白色。花果期 6—8 月。

*生境：生于溪边草地。

*分布：四川甘孜、阿坝。

苍耳

Xanthium strumarium L.

菊科 Asteraceae / 苍耳属 *Xanthium*

　　*形态描述：一年生草本。高达 90 厘米。叶三角状卵形或心形，长 4~9 厘米，宽 5~10 厘米，基出 3 脉，两面被贴生的糙伏毛；叶柄长 3~11 厘米。雄头状花序球形，密生柔毛；雌头状花序椭圆形，内层总苞片结成囊状；成熟的具瘦果的总苞变坚硬，绿色、淡黄色或红褐色，外面疏生具钩的总苞刺，苞刺长 1~1.5 毫米，喙长 1.5~2.5 毫米。瘦果 2，倒卵形。花期 7—8 月，果期 9—10 月。

　　*生境：生于湖边湿地或水田边。

　　*分布：四川广布。

　　*其他信息：种子可榨油，用于制油漆、油墨、肥皂、油毡等；种子入药，味苦微辛，性寒，有祛风散热、解毒杀虫的功效。

◢ 五福花科 Adoxaceae

接骨草

Sambucus javanica Reinw. ex Blume

五福花科 Adoxaceae / 接骨木属 *Sambucus*

＊形态描述：高大草本或半灌木。高 1~2 米。茎有棱条，髓部白色。羽状复叶的托叶叶状或有时退化成蓝色的腺体；小叶 2~3 对，互生或对生，狭卵形，嫩时上面被疏长柔毛，先端长渐尖，基部钝圆，两侧不等，边缘具细锯齿，近基部或中部以下边缘常有 1 枚或数枚腺齿；顶生小叶卵形或倒卵形，基部楔形，有时与第一对小叶相连，小叶无托叶，基部一对小叶有时有短柄。复伞形花序顶生，大而疏散；总花梗基部托以叶状总苞片，分枝 3~5 出，纤细，被黄色疏柔毛；杯形不孕性花不脱落，可孕性花小；萼筒杯状，萼齿三角形；花冠白色，仅基部联合，花药黄色或紫色；子房 3 室，花柱极短或几乎无，柱头 3 裂。果实红色，近圆形，直径 3~4 毫米；核 2~3 粒，卵形，表面有小疣状凸起。花期 4—5 月，果熟期 8—9 月。

＊生境：生于水边阴湿地。

＊分布：四川广布。

＊其他信息：药用植物，有通经活血、解毒消炎的功效。

◢ 忍冬科 Caprifoliaceae

白花刺续断

Acanthocalyx alba (Hand.-Mazz.) M. Connon

忍冬科 Caprifoliaceae / 刺续断属 *Acanthocalyx*

＊**形态描述**：植株纤细，高 10~40 厘米。叶片线状披针形，两面无毛，基部渐狭，边缘全缘。花茎上的叶 2~4 对，类似莲座状但较短；叶柄具鞘；底部一对叶较小，近卵形，通常无刺，鞘几乎与叶片等长；顶端叶密生多刺，基部宽得多。头状花序；总苞卵形，具刺，凹；总苞无梗，管状或钟状，4~7 毫米，先端截形，具长柔毛，具 12~16 不规则刺；花萼绿色，管状，5~8 毫米，管 1~2.5 毫米，边缘具长柔毛；花冠白色、淡黄色或黄绿色，筒部明显弯曲，12~20 毫米，上面密被微柔毛，裂片 5，长 3 毫米；花丝着生于花冠喉部；花柱长于雄蕊。瘦果柱状，4~6 毫米，被微柔毛。花期 6—8 月，果期 7—9 月。

＊**生境**：生于海拔 3000~4000 米的山坡草甸或林下。

＊**分布**：四川中部、西部。

岩生忍冬

Lonicera rupicola Hook. f. et Thoms.

忍冬科 Caprifoliaceae / 忍冬属 *Lonicera*

＊**形态描述**：落叶灌木。高达 1.5（2.5）米，在高海拔地区有时仅 10~20 厘米。幼枝和叶柄均被屈曲、白色短柔毛和微腺毛，或有时几乎无毛；小枝纤细，叶脱落后小枝顶常呈针刺状。叶纸质，3（~4）枚轮生，顶端尖或稍具小凸尖或钝形，基部楔形至圆形或近截形，两侧不等，边缘背卷。花生于幼枝基部叶腋，芳香，总花梗极短；苞片、小苞片和萼齿的边缘均具微柔毛和微腺；苞片叶状，条状披针形至条状倒披针形；杯状小苞顶端截形或具 4 浅裂至中裂；相邻两萼筒分离；花冠淡紫色或紫红色，筒状钟形，外面常被微柔毛和微腺毛，筒长为裂片的 1.5~2 倍，内面上端有柔毛，裂片卵形，长 3~4 毫米，为筒长的 2/5~1/2，开展；花药达花冠筒的上部；花柱高达花冠筒的一半，无毛。花期 5—8 月，果期 8—10 月。

＊**生境**：生于河滩草地和灌丛。

＊**分布**：四川西部。

甘松

Nardostachys jatamansi (D. Don) DC.

忍冬科 Caprifoliaceae / 甘松属 *Nardostachys*

＊**形态描述**：多年生草本。根状茎粗、短，斜升，圆柱状或圆锥柱状，下有粗硬根，顶端有少数叶鞘纤维，有强烈松脂气味。基生叶数枚，窄条形或条状倒披针形，顶端圆，基部渐窄成柄（柄约占全长的1/2），全缘，主脉平行3出；茎生叶2~4对，披针形，上部1~2对短小。聚伞花序多呈紧密圆头状；花序下总苞2对，卵形，常有1对腋生小花序，每花有苞片1枚，较花短，小苞片2枚，很小；花萼5裂，齿极小；花冠淡紫红色，筒状，上部稍宽展，顶端稍不等5裂，内、外光滑无毛；雄蕊4，伸出；子房下位，花柱与雄蕊等长。瘦果倒卵形，长约3毫米，几乎无毛，顶端有细小宿存花萼。花果期6—8月。

＊**生境**：生于沼泽草甸、河漫滩、山坡草丛。

＊**分布**：四川广布。

◢ 五加科 Araliaceae

红马蹄草

Hydrocotyle nepalensis Hook.

五加科 Araliaceae / 天胡荽属 *Hydrocotyle*

＊形态描述：多年生草本。高 5~45 厘米。茎匍匐，有斜上分枝，节上生根。叶片膜质至硬膜质，圆形或肾形，边缘通常 5~7 浅裂，裂片有钝锯齿，基部心形，掌状脉 7~9 条，疏生短硬毛；叶柄上部密被柔毛；托叶膜质，顶端钝圆或有浅裂。伞形花序数个簇生于茎端叶腋，花序梗短于叶柄，有柔毛；小伞形花序有花 20~60 朵，常密集成球形头状花序；花柄极短，花柄基部有膜质、卵形或倒卵形的小总苞片；无萼齿；花瓣卵形，白色或乳白色，有时有紫红色斑点；花柱幼时内卷，花后向外反曲，基部隆起。果基部心形，两侧扁压，光滑或有紫色斑点，成熟后常呈黄褐色或紫黑色，中棱和背棱显著。花果期 5—11 月。

＊生境：生于海拔 350~2080 米的山坡、路旁、荫湿地、水沟和溪边草丛。

＊分布：四川广布。

＊其他信息：全草药用。

天胡荽

Hydrocotyle sibthorpioides Lam.

五加科 Araliaceae / 天胡荽属 *Hydrocotyle*

＊形态描述：多年生草本。有气味。茎细长而匍匐，平铺地上成片，节上生根。叶片膜质至草质，圆形或肾圆形，基部心形，边缘有钝齿，表面光滑，背面脉上疏被粗伏毛；叶柄无毛或顶端有毛；托叶略呈半圆形，薄膜质，全缘或稍有浅裂。伞形花序与叶对生，单生于节上；花序梗纤细；小总苞片卵形至卵状披针形，膜质，有黄色透明腺点，背部有 1 条不明显的脉；小伞形花序有花 5~18 朵，花无柄或有极短的柄，花瓣卵形，绿白色，有腺点；花丝与花瓣同长或稍超出，花药卵形；花柱长 0.6~1 毫米。果实略呈心形，两侧扁压，中棱在果熟时极为隆起，幼时表面草黄色，成熟时有紫色斑点。花果期 4—9 月。

＊生境：常生于海拔 475~3000 米的湿润草地、河沟边、林下。

＊分布：四川广布。

＊其他信息：全草药用，有清热、利尿、消肿、解毒的功效。

破铜钱

Hydrocotyle sibthorpioides var. *batrachium* (Hance) Hand.-Mazz.

五加科 Araliaceae / 天胡荽属 *Hydrocotyle*

　　＊形态描述：与原种天胡荽的区别为叶片较小，3~5 深裂几乎达基部，侧面裂片间有一侧或两侧仅裂达基部 1/3 处，裂片均呈楔形。花果期 4—9 月。

　　＊生境：喜生于湿润的路旁、草地、河沟边、湖滩、溪谷及山地。

　　＊分布：四川乐山、筠连、天全。

　　＊其他信息：全草药用。

▲ 伞形科 Apiaceae

葛缕子

Carum carvi L.

伞形科 Apiaceae / 葛缕子属 *Carum*

　　*形态描述：多年生草本。高 15~70 厘米。根圆柱形，长 4~25 厘米，直径 5~10 毫米，表皮棕褐色。茎通常单生，少数 2~8。基生叶及茎下部叶的叶柄与叶片几乎等长，或略短于叶片，叶片轮廓长圆状披针形，长 5~10 厘米，宽 2~3 厘米，2~3 回羽状分裂，末回裂片线形或线状披针形，长 3~5 毫米，宽约 1 毫米，茎中、上部叶与基生叶同形，较小，无柄或有短柄；无总苞片，少数 1~4 个，线形；伞辐 5~10，不等长，长 1~4 厘米，无小总苞或偶有 1~3 片，线形；小伞形花序有花 5~15 朵，花杂性，无萼齿，花瓣白色或淡红色；花柄不等长，花柱长约为花柱基的 2 倍。果实长卵形，长 4~5 毫米，宽约 2 毫米，成熟后黄褐色，果棱明显。花果期 5—8 月。

　　*生境：生于河滩草丛、林下或高山草甸。

　　*分布：四川西部。

积雪草

Centella asiatica (L.) Urban

伞形科 Apiaceae / 积雪草属 *Centella*

　　*形态描述：多年生草本。茎匍匐，细长，节上生根。叶片膜质至草质，圆形、肾形或马蹄形，长 1~2.8 厘米，宽 1.5~5 厘米，边缘有钝锯齿，基部阔心形，掌状脉 5~7 条，两面隆起，脉上部分叉；叶柄长 1.5~27 厘米，无毛或上部有柔毛，基部叶鞘透明，膜质。伞形花序梗 2~4，聚生于叶腋，长 0.2~1.5 厘米；苞片通常 2 枚，很少 3 枚，卵形，膜质，长 3~4 毫米，宽 2.1~3 毫米，每一伞形花序有花 3~4 朵，聚集呈头状；花瓣卵形，紫红色或乳白色，膜质，长 1.2~1.5 毫米，宽 1.1~1.2 毫米；花柱长约 0.6 毫米；花丝短于花瓣，与花柱等长。果实两侧扁压，圆球形，基部心形至平截形，长 2.1~3 毫米，宽 2.2~3.6 毫米，每侧有纵棱数条，棱间有明显的小横脉，网状，表面有毛或平滑。花果期 4—10 月。

　　*生境：喜生于海拔 200~1900 米的阴湿的草地或水沟边。

　　*分布：四川广布。

矮泽芹

Chamaesium paradoxum Wolff

伞形科 Apiaceae / 矮泽芹属 *Chamaesium*

*形态描述：草本。主根圆锥形。茎单生，直立，有分枝，中空。叶片长圆形，1回羽状分裂，羽片卵形或卵状长圆形至卵状披针形；茎上部叶有羽片3~4对，呈卵状披针形至阔线形，全缘。复伞形花序顶生或腋生；顶生花序梗粗壮，侧生花序梗细弱；总苞片3~4枚，线形，短于伞辐，顶生，伞形花序有伞辐8~17，开展，不等长；小总苞片线形；小伞形花序有多数小花，排列紧密，花柄长2~5毫米，花白色或淡黄色；萼齿细小，常被扩展的花柱基掩盖；花瓣倒卵形，长约1.2毫米，宽1毫米，顶端浑圆，基部稍窄；花丝长约1毫米，花药近卵圆形。果实长圆形，基部略呈心形，主棱及次棱均隆起，合生面略收缩；心皮柄2裂；胚乳腹面内凹，每棱槽内油管1，合生面2。花果期7—9月。

*生境：生于海拔3200~4800米的潮湿草丛坡地。

*分布：四川西部。

毒芹

Cicuta virosa L.

伞形科 Apiaceae / 毒芹属 *Cicuta*

＊形态描述：多年生粗壮草本。主根短缩，支根多数，根状茎有节，褐色。茎单生，中空，有条纹。基生叶柄长 15~30 厘米，叶鞘膜质，抱茎；叶片轮廓呈三角形，2~3 回羽状分裂，裂片线状披针形，边缘疏生锯齿；最上部的茎生叶 1~2 回羽状分裂，末回裂片狭披针形。复伞形花序顶生或腋生，花序梗长 2.5~10 厘米，无毛；小总苞片多数，线状披针形，顶端长尖，中脉 1 条；萼齿明显，卵状三角形；花瓣白色，倒卵形，顶端有内折的小舌片，中脉 1 条；花药近卵圆形；花柱短，向外反折。分生果近卵圆形，合生面收缩，主棱阔，每棱槽内油管 1，合生面油管 2。花果期 7—8 月。

＊生境：生于海拔 400~2900 米的杂木林下、湿地或水沟边。

＊分布：四川阿坝等。

＊其他信息：含有毒物质，牲畜误食会引起中毒。

鸭儿芹

Cryptotaenia japonica Hassk.

伞形科 Apiaceae / 鸭儿芹属 *Cryptotaenia*

　　*形态描述：多年生草本。高 30~90 厘米，全体无毛。茎具叉状分枝。基生叶及茎下部叶三角形，宽 2~10 厘米，3 出复叶，中间小叶菱状倒卵形，长 3~10 厘米，侧生小叶歪卵形，边缘都有不规则尖锐重锯齿或有时 2~3 浅裂；叶柄长 5~17 厘米，基部成鞘抱茎；茎顶部的叶无柄，小叶披针形。复伞形花序疏松，不规则；总苞片及小总苞片各 1~3 枚，条形，早落；伞幅 2~7，斜上；花梗 2~4；花白色。双悬果条状矩圆形或卵状矩圆形，长 3.5~6.5 毫米，宽 1~2 毫米。花期 4—5 月，果期 6—10 月。

　　*生境：生于海拔 200~2400 米的山地、山沟及林下较阴湿的地区。

　　*分布：四川广布。

　　*其他信息：全草药用。种子含油约 22%，可制皂和油漆。

野胡萝卜

Daucus carota L.

伞形科 Apiaceae / 胡萝卜属 *Daucus*

　　*形态描述：二年生草本。高 20~120 厘米，全体有粗硬毛。根肉质，小圆锥形，近白色。基生叶矩圆形，2~3 回羽状全裂，最终裂片条形至披针形，长 2~15 毫米，宽 0.5~2 毫米。复伞形花序顶生；总花梗长 10~60 厘米；总苞片多数，叶状，羽状分裂，裂片条形，反折；伞幅多数；小总苞片 5~7 枚，条形，不裂或羽状分裂；花梗多数；花白色或淡红色。双悬果矩圆形，长 3~4 毫米，4 棱，有翅，翅上具短钩刺。花期 5—7 月，果期 7—8 月。

　　*生境：生于山坡路旁、旷野或田间。

　　*分布：四川广布。

　　*其他信息：果实含芳香油及油脂。全草药用，有驱虫、祛痰、解毒、消肿的功效。

线叶水芹

Oenanthe linearis Wall. ex DC.

伞形科 Apiaceae / 水芹属 *Oenanthe*

＊形态描述：多年生草本。高 30~60 厘米，光滑无毛。茎直立，上部分枝，下部节上生不定根。叶有柄，基部有叶鞘，边缘薄膜质，叶片轮廓呈广卵形或长三角形，2 回羽状分裂，基部叶末回裂片卵形，边缘分裂；茎上部叶末回裂片线形，基部楔形，顶端渐尖，全缘。复伞形花序顶生和腋生，总苞片 1 枚或无，线形；伞辐 6~12，不等长；小总苞片少数，线形；每小伞形花序有花 20 余朵；萼齿披针状卵形；花瓣白色，倒卵形，顶端内折；花柱基圆锥形较萼齿短，花柱直立，叉式分开，长不及 1 毫米。果实近四方状椭圆形或球形，侧棱较中棱和背棱隆起，背棱线形；每棱槽内油管 1，合生面油管 2。

＊生境：生于海拔 750~2000 米的山谷阴湿地或溪边潮湿地。

＊分布：四川广布。

＊其他信息：幼苗可作蔬菜食用。

高山水芹

Oenanthe hookeri C.B.Clarke

伞形科 Apiaceae / 水芹属 *Oenanthe*

　　＊形态描述：多年生草。茎直立，基部匍匐，空管状，少分枝，节上生不定根。叶片通常简化呈线形至狭卵状三角形，1~2 回羽状分裂，末回裂片细小，线形，全缘，排列稀疏。复伞形花序顶生，花序梗长 5~8 厘米；总苞片 1 枚或无，线形；伞辐 4~8，不等长；小总苞片 5 枚，线形，小伞形花序有花 20 余朵；花柄长 2~3 毫米；萼齿披针形，大小不等；花瓣白色，倒卵形，顶端有一内折的小舌片；花柱基圆锥形，花柱直立或分叉，长约 1 毫米。果实卵形或近圆形，侧棱较背棱和中棱隆起，木栓质，分生果横剖面半圆形；每棱槽内油管 1，合生面油管 2。花期 6—7 月，果期 8—9 月。

　　＊生境：生于海拔 2600~3000 米的林下潮湿沟边及水边。

　　＊分布：四川西部。

水芹

Oenanthe javanica (Bl.) DC.

伞形科 Apiaceae / 水芹属 *Oenanthe*

　　*形态描述：多年生草本。高 15~80 厘米，茎直立或基部匍匐。基生叶有柄，柄长达 10 厘米，基部有叶鞘；叶片轮廓三角形，1~2 回羽状分裂，末回裂片卵形至菱状披针形，长 2~5 厘米，宽 1~2 厘米，边缘有牙齿或圆齿状锯齿；茎上部叶无柄，裂片和基生叶的裂片相似，较小。复伞形花序顶生，花序梗长 2~16 厘米；无总苞片；伞辐 6~16，不等长，直立和展开；小总苞片 2~8 枚，线形；小伞形花序有花 20 余朵；萼齿线状披针形，长与花柱基相等；花瓣白色，倒卵形，有一长而内折的小舌片；花柱基圆锥形，花柱直立或两侧分开，长 2 毫米。果实近于四角状椭圆形或筒状长圆形，侧棱较背棱和中棱隆起，木栓质，分生果横剖面近于五边状的半圆形；每棱槽内油管 1，合生面油管 2。花期 6—7 月，果期 8—9 月。

　　*生境：多生于浅水低洼地方或池沼、水沟旁。

　　*分布：四川广布。

　　*其他信息：茎叶可作蔬菜食用。全草药用。

滇西泽芹

Sium frigidum Hand.-Mazz.

伞形科 Apiaceae / 泽芹属 *Sium*

　　＊**形态描述**：多年生直立小草本。根块状；根茎长 2~4 厘米，空管状。茎圆柱形，中空。基生叶呈莲座状，具叶柄，基部有叶鞘；叶片轮廓为长圆形或披针形，一回羽状全裂，具羽片 3~6 对，羽片线状长圆形或椭圆形；茎生叶 1~2，上部叶较小，无柄，仅具叶鞘，具羽片 1~3 对，羽片线形。伞形花序顶生和侧生，总苞片 1 枚，线形；伞辐 2~3，近等长；小伞形花序有花 3~5 朵；小总苞片无或 1~2 枚，近钻形；花瓣宽椭圆形，平坦或先端圆形内折，中肋显著，白色；花柱基扁平，细小，花柱短，极开展。果实卵状近球形，基部略为心形，后期微扁压，果棱 5 条均明显凸起，背棱槽油管 2，侧棱槽油管 2~3，合生面油管 4；心皮柄贴生于分生果的合生面；胚乳腹面平直。花期 7—8 月，果期 8—9 月。

　　＊**生境**：生于高山湿润草地或水边较潮湿处。

　　＊**分布**：四川西部。

泽芹

Sium suave Walt.

伞形科 Apiaceae / 泽芹属 *Sium*

*形态描述：光滑，多年生草本，高60~120厘米。有成束的纺锤状根和须根。茎直立，粗大，有条纹，有少数分枝，通常在近基部的节上生根。叶片轮廓呈长圆形至卵形，1回羽状分裂，有羽片3~9对，羽片无柄，疏离，披针形至线形，长1~4厘米，宽3~15毫米，基部圆楔形，先端尖，边缘有细锯齿或粗锯齿；上部的茎生叶较小，有3~5对羽片，形状与基部叶相似。复伞形花序顶生和侧生，花序梗粗状，总苞片6~10枚，披针形或线形，尖锐，全缘或有锯齿，反折；小总苞片线状披针形，尖锐，全缘；伞辐10~20，细长；花白色，花柄长3~5毫米；萼齿细小；花柱基短圆锥形。果实卵形，分生果的果棱肥厚，近翅状；每棱槽内油管1~3，合生面油管2~6；心皮柄的分枝贴近合生面。花期8—9月，果期9—10月。

*生境：生于沼泽、湿草甸子、溪边、水边较潮湿处。

*分布：四川汉源、广汉等。

*其他信息：全草药用。

索引

Index

中文索引

A

矮慈姑　047
矮地榆　209
矮球穗扁莎　127
矮泽芹　407

B

白苞筋骨草　346
白苞裸蒴　035
白车轴草　201
白花草木樨　198
白花刺续断　399
白花紫露草　080
白茅　149
白睡莲　032
白头婆　376
百脉根　195
稗　144
斑茅　157
半边莲　363
半枝莲　356
棒头草　156
苞叶大黄　284
宝盖草　353
北水苦荬　338
荸荠　120
笔管草　016
蓖麻　243

篦齿眼子菜　062
萹蓄　270
扁穗莎草　110
冰岛蓼　267
播娘蒿　258

C

苍耳　397
藏蒲公英　396
草木樨　199
侧茎橐吾　382
叉枝虎耳草　185
长萼堇菜　237
长芒稗　142
长莛鸢尾　066
长叶水麻　214
长柱柳叶菜　250
车前　335
柽柳　264
齿果酸模　289
赤麻　213
川甘蒲公英　394
垂柳　238
垂头虎耳草　188
莼菜　030
慈姑　049
刺芒龙胆　317
刺子莞　128

葱状灯心草　094
翠云草　009

D

打破碗花花　167
打碗花　327
大车前　337
大花韭　072
大黄橐吾　381
大牛鞭草　148
大薸　042
大穗薹草　108
大叶紫堇　164
大钟花　323
单花荠　260
弹裂碎米荠　256
道孚虎耳草　186
稻　150
德国鸢尾　068
灯心草　096
地耳草　234
地锦苗　163
地钱　002
滇西泽芹　414
东俄洛紫菀　378
东方泽泻　046
豆瓣菜　259
毒芹　408

独一味　　　352
短腺小米草　360
短叶水蜈蚣　126
短轴嵩草　　125
短柱梅花草　228
钝叶楼梯草　216
多星韭　　　074

E

鹅肠菜　　　291
耳基水苋　　245

F

繁缕　　　　295
反折花龙胆　318
反枝苋　　　300
饭包草　　　077
风车草　　　109
枫杨　　　　223
凤眼蓝　　　082
浮萍　　　　044
浮叶眼子菜　059
附地菜　　　326
复序飘拂草　117

G

甘青蒿　　　366
甘松　　　　401
甘肃棘豆　　200
高葶菜　　　261
高山水芹　　412
高原毛茛　　179
葛缕子　　　405
沟酸浆　　　359
狗牙根　　　141
菰　　　　　160
谷精草　　　093

管花马先蒿台氏变种
　　　　　　362
管花长花马先蒿　361
光头稗　　　143
过江藤　　　344
过路黄　　　311

H

海菜花　　　052
海韭菜　　　054
海乳草　　　309
韩信草　　　357
盒子草　　　224
褐花雪莲　　386
褐毛垂头菊　373
褐毛橐吾　　383
黑蕊虎耳草　187
黑三棱　　　088
黑藻　　　　050
红花酢浆草　233
红蓼　　　　276
红马蹄草　　402
红睡莲　　　033
忽地笑　　　075
狐尾藻　　　190
葫芦藓　　　005
湖北裂瓜　　226
蝴蝶花　　　069
虎杖　　　　283
花点草　　　218
花莛驴蹄草　172
华北獐牙菜　324
华扁穗草　　101
槐叶蘋　　　020
黄菖蒲　　　070
黄花狸藻　　342

黄姜花　　　087
黄睡莲　　　034
黄帚橐吾　　385
灰绿藜　　　303
茴茴蒜　　　175
活血丹　　　351
火炭母　　　272
藿香蓟　　　365

J

鸡腿堇菜　　235
鸡眼草　　　194
鸡肫梅花草　231
积雪草　　　406
笄石菖　　　098
蕺菜　　　　036
戟叶蓼　　　281
荚果蕨　　　027
假贝母　　　225
假柳叶菜　　252
渐尖毛蕨　　028
箭叶橐吾　　384
姜花　　　　086
浆果薹草　　102
接骨草　　　398
节节草　　　015
节毛飞廉　　369
金发藓　　　004
金钱蒲　　　038
金荞麦　　　265
金鱼藻　　　161
荩草　　　　135
井栏边草　　024
菊叶香藜　　305
具刚毛荸荠　121
具芒碎米莎草　114

蕨麻 206

K

看麦娘 134
扛板归 277
空茎驴蹄草 171
枯灯心草 100
苦草 053
宽叶香蒲 090
宽叶荨麻 222

L

拉拉藤 316
狼耙草 368
肋柱花 322
冷水花 219
狸藻 343
藜 302
鳢肠 375
荔枝草 355
莲 181
莲子草 299
两栖蓼 269
裂苞铁苋菜 242
临时救 312
菱叶凤仙花 308
柳叶鬼针草 367
龙葵 332
龙牙草 202
芦苇 154
芦竹 136
路边青 205
路易斯安那鸢尾 067
露蕊乌头 166
卵萼花锚 321
卵花甜茅 147

裸花水竹叶 079
驴蹄草 170
绿花梅花草 230
葎草 211

M

麻花艽 319
麻叶荨麻 221
马鞭草 345
马齿苋 307
马兰 379
马蹄莲 043
满江红 019
毛柄蒲公英 393
毛茛状金莲花 180
美花圆叶筋骨草 347
美头火绒草 380
密花香薷 349
密蒙花 341
木里薹草 103
木贼 013

N

泥胡菜 377
泥炭藓 003
牛筋草 146
牛毛毡 122
纽子瓜 227
卵萼花锚 321
糯米团 217

O

欧菱 249

P

膨囊薹草 105
偏花报春 314
蘋 018

平车前 336
瓶尔小草 017
萍蓬草 031
破铜钱 404
匍茎通泉草 358
蒲儿根 391
蒲公英 395
蒲苇 140

Q

七星莲 236
荠 255
千里光 389
千屈菜 247
牵牛 330
荞麦 266
青藏薹草 106
青葙 301
苘麻 254
箐姑草 296
秋华柳 240
犬问荆 014
雀舌草 293

R

日本薹草 104
柔毛蓼 280

S

三棱水葱 131
三白草 037
三裂碱毛茛 173
三脉梅花草 229
沙棘 210
山溪金腰 184
杉叶藻 334
蛇含委陵菜 207

蛇莓　　　　　　204
肾叶金腰　　　　183
湿地繁缕　　　　297
湿地勿忘草　　　325
湿生扁蕾　　　　320
石龙芮　　　　　178
石蒜　　　　　　076
匙叶银莲花　　　168
手参　　　　　　063
绶草　　　　　　064
疏花水柏枝　　　263
束花报春　　　　313
双穗雀稗　　　　151
双柱头针蔺　　　133
水鳖　　　　　　051
水葱　　　　　　132
水棘针　　　　　348
水蕨　　　　　　023
水苦荬　　　　　339
水蓼　　　　　　273
水麻　　　　　　215
水马齿　　　　　333
水麦冬　　　　　055
水毛茛　　　　　169
水毛花　　　　　130
水芹　　　　　　413
水莎草　　　　　119
水生酸模　　　　287
水生薏苡　　　　138
水虱草　　　　　118
水苋菜　　　　　246
水烛　　　　　　089
粟米草　　　　　306
酸模　　　　　　286
酸模叶蓼　　　　274

碎米莎草　　　　113
穗状狐尾藻　　　189
桫椤　　　　　　021
梭鱼草　　　　　084

T

台湾水龙　　　　253
唐古特岩黄芪　　193
天胡荽　　　　　403
天蓝苜蓿　　　　196
天名精　　　　　370
甜根子草　　　　158
条叶垂头菊　　　374
铁苋菜　　　　　241
铁线蕨　　　　　022
庭菖蒲　　　　　071
头花蓼　　　　　271
透茎冷水花　　　220
土荆芥　　　　　304
菟丝子　　　　　328
脱毛银叶委陵菜　208

W

莴草　　　　　　137
微齿眼子菜　　　058
问荆　　　　　　012
蕹菜　　　　　　329
无芒稗　　　　　145
无毛漆姑草　　　292

X

西伯利亚蓼　　　279
西藏嵩草　　　　124
西南凤尾蕨　　　026
西南莩草　　　　159
西南毛茛　　　　176
溪边凤尾蕨　　　025

习见蓼　　　　　278
喜旱莲子草　　　298
喜马灯心草　　　097
喜马拉雅嵩草　　123
细果角茴香　　　165
夏枯草　　　　　354
夏飘拂草　　　　116
线叶水芹　　　　411
线柱兰　　　　　065
腺梗豨莶　　　　390
香附子　　　　　115
香蒲　　　　　　092
象南星　　　　　039
小翠云　　　　　008
小灯心草　　　　095
小蓬草　　　　　371
小薹草　　　　　107
小香蒲　　　　　091
小眼子菜　　　　060
薤白　　　　　　073
星状雪兔子　　　388
荇菜　　　　　　364
锈毛金腰　　　　182
序叶苎麻　　　　212

Y

鸭跖花　　　　　174
鸭儿芹　　　　　409
鸭舌草　　　　　083
鸭跖草　　　　　078
岩生忍冬　　　　400
眼子菜　　　　　057
羊蹄　　　　　　290
杨叶风毛菊　　　387
药用大黄　　　　285
野慈姑　　　　　048

野大豆	192	圆穗蓼	275	砖子苗	111
野灯心草	099	圆叶节节菜	248	紫花碎米荠	257
野胡萝卜	410	圆叶牵牛	331	紫堇	162
野茼蒿	372	云生毛茛	177	紫苜蓿	197
叶下珠	244			紫萍	045
一把伞南星	040	**Z**		紫云英	191
异型莎草	112	再力花	085	紫竹梅	081
薏苡	139	早熟禾	155	菹草	056
藨草	153	泽芹	415	钻叶紫菀	392
萤蔺	129	泽珍珠菜	310	醉鱼草	340
硬叶柳	239	沼生蔊菜	262	酢浆草	232
鼬瓣花	350	沼生柳叶菜	251		
愉悦蓼	268	中国繁缕	294		
羽衣草	203	钟花报春	315		
芋	041	皱叶酸模	288		
圆果雀稗	152	珠芽蓼	282		
		竹叶眼子菜	061		

英文索引

A

Abutilon theophrasti	254
Acalypha australis	241
Acalypha supera	242
Acanthocalyx alba	399
Acorus gramineus	038
Actinostemma tenerum	224
Adiantum capillus-veneris	022
Ageratum conyzoides	365
Agrimonia pilosa	202
Ajuga lupulina	346
Ajuga ovalifolia var. *calantha*	347
Alchemilla japonica	203
Alisma orientale	046
Allium macranthum	072
Allium macrostemon	073
Allium wallichii	074
Alopecurus aequalis	134
Alsophila spinulosa	021
Alternanthera philoxeroides	298
Alternanthera sessilis	299
Amaranthus retroflexus	300
Amethystea caerulea	348
Ammannia auriculata	245
Ammannia baccifera	246
Anemone hupehensis	167
Anemone trullifolia	168
Arisaema elephas	039
Arisaema erubescens	040
Artemisia tangutica	366
Arthraxon hispidus	135
Arundo donax	136
Aster indicus	379
Aster tongolensis	378
Astragalus sinicus	191
Azolla pinnata subsp. *asiatica*	019

B

Batrachium bungei	169
Beckmannia syzigachne	137
Bidens cernua	367
Bidens tripartita	368
Blysmus sinocompressus	101
Boehmeria clidemioides var. *diffusa*	212
Boehmeria silvestrii	213
Bolbostemma paniculatum	225
Brasenia schreberi	030
Buddleja lindleyana	340
Buddleja officinalis	341

C

Callitriche palustris	333
Caltha palustris	170
Caltha palustris var. *barthei*	171
Caltha scaposa	172
Calystegia hederacea	327
Capsella bursa-pastoris	255
Cardamine impatiens	256
Cardamine tangutorum	257
Carduus acanthoides	369
Carex baccans	102
Carex japonica	104
Carex lehmannii	105

Carex moorcroftii	106
Carex muliensis	103
Carex parva	107
Carex rhynchophysa	108
Carpesium abrotanoides	370
Carum carvi	405
Celosia argentea	301
Centella asiatica	406
Ceratophyllum demersum	161
Ceratopteris thalictroides	023
Chamaesium paradoxum	407
Chenopodium album	302
Chenopodium glaucum	303
Chrysosplenium davidianum	182
Chrysosplenium griffithii	183
Chrysosplenium nepalense	184
Cicuta virosa	408
Coix aquatica	138
Coix lacryma-jobi	139
Colocasia esculenta	041
Commelina benghalensis	077
Commelina communis	078
Cortaderia selloana	140
Corydalis edulis	162
Corydalis sheareri	163
Corydalis temulifolia	164
Crassocephalum crepidioides	372
Cremanthodium brunneopiloesum	373
Cremanthodium lineare	374
Cryptotaenia japonica	409
Cuscuta chinensis	328
Cyclosorus acuminatus	028
Cynodon dactylon	141
Cyperus compressus	110
Cyperus cyperoides	111
Cyperus difformis	112
Cyperus involucratus	109
Cyperus iria	113
Cyperus microiria	114
Cyperus rotundus	115
Cyperus serotinus	119

D

Daucus carota	410
Debregeasia longifolia	214
Debregeasia orientalis	215
Descurainia sophia	258
Duchesnea indica	204
Dysphania ambrosioides	304
Dysphania schraderiana	305

E

Echinochloa caudata	142
Echinochloa colona	143
Echinochloa crus-galli var. *mitis*	145
Echinochloa crus-galli	144
Eclipta prostrata	375
Eichhornia crassipes	082
Elatostema obtusum	216
Eleocharis dulcis	120
Eleocharis valleculosa var. *setosa*	121
Eleocharis yokoscensis	122
Eleusine indica	146
Elsholtzia densa	349
Epilobium blinii	250
Epilobium palustre	251
Equisetum arvense	012
Equisetum hyemale	013
Equisetum palustre	014
Equisetum ramosissimum subsp. *debile*	016
Equisetum ramosissimum	015
Erigeron canadensis	371
Eriocaulon buergerianum	093
Eupatorium japonicum	376
Euphrasia regelii	360

F

Fagopyrum dibotrys	265
Fagopyrum esculentum	266
Fimbristylis aestivalis	116
Fimbristylis bisumbellata	117
Fimbristylis littoralis	118

Funaria hygrometrica 005

G

Galeopsis bifida 350

Galium apurium 316

Gentiana aristata 317

Gentiana choanantha 318

Gentiana straminea 319

Gentianopsis paludosa 320

Geum aleppicum 205

Glechoma longituba 351

Glyceria tonglensis 147

Glycine soja 192

Gonostegia hirta 217

Gymnaconitum gymnandrum 166

Gymnadenia conopsea 063

Gymnotheca involucrata 035

H

Halenia elliptica 321

Halerpestes tricuspis 173

Hedychium coronarium 086

Hedychium flavum 087

Hedysarum tanguticum 193

Hemarthria altissima 148

Hemisteptia lyrata 377

Hippophae rhamnoides 210

Hippuris vulgaris 334

Houttuynia cordata 036

Humulus scandens 211

Hydrilla verticillata 050

Hydrocharis dubia 051

Hydrocotyle nepalensis 402

Hydrocotyle sibthorpioides 403

Hydrocotyle sibthorpioides var. *batrachium* 404

Hypecoum leptocarpum 165

Hypericum japonicum 234

I

Impatiens rhombifolia 308

Imperata cylindrica 149

Ipomoea aquatica 329

Ipomoea nil 330

Ipomoea purpurea 331

Iris delavayi 066

Iris fulva 'Louisiana 067

Iris germanica 068

Iris japonica 069

Iris pseudacorus 070

J

Juncus allioides 094

Juncus bufonius 095

Juncus effusus 096

Juncus himalensis 097

Juncus prismatocarpus 098

Juncus setchuensis 099

Juncus sphacelatus 100

K

Kobresia royleana 123

Kobresia tibetica 124

Kobresia vidua 125

Koenigia islandica 267

Kummerowia striata 194

Kyllinga brevifolia 126

L

Lamiophlomis rotate 352

Lamium amplexicaule 353

Lemna minor 044

Leontopodium calocephalum 380

Ligularia duciformis 381

Ligularia pleurocaulis 382

Ligularia purdomii 383

Ligularia sagitta 384

Ligularia virgaurea 385

Lobelia chinensis 363

Lomatogonium carinthiacum 322

Lonicera rupicola 400

Lotus corniculatus 195

Ludwigia epilobioides 252

Ludwigia×taiwanensis 253

Lycoris aurea 075

Lycoris radiata	076
Lysimachia candida	310
Lysimachia christinae	311
Lysimachia congestiflora	312
Lysimachia maritima	309
Lythrum salicaria	247

M

Marchantia polymorpha	002
Marsilea quadrifolia	018
Matteuccia struthiopteris	027
Mazus miquelii	358
Medicago lupulina	196
Medicago sativa	197
Megacodon stylophorus	323
Melilotus albus	198
Melilotus officinalis	199
Mimulus tenellus	359
Monochoria vaginalis	083
Murdannia nudiflora	079
Myosotis caespitosa	325
Myosoton aquaticum	291
Myricaria laxiflora	263
Myriophyllum spicatum	189
Myriophyllum verticillatum	190

N

Nanocnide japonica	218
Nardostachys jatamansi	401
Nasturtium officinale	259
Nelumbo nucifera	181
Nuphar pumila	031
Nymphaea alba var. *rubra*	033
Nymphaea alba	032
Nymphaea mexicana	034
Nymphoides peltata	364

O

Oenanthe hookeri	412
Oenanthe javanica	413
Oenanthe linearis	411
Ophioglossum vulgatum	017

Oryza sativa	150
Ottelia acuminata	052
Oxalis corniculata	232
Oxalis corymbosa	233
Oxygraphis glacialis	174
Oxytropis kansuensis	200

P

Parnassia brevistyla	228
Parnassia trinervis	229
Parnassia viridiflora	230
Parnassia wightiana	231
Paspalum distichum	151
Paspalum scrobiculatum var. *orbiculare*	152
Pedicularis longiflora var. *tulaiformis*	361
Pedicularis siphonantha var. *delavayi*	362
Pegaeophyton scapiflorum	260
Phalaris arundinacea	153
Phragmites australis	154
Phyla nodiflora	344
Phyllanthus urinaria	244
Pilea notata	219
Pilea pumila	220
Pistia stratiotes	042
Plantago asiatica	335
Plantago depressa	336
Plantago major	337
Poa annua	155
Polygonum amphibium	269
Polygonum aviculare	270
Polygonum capitatum	271
Polygonum chinense	272
Polygonum hydropiper	273
Polygonum jucundum	268
Polygonum lapathifolium	274
Polygonum macrophyllum	275
Polygonum orientale	276
Polygonum perfoliatum	277
Polygonum plebeium	278
Polygonum sibiricum	279

Polygonum sparsipilosum	280
Polygonum thunbergii	281
Polygonum viviparum	282
Polypogon fugax	156
Polytrichum commune	004
Pontederia cordata	084
Portulaca oleracea	307
Potamogeton crispus	056
Potamogeton distinctus	057
Potamogeton maackianus	058
Potamogeton natans	059
Potamogeton pusillus	060
Potamogeton wrightii	061
Potentilla anserina	206
Potentilla kleiniana	207
Potentilla leuconota var. *brachyphyllaria*	208
Primula fasciculata	313
Primula secundiflora	314
Primula sikkimensis	315
Prunella vulgaris	354
Pteris multifida	024
Pteris terminalis	025
Pteris wallichiana	026
Pterocarya stenoptera	223
Pycreus flavidus var. *minimus*	127

R

Ranunculus chinensis	175
Ranunculus ficariifolius	176
Ranunculus nephelogenes	177
Ranunculus sceleratus	178
Ranunculus tanguticus	179
Reynoutria japonica	283
Rheum alexandrae	284
Rheum officinale	285
Rhynchospora rubra	128
Ricinus communis	243
Rorippa elata	261
Rorippa palustris	262
Rotala rotundifolia	248

Rumex acetosa	286
Rumex aquaticus	287
Rumex crispus	288
Rumex dentatus	289
Rumex japonicus	290

S

Saccharum arundinaceum	157
Saccharum spontaneum	158
Sagina saginoides	292
Sagittaria pygmaea	047
Sagittaria trifolia var. *leucopetala*	049
Sagittaria trifolia	048
Salix babylonica	238
Salix sclerophylla	239
Salix variegata	240
Salvia plebeia	355
Salvinia natans	020
Sambucus javanica	398
Sanguisorba filiformis	209
Saururus chinensis	037
Saussurea phaeantha	386
Saussurea populifolia	387
Saussurea stella	388
Saxifraga divaricata	185
Saxifraga lumpuensis	186
Saxifraga melanocentra	187
Saxifraga nigroglandulifera	188
Schizopepon dioicus	226
Schoenoplectiella mucronata	130
Schoenoplectus juncoides	129
Schoenoplectus tabernaemontani	132
Schoenoplectus triqueter	131
Scutellaria barbata	356
Scutellaria indica	357
Selaginella kraussiana	008
Selaginella uncinata	009
Senecio scandens	389
Setaria forbesiana	159
Sigesbeckia pubescens	390

Sinosenecio oldhamianus	391	*Triglochin maritima*	054
Sisyrinchium rosulatum	071	*Triglochin palustris*	055
Sium frigidum	414	*Trigonotis peduncularis* (Trev.)	326
Sium suave	415	*Trollius ranunculoides*	180
Solanum nigrum	332	*Typha angustifolia*	089
Sparganium stoloniferum	088	*Typha latifolia*	090
Sphagnum palustre	003	*Typha minima*	091
Spiranthes sinensis	064	*Typha orientalis*	092
Spirodela polyrhiza	045	**U**	
Stellaria alsine	293	*Urtica cannabina*	221
Stellaria chinensis	294	*Urtica laetevirens*	222
Stellaria media	295	*Utricularia aurea*	342
Stellaria uda	297	*Utricularia vulgaris*	343
Stellaria vestita	296	**V**	
Stuckenia pectinate	062	*Vallisneria natans*	053
Swertia wolfangiana	324	*Verbena officinalis*	345
Symphyotrichum subulatum	392	*Veronica anagallis-aquatica*	338
T		*Veronica undulata*	339
Tamarix chinensis	264	*Viola acuminata*	235
Taraxacum eriopodum	393	*Viola diffusa*	236
Taraxacum lugubre	394	*Viola inconspicua*	237
Taraxacum mongolicum	395	**X**	
Taraxacum tibetanum	396	*Xanthium strumarium*	397
Thalia dealbata	085	**Z**	
Tradescantia fluminensis	080	*Zantedeschia aethiopica*	043
Tradescantia pallida	081	*Zehneria bodinieri*	227
Trapa natans	249	*Zeuxine strateumatica*	065
Trichophorum distigmaticum	133	*Zizania latifolia*	160
Trifolium repens	201		
Trigastrotheca stricta	306		